"十四五"职业教育国家规划教材

"十四五"时期水利类专业重点建设教材
普通高等教育"十一五"国家级规划教材
全国水利职业教育优秀教材
"互联网+"新形态教材

水泵与水泵站

(第4版)

主　编　吴宏平　刘春晖
副主编　金斌斌　史　尚　刘　飞
　　　　刘甘华　张云根　张瑞她
　　　　张烨栋　虞佳颖
主　审　万晓丹

黄河水利出版社
·郑州·

内 容 提 要

本书是“十四五”职业教育国家规划教材、“十四五”时期水利类专业重点建设教材，是按照教育部对高等职业教育的教学基本要求和相关专业课程标准，在中国水利教育协会的精心组织和指导下编写完成的。全书按项目化教学过程编写，共分九个学习项目，主要分为水泵与水泵站的基础知识，包括泵站工程初识、水泵类型与性能认知；泵站工程规划与设计，包括泵站工程规划、机组选型与配套、泵房设计、进出水建筑物设计、泵站工程实例；泵站工程的施工与管理维护，包括泵站施工、泵站运行与维护等内容。

本书适用于高等职业院校水利水电类专业以及市政工程、给排水与环境工程等专业的课程教学，亦可作为相关工程技术人员的参考用书。

图书在版编目(CIP)数据

水泵与水泵站/吴宏平，刘春晖主编.—4版.—郑州：黄河水利出版社，2023.12 （2025.2 重印）
“十四五”职业教育国家规划教材
ISBN 978-7-5509-3751-2

Ⅰ.①水… Ⅱ.①吴…②刘… Ⅲ.①水泵－高等职业教育－教材②泵站－高等职业教育－教材 Ⅳ.①TV675

中国国家版本馆 CIP 数据核字(2023)第 192349 号

出版顾问：王路平　电话：13623813888　E-mail：hhslwlp@ 126.com
组稿编辑：田丽萍　0371-66025553　912810592@ qq.com

出 版 社：黄河水利出版社　网址：www.yrcp.com
地址：河南省郑州市顺河路黄委会综合楼 14 层　邮政编码：450003
发行单位：黄河水利出版社
发行部电话：0371-66026940、66020550、66028024、66022620(传真)
E-mail：hhslcbs@ 126.com
承印单位：河南承创印务有限公司
开本：787 mm×1 092 mm　1/16
印张：15.5
字数：360 千字　印数：4 101—8 000
版次：2003 年 1 月第 1 版　2016 年 4 月第 3 版　印次：2025 年 2 月第 2 次印刷
2008 年 1 月第 2 版　2023 年 12 月第 4 版

定价：56.00 元

第4版前言

本书是根据《中共中央关于认真学习宣传贯彻党的二十大精神的决定》,中共中央办公厅、国务院办公厅《关于推动现代职业教育高质量发展的意见》,国务院《国家职业教育改革实施方案》(简称"职教20条"),教育部《职业院校教材管理办法》《高等学校课程思政建设指导纲要》《"十四五"职业教育规划教材建设实施方案》《教育部办公厅关于公布首批"十四五"职业教育国家规划教材书目的通知》,水利部、教育部《关于进一步推进水利职业教育改革发展的意见》等文件精神,在全国水利职业教育教学指导委员会指导下,产教融合、校企"双元"合作编写的职业教育国家规划教材。教材注重吸收产业升级和行业发展的新知识、新技术、新工艺、新规范,丰富了课程思政案例、视频、微课、动画、题库等数字化教学资源,是理论联系实际、教学面向生产的职业教育精品规划教材,具有鲜明的时代特点,体现了实用性、实践性、创新性的特色。

本书第3版教材自2016年4月出版以来,因其通俗易懂、全面系统、应用性知识突出、可操作性强等特点,受到全国高等职业院校水利类、土木类等专业师生及广大土建类专业从业人员的喜爱,2017年获评全国水利职业教育优秀教材,2023年3月被中国水利教育协会推荐为"十四五"时期水利类专业重点建设教材,2023年6月入选首批"十四五"职业教育国家规划教材。为了贯彻落实党的二十大精神,充分反映产业升级和行业发展最新进展以及课程思政"立德树人"要求,及时吸收比较成熟的新知识、新技术、新工艺、新规范,对接科技发展趋势和市场需求,不断丰富数字化资源,编者在第3版的基础上,对全书进行了全面修订、补充和更新完善。

本次第4版编写,依然保留以项目为导向设计典型工作任务,以"爱党爱国有自信、爱岗敬业讲奉献、规范严谨练本领"为思政主线,将"节水优先、空间均衡、系统治理、两手发力"的治水思路、工匠精神、治水文化、职业道德、工程伦理等思政元素融入教材中,培养学生科学精神、文化自信、规范意识、严谨作风、创新意识。贯彻党的二十大精神,大力提升治水管水的数字化、网络化、智能化水平,增补泵站工程建设与管理中的数字化控制、智能化标准化管理、智慧化决策等新技术新业态,更新行业企业的最新规范和标准,注重理论联系实际,注重岗课证赛融通,开发"教-学-做"一体化融媒体新形态教材,实现人才培养的实践性、开放性和职业性。本书编写力求由浅入深,概念清晰,理论知识以够用为度,重点突出高等职业教育课程教学、技能培训、职业技能鉴定三位一体的工学结合特色,注重学生应用能力的培养;内容选取上力求拓宽专业面,扩大知识面,提高专业适应性。教材以微课、视频、动画、虚拟仿真、图片、习题库、工程案例库等多媒体呈现课程资源,使教材内容可视化;以链接形式引入行业规范、技术标准等,随规范标准的发布、更新,及时调整,使技术更新动态化。

本书参编单位及编写人员如下:浙江同济科技职业学院吴宏平、金斌斌、虞佳颖,山西水利职业技术学院刘春晖,江西水利职业学院史尚,湖北水利水电职业技术学院刘飞,安徽水利水电职业技术学院刘甘华,福建水利电力职业技术学院张云根,山东水利职业学院张瑞她,浙江省钱塘江流域中心张烨栋、汪勇,江苏省秦淮河水利工程管理处马剑波,浙江艮威水利建设有限公司程贵。本书由吴宏平、刘春晖担任主编,由吴宏平负责全书规划与统稿;由金斌斌、史尚、刘飞、刘甘华、张云根、张瑞她、张烨栋、虞佳颖担任副主编;由黄河水利职业技术学院万晓丹担任主审。

由于本次编写时间仓促,对于书中存在的缺点和疏漏,恳请广大读者批评指正。

编　者

2023年7月

本书互联网全部资源

目 录

项目一　泵站工程初识

【学习目标】 通过学习泵站工程的组成、作用、发展历史及趋势，深刻理解学习泵站工程课程的目的及意义。

【学习任务】 理解泵站工程在国民经济与社会发展中的作用；了解我国泵站工程建设事业的发展现状、今后的发展趋势；了解泵站工程的组成，掌握本课程学习内容、特点、学习要求及方法。

码 1-1　思政导引

任务一　泵站的作用及发展

水是生命之源、生产之要、生态之基。进入新世纪，随着人口的增加、经济社会的快速发展和全球气候变化，水的问题愈演愈烈，洪涝灾害频繁仍然是中华民族的心腹大患，水资源供需矛盾突出仍然是可持续发展的主要瓶颈。泵站工程是利用机电提水设备增加水流能量，通过配套建筑物将水由低处提升至高处，以满足兴利除害要求的综合性系统工程。泵站作为水的唯一人工动力来源，是水利工程的重要组成部分，是保护和发展粮食生产的关键，在解决洪涝灾害、干旱缺水、水环境恶化当今三大水资源问题中起着其他水利工程不可替代的作用，承担着区域性的防洪、除涝、灌溉、调水和供水的重任，在我国国民经济可持续发展和全面服务于小康社会的建设中，占有非常重要的地位。

一、泵站在国民经济与社会发展中的作用

我国人均水资源占有量 2 100 m^3，仅为世界平均水平的 28%，正常年份缺水 500 多亿 m^3。由于地形和气候的影响，降雨量的季节变化和地区变化很大，有近一半国土水源不足，如我国西北高原地区、南方丘陵地区和华北井灌地区，或是干旱少雨，或是有水不能自流灌溉，必须采用机电提水和跨流域调水；而国土的另一部分，如华北的平原河网地区，以及华东、华中的圩垸低洼地区，地势低洼易涝，又需要采用机电排水。另外，为满足城镇居民生活、公共事业及工矿企业等用水需要及城镇雨水、污水排放要求需要兴建供水、排水等泵站。泵站工程在农田灌溉与排水、城市给排水、跨流域调水、居民公共事业及工矿企业用水等方面发挥着重要作用，有利于促进我国农业的发展，保证城镇和农村的生活用

水,提高人民的生活水平和改善生活条件。

(一)在农业灌溉和节水中的作用

(1)在农业灌溉方面。提灌泵站的灌溉效益表现在农业干旱的减灾层面,最具代表性的是我国西北一些干旱和半干旱地区,特别是西部多数地区自然条件差、缺水严重,在地势高的旱塬地带分布着大面积的平坦土地,土壤肥沃,光照充足,适于灌溉和耕作,灌溉泵站的建设使农业生产获得了迅猛的发展,粮食产量成倍增长,农民收入大幅度提高,为进一步改善民生、促进经济持续健康发展和社会和谐稳定提供了有力的水利支撑与保障。如陕西东雷抽黄工程,其一期工程于1987年建成,分9级提水,包括28座泵站,133台机组,累计净扬程311 m,总装机容量11.86万kW,提水流量40 m^3/s,灌溉面积6.5万hm^2。二期工程于1998年灌溉试运行,分8级提水,包括37座泵站,170台机组,累计最高扬程272.7 m,总装机容量11.46万kW,提水流量41.4 m^3/s,设计灌溉面积9.8万hm^2。宁夏扶贫扬黄灌溉工程共建设泵站53座,设计年引用黄河水量5.17亿m^3,是国内最大的以水利为基础、以扶贫为宗旨的项目,将黄河水高扬远送到宁夏中南部山区,为沿线百万群众巩固脱贫攻坚成果发挥了关键作用,也成为社会稳定、民族团结、生态改善的巨大基石。图1-1是某泵站机组布置。

码1-2　工程案例:陕西东雷抽黄工程

码1-3　工程案例:宁夏扶贫扬黄灌溉工程

图1-1　某泵站机组布置

(2)在农业节水方面。使用泵站表现在水资源利用效率和农业效益的提高层面,我国自20世纪70年代中后期引入喷微灌技术以后,经过消化吸收、试验摸索,逐渐走上了稳步发展的道路。随着中央财政小农水重点县、规模化节水示范、百万亩[1]喷微灌工程等项目的实施,以管道灌溉与喷微灌为代表的高效节水技术正在我国进行大面积推广应用。泵站作为首部控制工程在集中连片大规模推广应用高效节水农业灌溉技术,提高粮食综合生产能力和农业灌溉用水系数,实现节水、增粮的目的中发挥着重要作用。特别是变频技术在泵站中的运用,将管道灌溉方式中常见的管灌、喷灌、滴灌等单项节水技术进行组装后与变频调速技术配套进行各灌溉技术间的流量与压力协调,既能优化管道灌溉系统,又可解决高效灌水与种植结构调整之间的矛盾,还能改善加压设备和灌溉设备的工作条件、延长水泵及喷滴灌系统的使用寿命,达到节能降耗、节水增效的目的。据有关资料统计,截至2020年底,我国节水灌溉面积达到5.67亿亩。其中,喷灌、微灌、管道输水灌溉等高效节水灌溉面积达到3.5亿亩。图1-2是某草莓基地雨水滴灌工程。

图1-2 某草莓基地雨水滴灌工程

(二)在防洪和排涝中的作用

在防洪和排涝方面,泵站用于在汛期排除圩区内和城市范围的洪水、涝水、渍水,防止作物受渍涝灾害和城区内涝。泵站工程的排涝效益以平原湖区最为显著。如湖北的江汉平原、广东的珠江三角洲、东北的三江平原、浙江的杭嘉湖地区以及洞庭湖、鄱阳湖、太湖、巢湖的周边地区。泵站建设使许多地方都成了重镇,成了交通枢纽和当地的政治、经济和文化中心。随着我国城镇化的发展速度加快,这些地方的人口和资产密度不断增大,泵站的减灾效益也越来越明显。如浙江三堡排涝工程,于2015年建成投入使用,泵站设4台斜30°卧式轴流泵,排涝设计流量为200 m^3/s,如遇百年一遇洪水,可增加太湖流域南排水量1.84亿 m^3,降低杭州城区京杭大运河拱宸桥水位42 cm,高水位持续时间减少46 h,工程建成后,完善了太湖流域"南排杭州湾"流域防洪格局,缓解了太湖防洪压力,提高了流域防洪减灾能力及杭州城市防洪排涝能力。图1-3是某排涝泵站机组布置。

码1-4 视频:三堡排涝工程

(三)在城市给排水和居民公共事业中的作用

水泵站是市政给排水系统的核心,对城市给排水正常运行起着非常关键的作用。城镇给水以"节水优先、空间均衡、系统治理、两手发力"的治水思路为指引,采用分质供水

[1] 1亩=1/15 hm^2,下同。

图 1-3 某排涝泵站机组布置

方式。在饮用水供水系统中,有取水泵站、二级泵站和加压泵站,此外反应池、沉淀池、过滤池等构筑物的正常运行,也都需要利用水泵提水加压;在冲厕、洗车、浇洒绿地等市政用水中,中水供水系统将建筑中或建筑群中洗涤等用水收集后加以处理使用,在收集水、处理水、取用水的过程中,同样需要用到水泵和水泵站。城镇排水系统中水泵站主要有污水泵站和雨水泵站,主要起加压作用。城镇给排水系统示意图及工艺基本流程如图 1-4 所示。

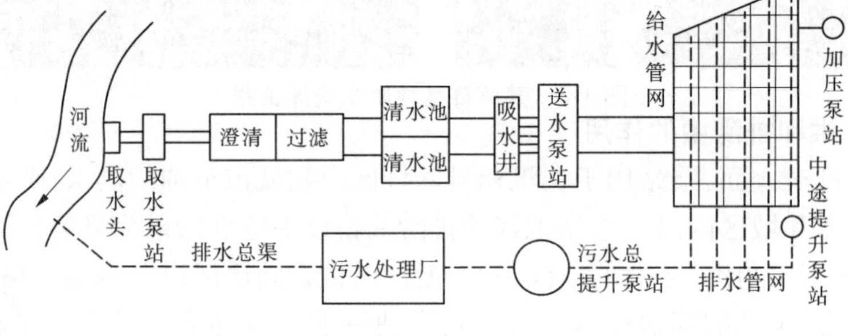

图 1-4 城镇给排水系统示意图

此外,在居民生活、公共事业、工业生产等方方面面,水泵与水泵站都在发挥着它的作用,如公园中的景观瀑布、生态河道中的曝气增氧系统、工业生产中的水路循环等,是与老百姓的生活息息相关的民生工程的重要内容。2016 年中国杭州 G20 峰会上,为二十国集团领导人呈上的“最忆是杭州”大型水上情景表演交响音乐会,将舞台设置于水下 3 cm 处,利用水泵装置和全息投影技术,在室外制造出一个美轮美奂的山水实景,充分体现了“西湖元素、杭州特色、江南韵味、中国气派和世界大同”,让来宾感受到了中国元素与世界文化的交融与碰撞。图 1-5 为“最忆是杭州”表演图。

从经济角度看,城镇供水企业一般都是用电大户,在整个给水工程的用电量中,95%~98%的电量是用来维持水泵的运转,其他 2%~5%的电量用在制水过程中的辅助设备上,如电动阀、真空泵,设备维修和照明。一般城镇自来水公司,水泵消耗的电费,通常占自来水制水成本的 40%~70%,甚至更多。就全国泵站机组的电能消耗而言,它占全国电能总

图 1-5 中国杭州 G20 峰会“最忆是杭州”表演

耗的 21%以上。因此,水泵节能对提高目前制水企业的效益非常重要,对控制制水成本非常关键。

(四)在跨流域调水中的作用

由于水资源分布不平衡,部分地区缺水严重,需要利用多梯级泵站和水库、天然湖泊、江河等构成跨流域调水工程,解决水资源时空分布不均造成的区域缺水问题。在跨流域调水工程中水泵站起着核心作用,水的流动都需要依靠水泵进行加压后才能输水。我国跨流域调水工程项目较多,其中最引人注目的是南水北调工程、引黄工程、引滦入津调水工程等。

码 1-5 知识链接:三先三后原则

我国南涝北旱,其中黄淮海流域水资源总量仅占全国的 7.2%,人均水资源量为 462 m^3,为全国人均的 1/5,是我国水资源承载能力与经济社会发展最不适应的地区,资源性缺水严重。南水北调工程分东线、中线、西线三条调水线,通过三条调水线路与长江、黄河、淮河和海河四大江河的联系,可逐步构成以“四横三纵”为主体的总体布局,基本可覆盖黄淮海流域、胶东地区和西北内陆河部分地区,形成我国水资源南北调配、东西互济的合理配置格局,是缓解我国北方水资源严重短缺局面的重大战略性工程。南水北调工程通过跨流域的水资源合理配置,大大缓解了我国北方水资源严重短缺问题,促进了南北方经济、社会与人口、资源、环境的协调发展。

东线工程利用现有的江苏省江水北调工程,基本沿京杭大运河逐级提水北送,供水范围是黄淮海平原东部和胶东地区,分为黄河以南、胶东地区和黄河以北三片,解决调水线路沿线和胶东地区的城市及工业用水,改善淮北地区的农业供水条件,并在北方需要时提供生态和农业用水,其逐级抽水示意图见图 1-6。工程从江苏省扬州附近的长江干流引水,利用京杭大运河以及与其平行的河道输水,连通洪泽湖、骆马湖、南四湖、东平湖,并作为调蓄水库,经泵站逐级提水进入东平湖后,分水两路:一路向北穿黄河后自流到天津;另一路向东经新辟的胶东地区输水干线接引黄济青渠道,向胶东地区供水。从长江至东平湖段设13座梯级抽水站,南四湖以南为双线输水,共设泵站枢纽22座,总扬程65 m。黄河以南输水干线上设泵站30座(主干线上13座,分干线上17座),设计抽水能力累计共10 200 m^3/s,装机容量101.77万kW,其中可利用现有泵站7座,设计抽水能力1 100 m^3/s,装机容量11.05万kW。一期工程仍设13座梯级抽水站,泵站23座,装机容量45.37万kW。黄河以北各蓄水洼淀进出口设5座抽水泵站,设计抽水能力共326 m^3/s,装机容量1.46万kW。南水北调东线工程泵站的特点是扬程低(多为2~6 m)、流量大(单机流量一般为15~40 m^3/s)、运行时间长(黄河以南泵站约5 000 h/年),部分泵站兼有排涝任务,要求泵站运转灵活、效率高。东线工程实施后一方面可基本解决天津市、河北省黑龙港运东地区,鲁北、鲁西南和胶东部分城市的水资源紧缺问题,并具备向北京供水的条件,促进环渤海地带和黄淮海平原东部经济发展,改善因缺水而恶化的环境;另一方面可为京杭运河济宁至徐州段的全年通航保证水源,使鲁西和苏北两个商品粮基地得到巩固和发展。

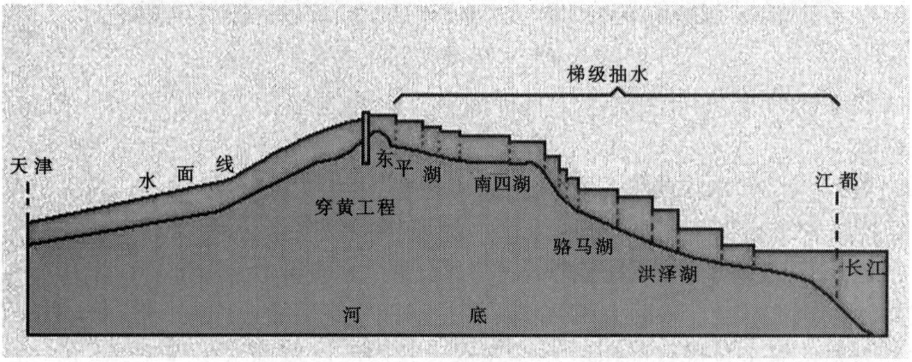

图1-6　南水北调逐级抽水示意图

中线工程从长江中游及其支流汉江引水,解决京津华北地区城市缺水问题,缓和城市挤占生态与农业用水的矛盾,基本控制大量超采地下水、过度利用地表水的严峻形势,遏制生态环境继续恶化。从加坝扩容后的汉江丹江口水库陶岔渠首闸(见图1-7)引水,沿规划线路开挖渠道输水,沿唐白河流域西侧过长江流域与淮河流域的分水岭方城垭口后,经黄淮海平原西部边缘,在郑州以西孤柏嘴处穿过黄河(中线穿黄工程见图1-8),继续沿京广铁路西侧北上,可基本自流到北京、天津。南水北调中线主体工程由水源区工程和输水工程两大部分组成,水源区工程为丹江口水利枢纽后期续建和汉江中下游补偿工程;输水工程以明渠为主,局部渠段采用泵站加压管道输水的组合方案。南水北调中线一期工程于2014年建成通水。

西线工程在最高一级的青藏高原上,从长江上游干支流调水入黄河上游,地形上可以控制整个西北和华北,因长江上游水量有限,只能为黄河上中游的西北地区和华北部分地区补水。由于黄河与长江之间有巴颜喀拉山阻隔,黄河河床高于长江相应河床80~450 m,调水工程需筑高坝壅水或用泵站提水,并开挖长隧洞穿过巴颜喀拉山。在长江上游通天河、支流雅砻江和大渡河上游筑坝建库,开凿穿过长江与黄河的分水岭巴颜喀拉山的输水隧洞,调长江水入黄河上游。西线工程的供水目标主要是解决涉及青、甘、宁、蒙、陕、晋等6省(自治区)黄河上、中游地区和渭河关中平原的缺水问题。结合兴建黄河干流上的

图 1-7 陶岔渠首

图 1-8 中线穿黄工程

骨干水利枢纽工程，还可以向邻近黄河流域的甘肃河西走廊地区供水，必要时也可及时向黄河下游补水。

二、我国水泵与水泵站发展概况

面对日益增加的洪涝灾害、干旱缺水、水环境恶化三大水资源问题的制约，泵站作为重要的工程措施，因其受水源、地形、地质等条件的影响较小，一次投资省、工期短、见效快、机动灵活等优点，许多国家把泵站工程建设列为优先考虑的重点。随着国民经济及社会的发展与进步，水泵设计制造技术和应用技术的不断提高，水泵的制造和生产正沿着大型化、系列化、通用化、标准化的方向发展，泵站工程也得到迅速发展。

我国很早开始使用传统的提水工具,品种也很多。西汉以前,使用最普遍的提水工具为桔槔,是一种利用杠杆原理的最早的提水机械,后因桔槔不便于提深水,辘轳应运而生。汉灵帝(公元168—189年)时,人们发明了翻车(俗称龙骨水车)。到宋代,翻车发展到了用畜力和水力驱动。到了元代(1300年左右),改翻车为筒车,提水高度达70 m。至明代末年,构造比较复杂的斗子水车(八卦水车)出现。图1-9为世界灌溉工程遗产——浙江省诸暨市赵家镇古井桔槔灌溉工程。

码1-6 知识链接:桔槔的古书记载

图1-9 诸暨市赵家镇古井桔槔灌溉工程

19世纪末,柴油机的发明改变了传统的提水方式,由人畜、自然能提水发展为机械能提水。1868年,上海江南制造总局开始仿制船用水泵。1920年,我国开始仿制小型柴油机与水泵。1924年,上海、江苏开始生产离心式水泵,浙江一带相继兴建起水泵站,进行农田灌溉。直到新中国成立,全国机电排灌动力有7.17万kW,受益面积有25.2万 hm^2,占当时全国灌溉面积的1.6%。

新中国成立后,我国工农业的迅速发展、各类农田旱涝保收标准的提高、高原灌区的大力发展、沿江滨湖渍涝地区的不断改造、地下水源的开发和利用,以及多目标的大型跨流域调水工程的规划与实施等,促使我国机电排灌事业得到了很大的发展。截至2013年,全国固定机电抽水泵站43.4万座,装机容量2 716万kW;流动排灌和喷滴灌设施装机容量2 563万kW。固定机电抽水泵站中,各类设计流量1 m^3/s 或装机容量50 kW以上的泵站89 328座,其中大型泵站346座、中型泵站3 641座、小型泵站85 341座。全国机电灌排面积约4 246.7万 hm^2,有力提高了各地抗御自然灾害的能力。

新中国成立初期,我国的水泵生产几乎为零。进入20世纪50年代,我国水泵开始从仿制走向设计,到60年代中后期,开始生产系列化、标准化、通用化的水泵产品。随着水利事业和机械工业的发展,我国已建成了具有相当规模的水泵行业,形成了一支有较强力量的科研队伍,我国农用泵及工业泵的设计制造能力亦有相应提高,研制和生产了大量适合我国特点的各类水泵。到目前为止,我国生产的水泵产品有100多个系列数千种规格。产品包括离心泵、混流泵、轴流泵、长轴深井泵、潜水电泵、水轮泵等。现有水泵的进出口口径范围从

32 mm 到 6 m，流量从 3 m^3/h 到 100 m^3/h，扬程从 1.5 m 到 600 m，深井提水泵可达 400 m 以上。目前我国已生产的最大的离心泵，单机流量 2.2 m^3/s，扬程 225 m，功率 8 000 kW；叶轮直径最大的轴流泵，叶轮直径 4.5 m，单机流量 60 m^3/s，扬程 7.0 m，功率 5 000 kW；最大的混流泵，叶轮直径 5.7 m，单机流量 97.5 m^3/s，扬程 5.96 m，功率 7 000 kW。

20 世纪 50 年代至 60 年代初期，我国经过三年国民经济恢复和第一个五年计划，国家在东部经济基础较好的部分省、市重点建设了一批柴油机和电动机的动力泵站。到 1957 年底，机电灌排泵站的总装机容量达到 40 万 kW 左右，相当于 1949 年的 5.7 倍，不仅为东部地区的农业发展做出了贡献，而且为全国的推广探索积累了经验、奠定了较好的技术基础。我国大型排灌泵站的建设始于 20 世纪 60 年代初期。如江苏的江都排灌站，湖北的黄山头、沉湖、南套沟等泵站，安徽的驷马山泵站，山西省夹马口电灌站等相继建成。其中，江都排灌站是我国建设最早、规模最大的综合利用泵站工程，是由四座大型泵站和十余座节制闸、船闸组成联合运行的水利枢纽。江都排灌站共安装大型轴流泵 33 台，总装机容量 4.98 万 kW，设计流量 473 m^3/s，抽长江水灌溉稻田 20.1 万 hm^2，并可为淮北部分地区提供抗旱用水，可抽排江都、高邮等五县市的涝水，为京杭运河提供航运用水，为运河沿线城镇提供生活及工业用水，在满足灌溉和航运用水后，余水可利用江都三站可逆式机组倒转发电，发电能力约 3 000 kW。现已成为南水北调东线工程的起点泵站。这些早期建成的泵站，在抗击旱涝灾害保收中取得了十分显著的成效。

20 世纪 70 年代及 80 年代初期，是我国大型泵站大发展时期，大型水泵制造技术和规划水平也有了很大提高。如湖北的樊口泵站，装有 4 000 mm 口径的大型轴流泵 4 台，泵站设计流量 214 m^3/s，总装机容量 2.4 万 kW，排涝受益面积 3.1 万 hm^2，灌溉受益面积 1.3 万 hm^2；天津的引滦入津调水工程，采用 3 级提水将滦河水送入天津，全线兴建大型泵站 4 座，共装大型轴流泵 27 台，总装机容量 2 万 kW；甘肃的景泰二期工程，设计提水流量 18 m^3/s，加大提水流量 21 m^3/s，灌溉面积 3.5 万 hm^2，分 19 级提水，包括支渠设泵站 30 座，装机 204 台套，总装机容量 18.09 万 kW，总扬程 721.88 m。另外，还有江苏的皂河泵站、山西的尊村抽黄工程、湖北的新滩口泵站、宁夏的固海扬水工程、山东的引黄济青工程等，从工程设计、施工安装到设备的设计制造、通信调度等方面采用了一些先进技术，如江苏淮安二站国内最大叶轮直径的轴流泵，叶轮直径 4.5 m，单泵流量 60 m^3/s，配套功率 5 000 kW；江苏皂河泵站安装的混流泵，叶轮直径 6.0 m，平均流量 97.5 m^3/s，配套功率 7 000 kW；陕西东雷抽黄灌溉工程二级站，安装单机功率最大的离心泵，最大单机容量 8 000 kW，单泵扬程 225 m。同时在排灌泵站工程和系统的优化调度、泵站水锤及防护的试验、泵站进水池的试验、进水流道的试验、大型拍门的试验研究等方面取得了很大发展。

20 世纪 80 年代以来，泵站工程在规模、质量、效益、管理等方面得到全面的提高和综合的发展。其特点，一是大型泵站在跨流域调水工程相继建成并投入使用，如江苏省为解决苏北里下河地区、苏北灌溉总渠、大运河的灌溉、航运水源和排涝问题，结合南水北调东线工程兴建了一批大型泵站，正在建设的南水北调东线工程集中体现了我国泵站工程技术的发展水平，是实现我国水资源优化配置的战略举措；二是重点抓技术改造和经营管理，从工程规划、设计、施工、安装到运行管理，技术水平上了一个新台阶，经济效益越来越好，建设与管理水平越来越高。1998 年 12 月建成了常熟抽水站，该站与节制闸组成常熟枢纽,共安装9台轴流泵,设计总流量180 m^3/s。该站为闸站结合式工程,两侧为节制闸,中间为抽水站,采用双层矩形开敞式流道,可实现双向运用,抽引长江水灌溉和抽排太湖地区涝水,并可利用下层流道自流引排水,具有泄洪、排涝、引水等综合功能。

20世纪90年代以来,一方面在长三角和珠三角等东南沿海地区建设了一批适应当地特点的低扬程、大中型立式、斜轴式和卧式排水泵站;另一方面,早期建设的灌排泵站老化问题逐渐严重,泵站的更新改造工作逐渐得到各级政府部门的重视。历经"十一五""十二五""十三五"期间的泵站建设与更新改造,我国已初步形成了以大型泵站为骨干的防洪排涝以及跨流域调水工程体系,以重点中型泵站为主体的流域性调水、排灌工程体系和以中小型泵站为主导的地区性排涝、灌溉工程网络。机电排灌事业的发展,特别是大型泵站的发展,有力地提高了各地抗御自然灾害的能力,促进了国民经济快速、稳定、健康发展。

随着技术的发展,我国泵站工程自动化监控与管理越来越普及。泵站自动化的主要内容包括利用程序对泵站主机的自动开停机操作,叶片、励磁自动调节操作,对泵站辅助设备自动开停机操作,泵站主机、辅机及各类设备运行参数与状态、报警和事故等的自动记录、数据库生成和动态图像显示,与上级网络通信、发送现场实时运行参数,接收上级网络调度命令等。机械化技术、计算机技术和"互联网+"网络技术的发展,使得泵站自动化装备越来越完善、自动控制水平越来越高、泵站智能控制系统建设成为趋势。

三、我国水泵与水泵站发展趋势

我国现有泵站工程分布具有下列特点:

(1)大型低扬程泵站,主要分布在长江中下游沿江低洼地区,特点是扬程低、流量大、自动化程度高,如江都三站、江都四站、驷马山站、高潭口站等;

(2)大型高扬程泵站,主要分布在陕西、山西等高原地区,特点是扬程高、梯级多、工程艰巨,如山西夹马口泵站、陕西东雷二级站等;

(3)机井泵站、浮动式及中小型泵站,浮动式泵站主要分布在我国西南、中南等省区水位变幅较大的江河与水库等沿岸,中小型泵站主要分布在平原、圩垸等水源丰富地区。

党的十八大以来,习近平总书记站在中华民族永续发展的战略高度,提出"节水优先、空间均衡、系统治理、两手发力"的治水思路,确立国家"江河战略",擘画国家水网等重大水利工程,为新时代水利事业提供了强大的思想武器和科学行动指南。十年来,国家水网建设有序推进,建成了世界上数量最多、规模巨大、受益最广的水利基础设施体系。进入新发展阶段,国家将加快构建国家水网主骨架和大动脉,全面推进各层级水网建设。城乡供水保障水平将进一步提高,大中型灌区灌排骨干工程体系将逐步完善,数字化、网络化、智能化和精细化调度水平将有效提升。泵站工程正沿着大型化、高速化、系列化、通用化、标准化、智能化的方向发展。

(1)水泵性能逐渐提高。随着基础理论、计算技术、模型试验、测量手段以及材料选择、加工工艺等环节的革新,水泵的设计制造和应用技术的提高,大型水泵正在向着转速提高、体积减小、运行稳定性增强的方向发展。

(2)系列化、通用化、标准化程度逐渐提高。产品的系列化、通用化、标准化是现代工业生产工艺的必然要求。

(3)引调水工程泵站逐渐增多。随着水资源紧缺的加剧,兴建跨流域、跨地区的调水工程,成为全球水利发展的趋势之一。《“十四五”水安全保障规划》《国家水网建设规划纲要》提出要加快完善南水北调工程总布局,扎实推进后续工程高质量发展,统筹推进后续工程建设。加快推进滇中引水、引汉济渭、引江济淮等引调水工程,以及内蒙古东台子水库、福建白濑水库等重点水源工程建设。加快环北部湾水资源配置、河北雄安干渠引水等重大水利工程前期工作,完善国家骨干供水基础设施网络。有序实施省市县水网建设,建成一批重大引调水和重点水源工程,重点推进省内骨干水系通道和调配枢纽建设,优化市县河湖水系布局。

(4)泵站规模逐渐增大。大型水泵技术的发展和跨流域、跨地区的调水工程建设,使大规模泵站的应用逐渐增多。“十四五”期间,将继续以习近平总书记“节水优先、空间均衡、系统治理、两手发力”治水思路为指导,完善水资源配置体系,建设水资源配置骨干项目;优先推进实施纳入国务院确定的150项重大水利工程建设范围的30处新建大型灌区,优选124处已建大型灌区实施续建配套和现代化改造,大规模泵站工程建设仍在继续。

(5)安全节能要求越来越高。目前广泛采用试验、用计算机计算流体动力学的手段对水泵和泵站流态与结构特性进行分析,寻找提高效率、减轻振动等的途径,增强泵站安全性能,降低能源消耗。

(6)智慧泵站建设将成新趋势。党的二十大确定的发展目标提出,到二〇三五年“建成现代化经济体系,形成新发展格局,基本实现新型工业化、信息化、城镇化、农业现代化”“加快建设制造强国、质量强国、航天强国、交通强国、网络强国、数字中国”。目前水利行业大力推进智慧水利建设,国家《智慧水利建设顶层设计》《“十四五”水利网信建设实施方案》《大力推进智慧水利建设的指导意见》等文件相继发布,将在“十四五”期间贯彻落实党的二十大精神,全面提升水利信息化水平,以水利信息化带动水利现代化,泵站智慧管理将加速推进。

任务二 泵站工程组成与分类

泵站工程是由抽水装置、进出水建筑物、泵房及输配电系统等组成的多功能、多目标的综合水利枢纽,是机电排灌工程的核心,也是水利工程的重要组成部分,广泛应用于农业、工业、城镇供排水及跨流域调水等诸多领域。

码1-7 图片集:泵站工程组成

一、泵站工程的组成

泵站工程通常由机电设备及其配套的建筑物组成,如图1-10所示,具体组成如下:

(1)进水建筑物:取水闸、引渠、前池、进水池、进水流道;

(2)抽水装置:水泵、动力机、传动装置、进出水管道及阀件;

(3)泵房:主厂房、副厂房;

(4)出水建筑物:出水流道、出水池、出水渠;

(5)其他建筑物:变电站,交通建筑物,生活、工作用房等;

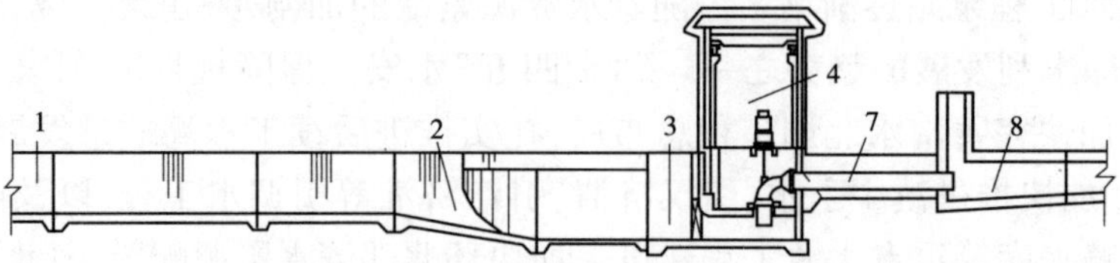

(a)泵站立面图

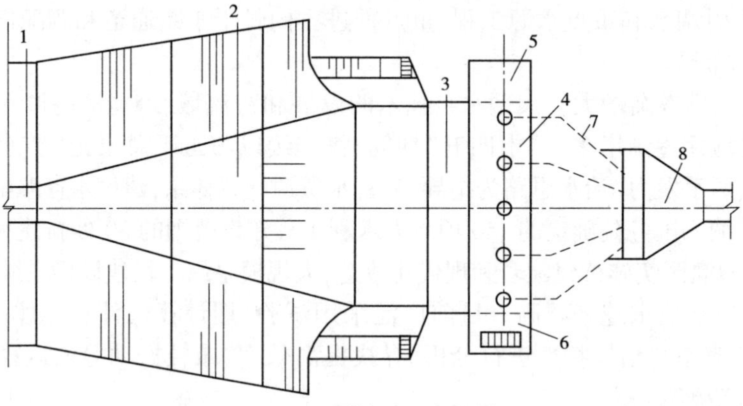

(b)泵站平面布置图

1—引水渠;2—前池;3—进水池;4—泵房;5—检修间;6—配电间;7—出水管道;8—出水箱涵

图1-10 泵站工程布置图

(6)电气设备:变电、配电和用电设备等;

(7)辅助设备:充水、供水、排水、通风、供油、起重和防火设备等。

二、泵站工程的分类

泵站工程根据其用途、提水高度、规模、泵型或动力类型,有不同的分类方法。

(1)按泵站用途可分为:灌溉泵站、排水(排涝、排渍)泵站、灌排结合泵站、供水泵站、调水泵站等。

(2)按泵站的提水高度可分为:高扬程泵站、中等扬程泵站、低扬程泵站。

(3)按泵站规模可分为:大型泵站、中型泵站、小型泵站。

(4)按泵站的配套动力类型可分为:电力泵站、热能泵站、水能泵站、风力泵站和太阳能泵站。

(5)按其主泵类型可分为:轴流泵站、混流泵站、离心泵站、潜水泵站等。

三、本课程的任务和要求

本课程是高职高专水利类相关专业的一门专业课,其主要任务是使学生获得水泵与水泵站的基础理论知识和生产实践技能,能从事水利工程中的中小型水泵站的规划、设计、安装和维护工作,具备服务现代水利发展需求的中小型泵站工程相应岗位的职业能力。

本课程的具体要求:了解泵站工程在国民经济与社会发展中的作用和组成,掌握中小型泵站规划的基本素养,掌握本专业常用水泵的分类、构造、工作原理、基本性能等基本知识,掌握水泵机组选型与配套、工作点的确定与调节的基本方法,具备中小型泵站设计的初步能力,具备中小型泵站的安装、运行、维护、管理方面的基本技能。

能力训练

1-1　泵站工程在国民经济发展中有何作用?

1-2　我国泵站工程分布有哪些特点?今后发展趋势如何?

1-3　泵站工程按其用途分有哪些类型?应用在哪些地方?

1-4　泵站枢纽由哪些建筑物组成?各有何功能和作用?

码 1-8　题库训练

项目二　泵站工程规划

【学习目标】　通过学习灌排区域的划分、泵站的等级、设计参数等基本知识,理解灌排泵站的总体布置要求,掌握泵站的设计流量、特征水位和特征扬程的确定。

【学习任务】　了解泵站的类型及适用条件,熟悉灌排区域划分的原则。了解站址选择的依据和原则,能根据工程条件进行站址选择和泵站枢纽工程的布置。掌握灌排泵站的设计流量及扬程的计算方法,能够根据设计任务计算泵站的设计流量和净扬程。掌握泵站等别与建筑物级别的概念,会确定泵站等别与建筑物级别。

码2-1　思政导引

泵站工程是利用机电提水设备及其配套建筑物,给水流增加能量,使其满足兴利除害要求的综合性工程。泵站工程被广泛地应用于国民经济的各个部门。如直接为农业生产服务的灌溉泵站、防洪除涝的排水泵站、灌溉排水结合泵站,市政工程中的给水、排水泵站,为国民经济多部门服务的跨流域调水泵站,等等。

党的二十大报告指出,“发展是党执政兴国的第一要务”。国家从新阶段水利高质量发展的角度出发,全面推进国家水网建设,加强互联互通,尽早形成“系统完备、安全可靠,集约高效、绿色智能,循环通畅、调控有序”的国家水网,为全面建设社会主义现代化国家提供有力的水安全保障。从泵站工程个体建设角度出发,泵站建设要“坚持可持续发展,坚持节约优先、保护优先、自然恢复为主的方针,像保护眼睛一样保护自然和生态环境,坚定不移走生产发展、生活富裕、生态良好的文明发展道路,实现中华民族永续发展”。泵站规划必须以流域或地区水利规划为依据,以可持续发展为目标,根据兴建工程的目的和当地的经济、地形、能源、气象、环境、生态等条件,因地制宜地进行泵站站点及泵站枢纽(包括取水口、引水渠、进水池、出水池、泵房、出水压力管道等)布置。结合当地的近期目标和远期目标,处理好局部和整体的利益关系,力求投资小、见效快、运行管理费用低、环境影响小。按照全面规划、综合治理、合理布局的原则,在正确处理局部与整体、近期与远景、提水灌排与自流灌排、提水灌排与蓄水,以及充分考虑泵站工程综合利用的基础上进行。

泵站工程规划的主要任务是:确定工程规模及其控制范围,确定灌溉或排水标准,确定工程总体布置方案,选择泵站站址,确定设计扬程和设计流量,选择适宜的泵型或提出研制新泵型的任务,选配动力机和辅助设备,确定总装机容量,拟订工程运行管理方案,进行技术经济论证并评价工程的经济效益，为决策部门和泵站工程设计提供可靠的依据。

任务一 泵站枢纽布置

一、灌溉泵站规划与布置

灌溉泵站工程规划应在查勘灌区地形、水源、已有水利工程设施和行政区划情况，收集水文、气象、灌区农作物种植、交通、能源和社会经济状况等资料的基础上，根据批准的流域规划或地区水利规划，初步确定工程规模和控制范围以后，进行工程的总体布置，即划分灌区、确定站址、枢纽布置，以及确定泵站的设计流量和设计扬程。

(一) 灌区的划分

根据提水灌区的地形、水源、能源和行政区划等条件，在规划中论证是分区控制还是集中控制，从而达到技术上可行、工程投资少、运行费用低的目的。

1. 提水灌区划分方式

1) 一站一区式

全灌区由一个泵站集中控制，泵站将水全部抽送到灌区的最高控制点，再由一条(或多条)灌溉干渠将水经各级渠道分配到全部灌区，如图 2-1 所示。这种方式适用于面积小、地形高差不大的灌区。其优点是工程规模小、见效快、机电设备少且便于管理等。

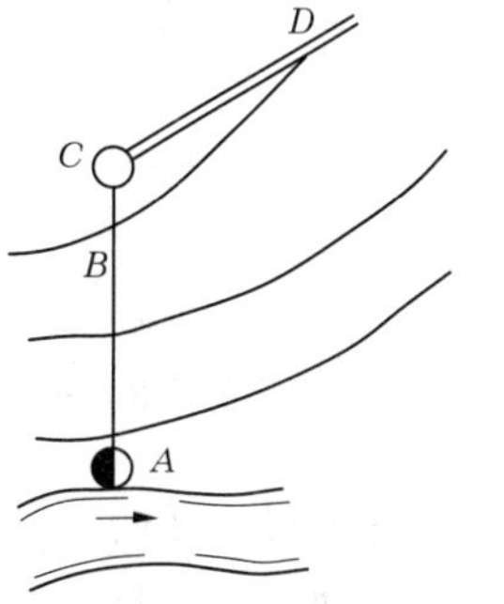

A—泵站；B—出水管道；C—出水池；D—输水干渠

图 2-1 一站一区式

2) 多站分区式

灌区内建立几个泵站，每一个泵站控制灌区的一部分面积，如图 2-2 所示。这种方式适用于面积较大、地势平坦的灌区，以及灌区内天然沟河或行政区划分界的情况。其优点是输水渠道短，交叉建筑物少。

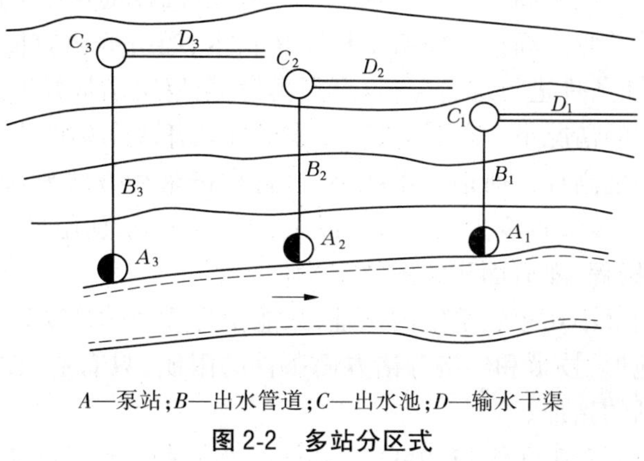

A—泵站；B—出水管道；C—出水池；D—输水干渠

图 2-2 多站分区式

3) 一站分区式

当灌区的面积较小，但地面高差较大时，可以在灌区内建一座泵站，安装不同扬程的水泵,向不同高程出水池供水,分别灌溉不同高程的农田,如图2-3所示。其优点是避免高水低灌,节约能源。

4)多级分区式

若灌区面积大,地形高差也大,可以在灌区内的不同高程处,分别建立泵站,形成梯级提水,每一级控制一部分灌溉面积,并向后一级泵站供水,如图2-4所示。其优点是避免高水低灌的现象,节省能源。

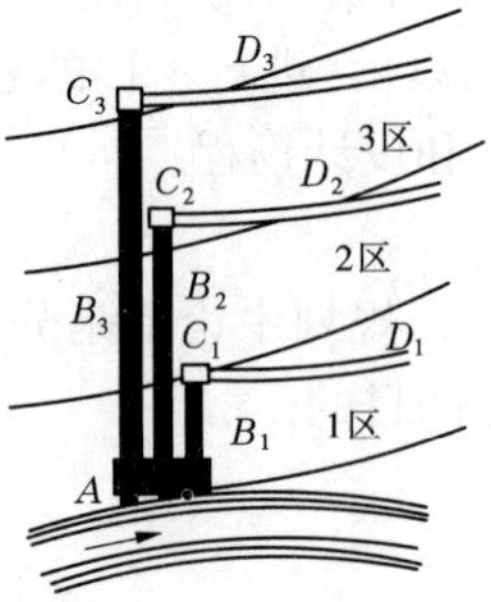

A—泵站;B—出水管道;C—出水池;D—输水干渠

图2-3　一站分区式

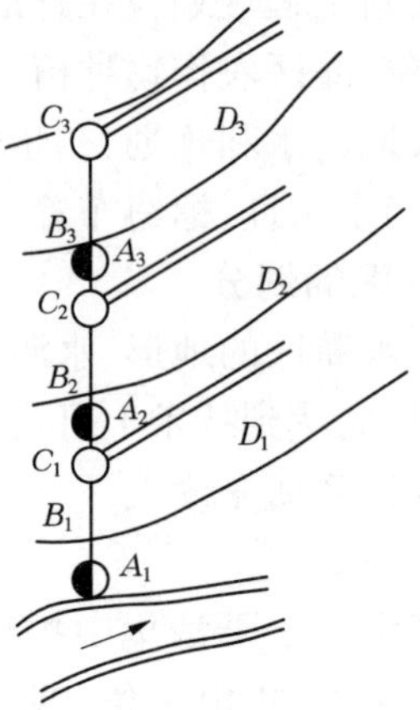

A—泵站;B—出水管道;C—出水池;D—输水干渠

图2-4　多级分区式

2. 高扬程灌区的分级

高扬程灌区是指面积大且地形高差也大的灌区,灌溉方式为多级分区式,各级泵站都有灌溉任务,提水流量自下而上逐级减少。

高扬程灌区规划的重点是分级。分的级数越多,泵站越多,单位灌溉面积的工程投资和管理费用也就相应增大。同时,在上下级泵站用水的配合上、水费的计算上也会带来新的问题。但多级提水克服了高水低灌的现象,所以总装机容量要比采用一级提水小,且分级愈多,总容量愈小。因此,高扬程灌溉工程应从技术、经济等诸方面以及根据灌区面积分布、地形变化等具体条件进行综合分析,全面衡量,最后定出最佳方案。

在灌溉级数已定的情况下,可应用最小功率法确定各级泵站的出水池水位,即近似地等于下一级泵站的站址高程。所谓最小功率法,是指按这种方法确定各级泵站的站址高程,所得多级泵站的总装机容量为最小。下面结合实例,介绍利用最小功率法的原理确定各级泵站站址高程、扬程、灌溉面积的图解方法。

按照泵站工程的最小功率法确定的站址,只能作为选择站址高程的初步依据。因为,实际的站址还受到地形、技术和经济等诸方面条件的限制,只有进行综合分析和论证,才能最终确定各级泵站的站址。

【例2-1】　某灌区灌溉面积13 400亩,水源进水池水位至灌区最高控制点所需提水总扬程为40 m,扬程与灌溉面积关系见表2-1,计划分4级提水,试用图解法求总功率为最小时,各级泵站的提水高程、扬程和灌溉面积。

表 2-1 扬程与灌溉面积关系

扬程 H/m	5	10	15	20	25	30	35	40
面积 A/亩	500	1 200	2 100	3 500	5 000	7 100	9 700	13 400

解:以面积 A 为横坐标、扬程 H 为纵坐标绘制扬程-面积关系曲线,如图 2-5 所示。

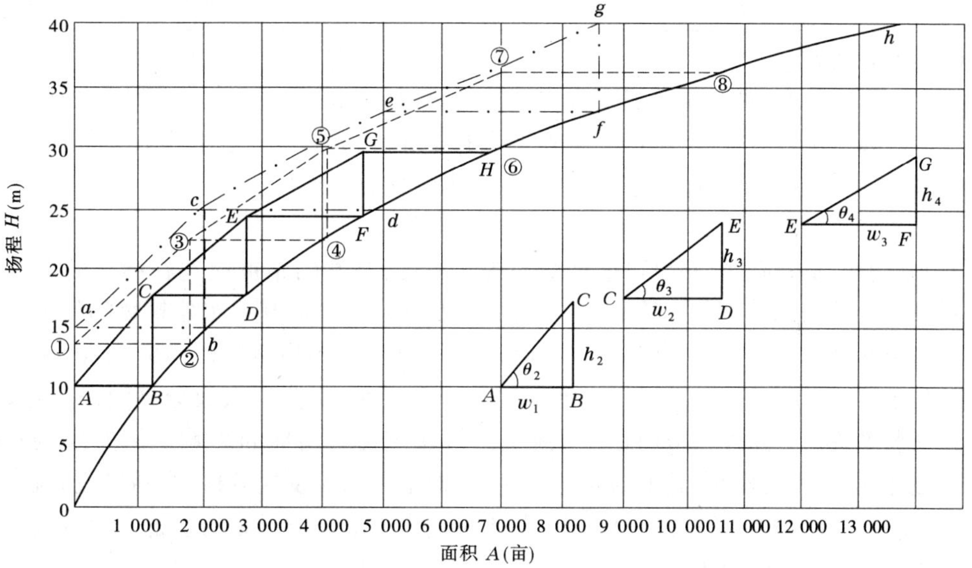

图 2-5 最小功率图解法

先假设一级站扬程为 $H/4$,即 $40/4=10$(m),进行第一次图解,步骤如下:

(1)从 A 点(扬程为 10 m 处)作水平线交曲线于 B 点。

(2)再从 A 点作 AC 线平行于 B 点的切线,并与过 B 点的垂线 BC 交于 C 点,C 点的高程为 17.5 m,即为二级站的提水高程。

(3)同理,过 C 点作水平线交曲线于 D 点,再从 C 点作 CE 线平行于 D 点的切线,并与过 D 点的垂线 DE 交于 E 点,E 点的高程为 24 m,即为三级站的提水高程。

(4)重复上述作图法,得 F、G、H 各点。G 点的高程为 29.5 m,即为四级站的提水高程。但未达到 40 m 高程,不符合该站要求,说明原假设的一级站扬程偏低,需调整到 h,h 值应满足下述条件,即 $h:10=40:29.5$,求得 $h=13.6$ m。

再进行第二次图解,步骤如下:

(1)将一级站扬程改为 13.6 m,如图中点①。

(2)按上法,依次得②、③、…、⑧点。点⑧的高程为 36.5 m,该值仍达不到 40 m 高程,说明一级站扬程仍然偏低。应再调整为 h',$h':13.6=40:36.5$,则 $h'=15$ m。

再进行第三次图解,步骤如下:

(1)设一级站扬程为 15 m,如图上 a 点。

(2)同上法,依次求得 b、c、d、e、f、g 各点,g 点高程为 40 m,满足本题要求。此时图解所得的各点 a、b、c、d、e、f、g 及其相应的数据,即为所求各级泵站的高程、扬程和灌溉面积，详见表 2-2。

表 2-2　各级泵站站址高程、扬程和灌溉面积

项目	一级站	二级站	三级站	四级站	合计
站址高程/m	0	15	25	33	
扬程/m	15	10	8	7	40
灌溉面积/亩	2 100	2 900	3 500	4 900	13 400

(二)站址选择

灌溉泵站的站址选择，应根据工程规划的规模、特点和运行要求，与灌区的划分一起考虑。站址选择得是否合理，直接关系到工程的投资、建成后的安全取水和运行管理等问题。所以，在规划中必须予以足够的重视，选择出最佳位置。

1. 水源

为了便于控制全灌区，并尽可能地减小提水高度，泵站的站址应选在灌区的上游，且水量充沛、水位稳定、水质良好的地方。从河流取水时，泵站或其取水建筑物的位置，要选择在河流的直段或凹岸下游河床稳定的河段上，不要选在容易引起泥沙淤积、河床变形、冰凌阻塞和靠近主航道的地方。尽可能地避免在有沙滩、支流汇入或分岔河段上建设泵站及其取水建筑物。此外，还应注意河流上已有建筑物对站址的影响。例如，在建有丁坝、码头或桥梁等建筑物时，其上游水位被壅高，而下游水流发生偏移，容易形成淤积。因此，站址或取水口宜选在桥梁的下游，丁坝、码头同岸的上游或对岸的下游。同时，也应防止后建建筑物对站址或取水口的影响。从水库取水时，因水库水位变幅较大，应首先考虑在坝的下游建站的可能性，且要远离易淤积的区域；其次，站址要靠近灌区，岸坡应稳定，取水要方便。

2. 地形

泵站应选在地形开阔、岸坡适宜的地方。站址地形应满足泵站建筑物布置，土石开挖量较小，便于通风采光，对外交通方便，适宜布置出水管道、出水池和输水渠道，并便于施工等。同时，要考虑占地、拆迁因素，尽量减少占地，减少拆迁赔偿费用。

3. 地质

泵站的主要建筑物应建在岩土坚实、抗渗性能良好的天然地基上，不能选在断层、滑坡、软弱夹层及有隐患的地方。当遇淤泥、流沙、湿陷性黄土、膨胀土等地基不可避开时，应慎重研究确定基础类型，采取相应的基础加固措施。

4. 交通

选择站址时，应充分考虑交通问题，尽量使交通方便，以便设备及材料运输和工程的管理。

5. 电源及其他

为了降低输变电工程的投资，泵站应尽可能靠近电源，缩短输电线路的长度。同时，应尽可能靠近居民点，以及考虑工程建成后的综合利用问题，也应考虑到今后扩建的可能性。

(三)枢纽布置

枢纽布置是在站址选定后需要进行的一项重要工作。布置是否合理将直接影响到泵

站的安全运行和工程造价。

枢纽的组成包括泵房、进水建筑物(进水闸、引渠、前池和进水池等)、出水建筑物(出水管道、出水池或压力水箱等)、专用变电站、其他枢纽建筑物和工程管理用房、职工住房、内外交通、通信以及其他管理维护设施等。它们的组合和布置形式取决于建站目的、水源特征、站址地形、站址地质和水文地质等条件。

从河流(渠道或湖泊)取水的泵站,一般分为引水式和岸边式两种。当水源与灌区控制高程之间距离较远,站址的地势平坦时,采用引水式布置,利用引渠将水从水源引至泵房前,泵房接近灌区,这样可以缩短出水管道的长度。当水源水位变化不大时,可不设进水闸控制;当水源水位变幅较大时,在引渠渠首设进水闸,这样既可控制进水建筑物的水位和流量,又有利于水泵的工作和泵房的防洪。但泵房常处于挖方中,地势较低,影响泵房的通风和散热,如图 2-6 所示。

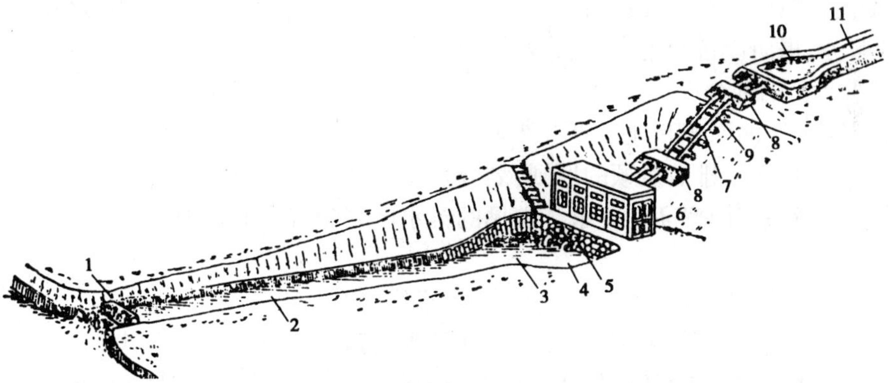

1—进水闸;2—引渠;3—前池;4—进水池;5—进水管;6—泵房;
7—出水管道;8—镇墩;9—支墩;10—出水池;11—灌溉干渠

图 2-6 引水式泵站布置

当灌区靠近水源,或站址地面坡度较陡时,常采用岸边式布置,如图 2-7 所示,即将泵房建在水源的岸边,直接从水源取水。根据泵房与岸边的相对位置,其进水建筑物的前沿有与岸边齐平的,也有稍向水源凸出的。这种布置形式的不足之处是水源水位直接影响到水泵的工作和泵房的防洪,泵房的工程投资较大。

从水库取水的泵站,当水库岸边坡度较缓、水位变幅不大时,可建引水式固定泵房;当水库水位变幅较大时,可建岸边式固定泵房或竖井式(干室型)泵房;当水库水位变幅很大时,可采用移动式(缆车式、浮船式)泵站或潜没式固定泵房。

二、排水泵站工程规划

排水泵站工程建于沿江(河)滨湖、滨海圩垸和平原地区的低洼地带,暴雨季节,涝水不能自流排除,必须提排才能避免或减轻涝灾的地方。规划中应充分注意到暴雨历时短、水量大的特点;充分利用地形高差和有利时机,自流排水;充分利用区内河、湖、沟、渠等作为调蓄容积,以削减洪峰,减少装机容量。另外,排水泵站在整个使用期间的运行时间很

码 2-2 微课:排水泵站规划与站址选择

1—进水池;2—泵房;3—出水池;4—翼墙

图2-7　岸边式泵站布置

短,应尽量使其兼作排涝、排渍、治碱、灌溉提水,又能进行加工生产、调相运行、改善环境等方面的服务,提高设备利用率,充分发挥工程的综合效益。

(一)排水区的划分

根据排水地区的面积和地形等自然条件,贯彻高低水分流、主客水分流、自排为主、自排与抽排结合、排蓄与排灌兼顾的原则,划分排水区域,使泵站布局合理,从而达到装机容量少、投资省、设备利用率高的要求。常见的排水区划分有以下几种。

1. 一级排水

1)一区一级排水

地形高差不大、排水面积不大的地区,在排水出路集中时,可采用一圩一站、一区一级排水的布置形式,即在区内低洼处建站,控制全区涝水,集中外排,如图2-8所示。

2)分区一级排水

在排水区面积较大时,应结合地形和排水出路等条件适当分区,进行分区一级排水。若地形高差较大,如圩区毗邻丘陵,高处客水下泄,易加剧内涝灾害,在这种情况下,可在适当高程处,沿等高线挖沟截流(称为高排沟),涝水经沟端高排闸排入承泄区,实现高水高排的目的。区内低洼处另建排水泵站和低排闸,涝水经低排沟集中后,由排水泵站(或低排闸)外泄,如图2-9所示。这样可减少排涝站的装机容量,增加设备的利用率。

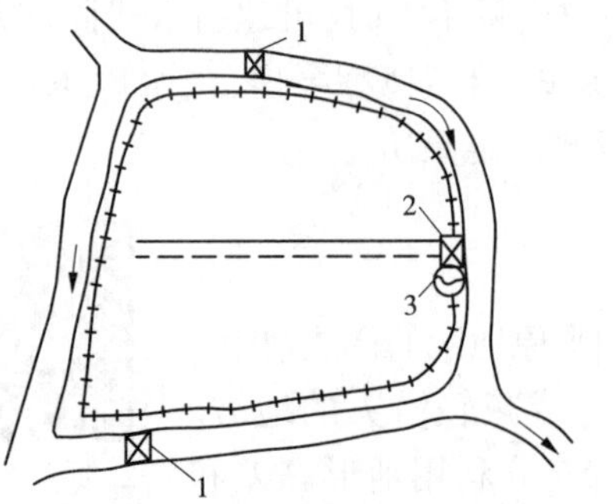

1—节制闸;2—排水闸;3—排水泵站

图2-8　一区一级排水

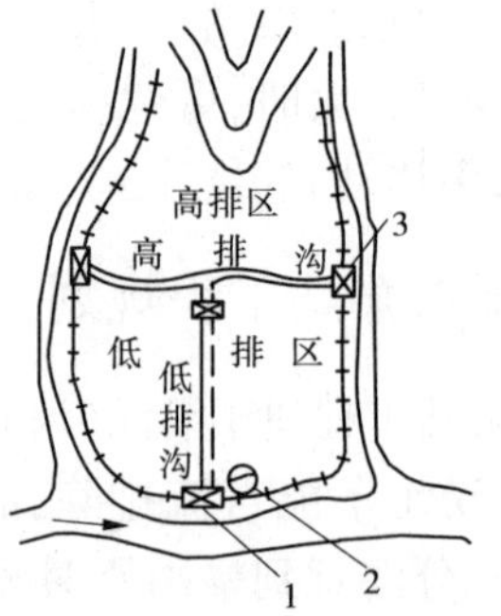

1—低排闸;2—排水泵站;3—高排闸

图2-9　分区一级排水

2. 分级排水

在排水面积较大,地形比较复杂,地面高差也大,区内有湖泊等蓄涝容积的排水区,可采用分区分级的排水方式,如图 2-10 所示。根据自然地形条件,将全区分成若干分区,分区内地形高差较小,然后各分区根据具体条件建闸或站进行自排或抽排,其中高排区为自排区,设排水闸自排;在低洼地区建内排站(又称二级站),将涝水抽排入湖泊等蓄涝容积内,再建外排站(又称一级站)进行抽排。由于排湖时间不受作物耐淹时间限制,所以可以延长全区一次暴雨后的总排水时间,从而削减排水站的设计流量,减少总装机容量,节省投资。

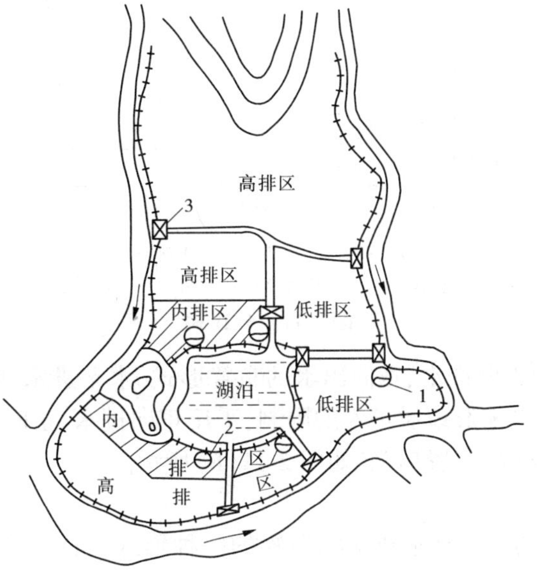

1—外排站;2—内排站;3—排水闸

图 2-10 分区分级排水

排水区的划分是排水泵站规划的一项重要工作,应通过技术经济比较来确定。

(二)站址选择

以排涝为主的排水泵站,站址应选在排水区的较低处,与自然汇流相适应;要尽可能靠近河岸且外河水位较低的地段,以便降低排水扬程,减少装机容量和电能消耗并缩短排水渠的长度;尽量利用原有排水渠系和涵闸设施,减少工程量和挖压耕地的面积;充分考虑自流排水条件,尽可能使自流排水与提排相结合。站址和排水渠应选在承泄区岸坡稳定、冲刷和淤积较少的地段;应有适宜的外滩宽度,以利于施工围堰和料场布置,而且不使泄水渠过长。其他要求,则与灌溉泵站的站址选择相同。

(三)枢纽布置

为满足自流排水要求,排水泵站枢纽通常由自排和抽排两种排水系统组成。按照自流排水建筑物和泵房的关系,常见布置方式如下。

1. 分建式

图 2-11 是分建式的排水泵站建筑物布置的一种形式,特点是自流排水闸 8 与泵房 4 分开建筑。需要自流排水时,涝(渍)水由排水渠经自流排水闸 8 流入容泄区;需要泵站

排水时,涝(渍)水通过提排系统泵房4、出水池5(压力水箱6)、防洪闸7,最后排至容泄区。这种布置形式的优点是可以充分利用原有围堤上的涵洞,在修建了泵站后继续发挥它们排水的作用。

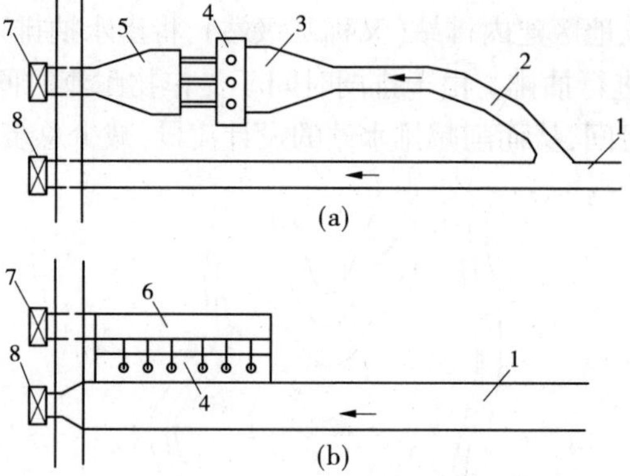

1—自流排水渠;2—引水渠;3—前池;4—泵房;
5—出水池;6—压力水箱;7—防洪闸;8—自流排水闸

图2-11　分建式

图2-11(a)所示为正向进水、正向出水的布置形式,水泵进水和出水的水流条件均较好。当机组台数较多,受地形地质条件的限制,采用正向进水、正向出水布置有困难时,可采用侧向进水、侧向出水的布置形式,如图2-11(b)所示。

2. 合建式

图2-12是合建式的排水泵站建筑物布置的一种形式。特点是排水闸和泵房合建在一起,布置紧凑,投资较省。当内河水位高于外河时,开闸排水;当外河水位高于内河时,关闸开机排水。

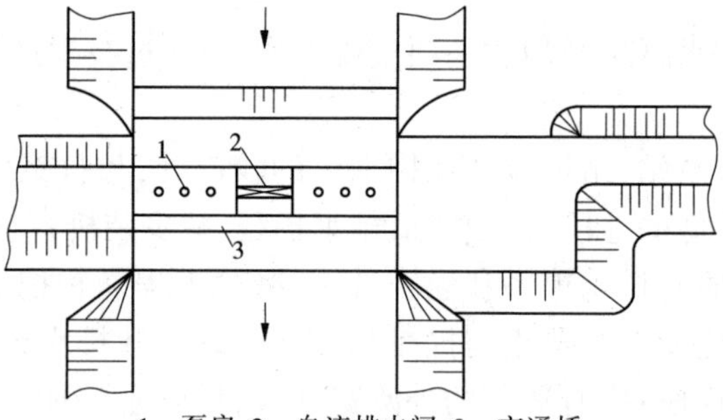

1—泵房;2—自流排水闸;3—交通桥

图2-12　合建式

三、灌排结合泵站的枢纽布置

当外河水位低于灌区内田面,作物需要灌溉时,泵站作为灌溉泵站进行提水灌溉;当外河水位高于区内田面,区内涝水需要抽排时,泵站作为排水泵站将水排至外河,这种兼有灌溉和排水双重功能的泵站,称为排灌泵站。排灌泵站有站闸分建与站闸合建两类。

(一)站闸分建式

图 2-13 是站闸分建的布置形式。为保证排水通畅,将排水干沟、前池、进水池、出水池和排水涵闸布置在一直线上,而将引水渠转弯与前池相连。弯段要有足够的转弯半径。引水渠的取水口布置在凹岸上,引水较顺畅。排水涵洞出口的水流方向面向外河下游,且与外河水流方向斜交,以避免排水时水流冲刷对岸。排水时,水流由排水干沟经引水渠自流排至外河。不能自流排水时,关闭进水闸,由泵站提水外排。灌溉时,关闭排水闸和防洪闸,由外河引水,通过泵站提水送至灌溉干渠。图 2-13 的布置形式,适用于灌溉扬程与排水扬程相差不大的情况。当上述两种扬程相差较大时,则应考虑建两个出水池。高池灌溉,低池排涝。

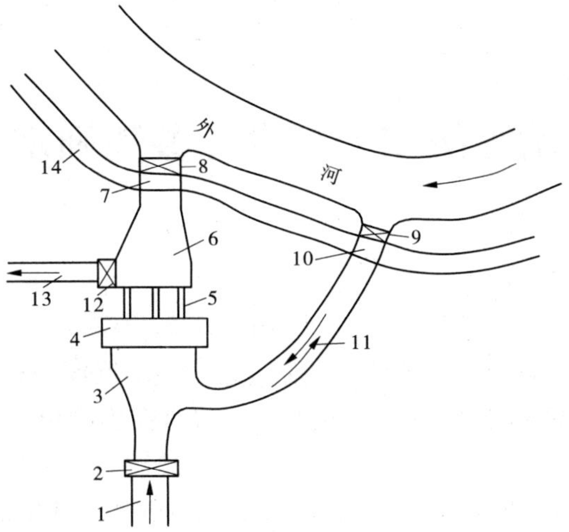

1—排水干沟;2—排水闸;3—前池;4—泵房;5—出水管;6—出水池;7—排水涵洞;8—防洪闸;9—进水闸;10—引水涵洞;11—引水渠;12—灌溉闸;13—灌溉干渠;14—防洪堤

图 2-13　分建式灌排泵站布置

(二)站闸合建式

如图 2-14 是站闸合建的布置形式。该站采用双向流道,泵房最下层既是进水流道,又是引水或排水的涵洞,进水流道顶板面上是出水流道。如外江水位较低,可以关闭上层闸门 5、打开下层闸门 6,内河水则可自流排入外江;若外江水位较高不能自排,则关闭灌溉闸门 7,打开上层闸门 5,并关闭下层闸门 6,封闭通向内河的出水流道口,抽排入江。灌溉时,若外江水位较高,可开防洪闸门 8、上层闸门 5 和灌溉闸门 7,关闭下层闸门 6,引江自灌;若外江水位较低,则打开下层闸门 6 和灌溉闸门 7,并关闭上层闸门 5,封闭通向外江的出水流道口,进行提水灌溉。这种布置形式泵房直接挡水,所以适用扬程较低、内外水位变幅不大的场合。根据经济比较,采用合建式比分建式可节省投资 1/3 以上。

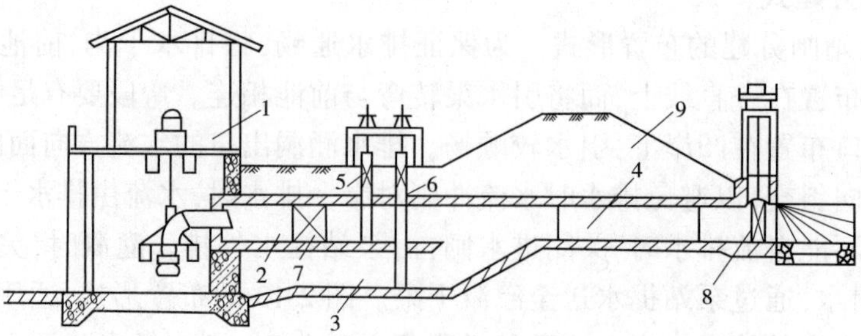

1—泵房；2—压力水箱；3—底洞；4—压力涵洞；5—上层闸门；
6—下层闸门；7—灌溉闸门；8—防洪闸门；9—防洪堤

图 2-14 合建式灌排泵站布置

任务二 泵站等级划分与设计参数确定

一、泵站等级划分

(一)工程等别

泵站的规模,根据流域或地区规划所规定的任务,以近期目标为主,并考虑远景发展要求,综合分析确定。灌溉、排水泵站以包括备用机组在内的单站总设计流量和装机容量为分等指标;工业、城镇供水泵站以供水对象、供水规模和重要性为分等指标。具体分等如表 2-3 所示。当泵站按分等指标分属两个不同等别时,以其中的高等别为准。对于由多级或多座泵站联合组成的泵站工程,其等别可按其整个系统的分等指标确定。

表 2-3 泵站等别划分

泵站等别	泵站规模	灌溉、排水泵站		工业、城镇供水泵站
		总设计流量/(m^3/s)	装机容量/MW	
Ⅰ	大(1)型	≥200	≥30	特别重要
Ⅱ	大(2)型	200~50	30~10	重要
Ⅲ	中型	50~10	10~1	中等
Ⅳ	小(1)型	10~2	1~0.1	一般
Ⅴ	小(2)型	<2	<0.1	—

(二)建筑物级别

泵站各建筑物的级别,根据泵站等别及建筑物在泵站中的作用和重要性,按表 2-4 确定。

表 2-4 泵站建筑物级别划分

泵站等别	永久性建筑物级别		临时性建筑物级别
	主要建筑物	次要建筑物	
Ⅰ	1	3	4
Ⅱ	2	3	4
Ⅲ	3	4	5
Ⅳ	4	5	5
Ⅴ	5	5	—

注:1. 直接挡洪的堤身式泵站,其级别应不低于防洪堤的级别。

2. 对失事后造成巨大损失或严重影响,或采用实践经验较少的新型结构的 2~5 级主要建筑物,经论证后,其级别可提高 1 级;对失事后造成损失不大或影响较小的 1~4 级主要建筑物,经论证后,其级别可降低 1 级。

表 2-4 中,永久性建筑物指泵站运行期间使用的建筑物。其中,主要建筑物是指失事后造成灾害或严重影响泵站使用的建筑物,如泵房,进水闸,引渠,进、出水池,出水管道和变电设施等;次要建筑物是指失事后不致造成灾害或对泵站使用影响不大并易于修复的建筑物,如挡土墙、导水墙和护岸等。临时性建筑物是指泵站施工期间使用的建筑物,如导流建筑物、施工围堰等。

(三)防洪标准

泵站建筑物防洪标准应按表 2-5 确定。对于修建在河流、湖泊或平原水库边的堤身式泵站,其建筑物防洪标准不应低于堤坝现有防洪标准。平原、滨海区的泵站,校核防洪标准可视具体情况和需要研究确定。

表 2-5 泵站建筑物防洪标准

泵站建筑物级别	洪水重现期/年	
	设计	校核
1	100	300
2	50	200
3	30	100
4	20	50
5	10	20

受潮汐影响的泵站建筑物,除满足防洪要求外,还应根据工程等级,结合历史最高潮水位,按表 2-6 规定确定挡潮水位的重现期。

表 2-6 受潮汐影响泵站建筑物的防洪标准

建筑物级别	1	2	3	4	5
防潮标准重现期/年	100	50	50~30	30~20	20

二、灌溉泵站设计参数确定

(一)灌溉设计标准

灌溉设计标准一般以灌溉设计保证率表示,根据水文气象、水土资源、作物组成、提灌区规模、灌水方法及经济效益等因素确定,可参照表2-7确定。

码2-3　微课:灌溉泵站的设计计算参数

表2-7　灌溉设计保证率

灌水方法	地区	作物种类	灌溉设计保证率/%
地面灌溉	干旱地区或水资源紧缺地区	以旱作为主	50~70
		以水稻为主	70~80
	半干旱半湿润地区或水资源不稳定地区	以旱作为主	70~80
		以水稻为主	75~85
	湿润地区或水资源丰富地区	以旱作为主	75~85
		以水稻为主	80~95
喷灌、微灌	各类地区	各类作物	85~95

小型灌区在规划设计中也采用抗旱天数作为灌溉的设计标准。以抗旱天数为标准设计灌溉工程时,单季稻灌区可用30~50 d,双季稻灌区可用50~70 d,经济较发达地区可按上述标准提高10~20 d。

对于典型年的选择,从河流中提水的灌溉泵站,常根据历年灌溉用水紧张时期的来水量进行频率计算,然后根据灌溉设计保证率选定设计典型年。设计典型年的来水流量过程线,是用来确定设计引提流量和保证灌溉面积的重要依据。

(二)设计流量

灌溉泵站设计流量是在灌区规划所确定的灌溉设计保证率下,根据作物组成、灌溉面积、灌水定额、灌溉水利用系数、灌区内调蓄容积等综合分析计算确定的。

$$Q_{设} = \frac{\sum mA}{3\,600 T t \eta_{灌}} \quad (\mathrm{m^3/s}) \tag{2-1}$$

式中　m——用水高峰时段内各种作物的最大一次灌水定额,$\mathrm{m^3}$/亩,根据各种作物而定;

A——灌溉面积,亩,按稻作区、旱作区分别统计;

T——灌水天数,d,参考表2-8;

t——日开机时数,h,根据灌区作物的灌溉要求及机电设备运行条件确定,一般可取24 h;

$\eta_{灌}$——灌溉水利用系数,表2-9为规划时要求达到的数值。

表 2-8 作物不同生长期灌水天数

作物种类	生长期	灌水天数/d
水稻	泡田	7~15
	生长期补水	3~5
冬小麦	播前灌	10~20
	拔节后灌	10~15
棉花	播前灌	10~30
	苗期、花铃期	6~10
	吐絮期	8~15

表 2-9 提水灌区灌溉水利用系数 $\eta_{灌}$ 参考值

灌溉面积/万亩	<1	1~10	10~30	30~50	>50
$\eta_{灌}$	0.85~0.75	0.75~0.70	0.70~0.65	0.60	0.55

在有调蓄容积的提水灌区，灌溉站应尽量与塘、库等蓄水工程相结合，充分利用调蓄容积，削减灌溉用水高峰值，以减小泵站的装机容量。

在缺乏资料的情况下，根据已建灌溉工程的统计资料，也可用下列公式估算设计流量：

$$Q = MA \quad (m^3/s) \tag{2-2}$$

式中 A——灌溉面积，万亩；

M——灌水模数，即单位灌溉面积所需灌溉用水流量，$m^3/(s·万亩)$，参考表 2-10。

表 2-10 部分地区的灌水模数

地区	灌水模数/[$m^3/(s·万亩)$]
南方平原湖区	33~1.0
南方丘陵地区	1.0~1.67
关中地区(大、中型灌区)	0.5~0.33
关中地区(小型灌区)	1.0
陕南、陕北	1.0

【例 2-2】 南方某丘陵地区的灌溉面积为 80 万亩，其他资料缺乏。试确定该灌区设计流量。

解：根据题意，代入式(2-2)得

$$Q = MA = 1.5 \times 80 = 120(m^3/s)$$

故该灌区设计流量为 120 m^3/s。

(三)特征水位

1. 进水池水位

(1)防洪水位。用于确定泵房建筑物防洪墙的顶部高程，是计算分析泵站建筑物稳定安全的重要参数。直接挡洪的泵房，按表 2-5、表 2-6 规定的设计防洪标准推求；不直接

挡洪的泵房,因泵房前设有防洪进水闸(涵洞),设计时可不考虑防洪水位的作用。

(2)最高运行水位。用于确定泵站的最低扬程。从河流、湖泊和感潮河口取水时,取重现期5~10年一遇洪水的日平均水位。若泵站位于防洪堤内,则根据具体情况确定,一般按灌溉期内河最高蓄水位来推求;从水库取水时,根据水库调蓄性能论证确定;从渠道取水时,取渠道通过加大流量时的水位。

(3)设计运行水位。用于确定泵站的设计扬程等。以江河、湖或水库为水源的泵站,采用历年灌溉期满足灌溉设计保证率的水源日或旬平均水位;以渠道为水源的泵站,采用渠道的设计水位。

(4)最低运行水位。用于确定水泵的安装高程和进水闸的底板高程等。以江河、湖泊和水库为水源的泵站,取历年灌溉期保证率为95%~97%的最低日平均水位;从感潮河口取水时,取历年灌溉期水源保证率为95%~97%的日最低潮水位;从渠道取水时,取渠道通过单泵流量时的水位。

(5)平均水位。用于确定泵站的平均扬程。从河流、湖泊或水库取水时,取灌溉期多年日平均水位;从渠道取水时,取渠道通过平均流量时的水位。

上述水位均应扣除从取水口至进水池的水力损失。从河床不稳定的河道取水时,尚应考虑河床变化的影响,方可作为进水池相应特征水位。

2. 出水池水位

(1)最高水位。用于确定出水池的墙顶高程。当出水池与输水河道相接时,取输水河道的防洪水位;当出水池与输水渠道相接时,取泵站最大流量相应的水位。

(2)最高运行水位。取泵站最大运行流量相应的水位。

(3)设计运行水位。用于确定泵站的设计高程。取按灌溉设计流量和灌区控制高程的要求推算到出水池的水位。

(4)最低运行水位。取与泵站单泵流量相应的水位;有通航要求的输水河道,取最低通航水位。

(5)平均水位。取灌溉期多年日平均水位。

(四)特征扬程

1. 设计扬程

设计扬程是选择泵型的主要依据。可按下列公式确定:

$$H_{设} = H_{净} + h_{损} \tag{2-3}$$

式中 $H_{设}$——灌溉泵站设计扬程,m;

$H_{净}$——灌溉泵站设计净扬程,m,为出水池与进水池的设计水位差;

$h_{损}$——泵站进、出水管路损失扬程,m。

在管路布置未确定时,$h_{损}$ 由表2-11和表2-12估算。方法为根据泵站的设计流量和一般的台数范围,初拟水泵的单泵流量,由单泵流量查表2-11确定水泵的进口直径,再依照管路直径比水泵进口直径大一等级的原则拟订管路直径,由管径和设计净扬程查表2-12确定损失扬程。

表 2-11 水泵进口直径与流量对照表

水泵进口直径/mm	流量 L/s	流量 m^3/h	水泵进口直径/mm	流量 L/s	流量 m^3/h
75	7~20	25~70	400	400~480	1 450~1 700
100	18~35	65~125	500	400~700	1 450~2 500
150	30~55	110~200	600	650~1 000	2 300~3 600
200	55~95	200~340	800	1 300~1 800	4 600~6 500
250	90~170	320~600	900	1 500~2 000	5 400~7 200
300	140~280	500~1 000	1 000	2 000~3 000	7 200~10 800
350	220~450	800~1 600	1 200	2 500~3 500	9 000~12 500

表 2-12 管路水头损失估算表

净扬程/m	管路直径/mm		
	<200	250~350	>350
	损失扬程相当于净扬程的百分数/%		
10 以下	30~50	20~40	10~25
10~30	20~40	15~30	5~15
30 以上	10~30	10~20	3~10

【例 2-3】 某乡镇拟兴建一座灌溉泵站。根据灌区规划,站址处水源水位在灌溉期的平均值为 4 m,灌溉渠首设计水位为 85 m。通过初步布置,泵房离水源约 300 m,进水池至水源间的引水损失按 0.15 m 估算,拟用明渠引水,进、出水管路损失扬程按 15% $H_{净}$ 估算。试确定该泵站的设计扬程。

解:泵房距水源 300 m,进水池至水源间的引水损失估算为 0.15 m,进水池设计水位为

$$\nabla_{进设}=4-0.15=3.85(\text{m})$$

出水池与灌溉渠首连接,考虑 0.1 m 合理壅高,出水池设计水位为

$$\nabla_{出设}=85+0.1=85.1(\text{m})$$

则该站设计扬程为

$$H_{设}=H_{净}+h_{损}=(85.1-3.85)\times(1+15\%)=93.44(\text{m})$$

取 93.5 m。

2. 平均扬程

平均扬程是泵站运行历时最长的工作扬程(对于低扬程泵站,可取代设计扬程)。中小型泵站工程一般按泵站进、出水池平均水位差,计入水力损失确定;对于提水流量年内变化幅度较大,水位、扬程变化幅度也较大的大、中型泵站,应根据设计典型年泵站提水过程中各时段的流量、扬程和相应历时用加权平均法来确定。其计算公式为

$$\overline{H} = \frac{\sum H_i Q_i t_i}{\sum Q_i t_i} \tag{2-4}$$

式中　$\overline{H}$——灌溉泵站平均扬程,m;

H_i——第 i 时段的泵站进、出水池水位差,m;

Q_i——第 i 时段的泵站提水流量,m^3/s;

t_i——第 i 时段历时,d 或 h。

3. 最高扬程

最高扬程是泵站正常运行的上限扬程,等于出水池最高运行水位与进水池最低运行水位之差,并计入相应的管路水力损失。当出水池最高运行水位与进水池最低运行水位遭遇的概率较小时,经技术经济比较后,可适当降低最高扬程。

对于具有下降型 $Q \sim P$ 曲线的泵型(如轴流泵),应按此运行工况选配动力机的功率。

4. 最低扬程

最低扬程是泵站正常运行的下限扬程,等于出水池最低运行水位与进水池最高运行水位之差,再加相应的管路水力损失。当出水池最低运行水位与进水池最高运行水位遭遇的概率较小时,经技术经济比较后,可适当提高最低扬程。

对于具有上升型 $Q \sim P$ 曲线的泵型(如离心泵),应以此运行工况选配动力机的功率。

三、排水泵站设计参数确定

码 2-4　微课:排水泵站的设计参数确定

(一)排水设计标准

排水设计标准是确定排水泵站规模的重要依据,应根据排水地区的排涝面积、暴雨特性和暴雨量、河网和湖泊的调蓄情况,以及作物的耐淹水深或耐淹历时等具体条件确定。通常采用控制排水面积内发生一定重现期连续若干天的暴雨所产生的多余水量,能够在规定时间内排除而不发生涝、渍灾害的表达方式。旱作区一般可采用 1~3 d 暴雨 1~3 d 排至田面无积水;水田区一般可采用 1~3 d 暴雨 3~5 d 排至耐淹水深。

(二)设计流量

排水泵站排涝设计流量及其过程线,可根据排涝标准、排涝方式、排涝面积及调蓄容积等综合分析计算确定。排水泵站排渍设计流量可根据地下水排水模数与排水面积计算确定。

1. 排水模数法

某一设计暴雨情况下,排水区平均单位排水面积的最大排水流量称为排水模数。排水模数法适用于产流历时小于排水历时的小面积排水区。其计算公式为

$$Q = qA \tag{2-5}$$

式中　Q——泵站设计排水流量,m^3/s;

q——设计排水模数,$m^3/(s \cdot km^2)$;

A——控制的除涝排水面积,km^2。

2. 平均排除法

排水区面积较小，且区内具有一定调蓄容积时，设计流量可按平均排除法确定。其计算公式为

$$Q=\frac{1\ 000[A(P-h)+A'CP]-V}{3\ 600Tt} \tag{2-6}$$

式中 Q——泵站设计流量，m^3/s；

A——排水区内水田面积，km^2；

P——设计暴雨量，mm；

h——排水临界期内水田允许蓄水深度，mm；

A'——排水区内旱地和非耕地面积，km^2；

C——旱地和非耕地暴雨径流系数，各省水文站均有观测总结资料可供选用；

V——调蓄容积，m^3；

T——排水天数，d；

t——每天开机小时数，一般为 20~24 h，中小型泵站取 20~22 h。

(三)特征水位

1. 进水池水位

(1)最高水位。用于确定电机层楼板高程或泵房进水侧挡水墙顶部高程。取排水区建站后重现期 10~20 年一遇的内涝水位。排水区有防洪要求的，泵站作为受影响的建筑物，最高水位应同时考虑其影响。

(2)最高运行水位。是排水泵站正常运行的上限排涝水位。取按排水区允许最高涝水位的要求推算到站前的水位；对有集中调蓄区或与内排站联合运行的泵站，取由调蓄区最高调蓄水位或内排站出水池最高运行水位推算到站前的水位。

(3)设计运行水位。是排水泵站站前经常出现的内涝水位，用于确定泵站设计扬程。取由排水区设计排涝水位推算到站前的水位；对有集中调蓄区或与内排站联合运行的泵站，取由调蓄区设计低水位或内排站出水池设计水位推算到站前的水位。推算得到的水位还要计入排水渠道的水力损失。

(4)最低运行水位。是排水泵站正常运行的下限排涝水位，用于确定水泵的安装高程。取按降低地下水埋深或调蓄区允许最低水位的要求推算到站前的水位。

(5)平均水位。取与设计水位相同的水位。

2. 出水池水位

(1)防洪水位。采用表 2-5、表 2-6 规定的设计防洪标准推求。

(2)最高运行水位。当承泄区水位变化幅度较小，水泵在设计洪水位能正常运行时，取设计洪水位。当承泄区水位变化幅度较大时，取重现期 10~20 年一遇洪水的 3~5 日平均水位。当承泄区为感潮河段时，取重现期 10~20 年一遇的 3~5 日平均潮水位。

(3)设计运行水位。用于确定设计扬程。取承泄区重现期 5~10 年一遇洪水的排水时段(设计排水标准中要求的排水时间)外河平均水位作为泵站出水池设计运行水位。当承泄区为感潮河段时，取重现期 5~10 年一遇排水时段平均潮水位。

(4)设计最低外水位。用于确定出水管口的高程。取承泄区历年排水期最低水位或

最低潮水位的平均值。

(5)平均水位。取承泄区排水期多年日平均水位或多年日平均潮水位。

(四)特征扬程

排水泵站特征扬程及确定方法与灌溉泵站一致。

能力训练

2-1 泵站枢纽由哪些建筑物组成？各有何功能和作用？

2-2 灌区划分有哪几种形式？各适用于何种场合？

2-3 灌溉泵站选择站址应遵循哪些原则？

2-4 灌溉泵站枢纽布置有哪几种形式？选定某种形式取决于哪些因素？

码 2-5 题库训练

2-5 排水区的划分应遵循哪些原则？排水泵站枢纽布置有哪几种形式？各有何优、缺点？

2-6 排水泵站选择站址应遵循哪些原则？与灌溉泵站站址选择有哪些异、同点？

2-7 如何确定泵站的设计流量和设计扬程？

项目三 水泵类型与性能认知

【学习目标】 掌握水泵的定义及分类，掌握各类叶片泵的工作原理，了解其构造及各零部件的作用，熟悉水泵型号的意义和叶片泵的性能参数及性能曲线。

【学习任务】 掌握水泵的定义、工作原理和构造特点，能够熟练区分水泵类型。掌握水泵型号的命名方法，能够根据给定的水泵型号说明各符号含义。掌握叶片泵的性能参数和性能曲线特点，能够正确掌握水泵性能表的信息。

码 3-1 思政导引

任务一 水泵类型与构造特点

泵是一种转换能量的机械。它通过工作体的运动，把外加的能量传给被抽送的流体，使其能量（位能、压能、动能）增加。工作体因泵的种类不同而异，既可以是液体或气体，也可以是液、气混合物及含悬浮固体物的液体。用于输送水的泵，叫水泵。

泵的用途很广，在工业、农业、建筑、电力、石油、化工、冶金、造船、轻纺、矿山开采和国防等国民经济各部门中占有重要的地位。所以，把泵列为通用机械，它是机械工业中的一类主要产品。

一、水泵的类型

码 3-2 微课：水泵的分类

水泵品种繁多，结构各异，按工作原理可分为以下几种。

（一）叶片式泵（叶片泵）

叶片式泵是靠叶轮带动液体高速旋转而把机械能传递给所输送的液体。根据泵的叶轮和流道结构特点的不同，叶片式泵又可分为离心泵、轴流泵、混流泵三种。

离心泵按照泵轴的装置方式可分为卧式泵和立式泵；根据水流进入叶轮的方式可分为单吸泵和双吸泵；根据轴上安装叶轮的个数可分为单级泵和多级泵。

轴流泵按泵轴装置方式可分为立式泵、卧式泵和斜式泵，按叶片调节的可能性可分为固定式泵、半调节式泵和全调节式泵。

混流泵按结构形式分为蜗壳式混流泵和导叶式混流泵。

(二)容积式泵

容积式泵靠工作部件的运动造成工作容积周期性地增大和缩小来输送液体。依据运动部件运动方式的不同,容积式泵又分为往复泵和回转泵两种。往复泵是利用柱塞在泵缸内做往复运动来改变工作室的容积而输送液体的。例如,拉杆式活塞泵是靠拉杆带动活塞做往复运动进行提水的。回转泵是利用转子做回转运动来输送液体的。

(三)其他类型泵

叶片式泵和容积式泵以外的特殊泵型称为其他类型泵。在灌排泵站中有射流泵、水锤泵、气升泵(又称空气扬水机)、螺旋泵、内燃泵等。其中,除螺旋泵是利用螺旋推进原理来提高液体的位能外,其他各种泵都是利用工作流体传递能量来输送液体的。

叶片式泵覆盖了从低扬程到高扬程、从小流量到大流量的广阔区间,使用范围宽广。在排灌用泵中使用最多的是叶片式泵。因此,本教材将着重讲解叶片式泵。

二、叶片式泵的工作原理与构造

(一)离心泵

1. 离心泵的工作原理

离心泵是利用叶轮旋转时对水产生的离心力来工作的。如图3-1所示,离心泵在抽水前,必须先通过灌水或真空泵抽气使泵体及吸水管处于真空状态。当电动机通过泵轴带动叶轮高速旋转时,叶轮中的水由于受到惯性离心力的作用,由叶轮中心甩向叶轮外缘,并汇集到泵体内,获得势能和动能的水在泵体内被导向出水口,沿出水管输送至出水池。与此同时,叶轮进口处产生真空,而作用于进水池水面的压强为大气压强,进水池中的水便在此压强差的作用下,通过进水管吸入叶轮。叶轮不停地旋转,水就源源不断地被甩出和吸入,这就是离心泵的工作原理。

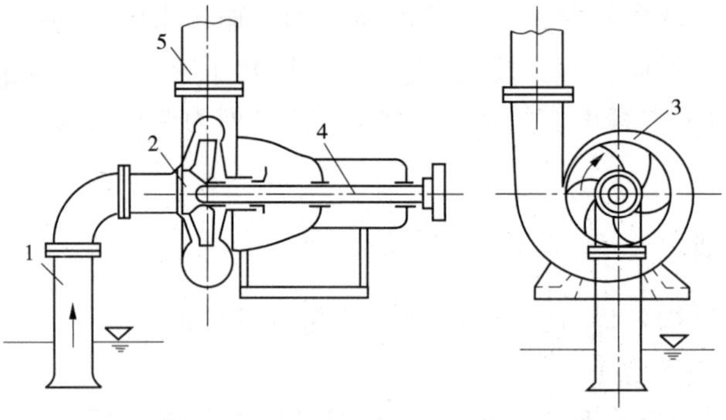

1—进水管;2—叶轮;3—泵体;4—泵轴;5—出水管

图3-1 单级单吸离心泵工作原理示意图

码3-3 动画:单级单吸泵工作原理

码3-4 动画:单级单吸泵构造

2. 离心泵的构造

离心泵的类型很多、型号各异,但其主要零部件组成基本相同。主要零部件有:叶轮、泵壳、密封环、泵轴、轴承、轴封装置、轴向力平衡装置及联轴器等。下面简略介绍单级单吸式离心泵、单级双吸式离心泵、分段多级式离心泵及自吸式离心泵的构造。

1) 单级单吸式离心泵

单级单吸式离心泵的结构特点是水流从叶轮的一侧吸入,泵轴为卧式且轴上只有一个叶轮,叶轮固定在泵轴的一端,泵的进出水口互相垂直。其结构如图 3-2 所示,各部分的作用及制造要求如下。

(1) 叶轮。是把能量传递给液体的具有叶片的旋转体。它的几何形状、尺寸、所用材料和加工工艺等对泵的性能有着决定性的作用,是泵的核心。

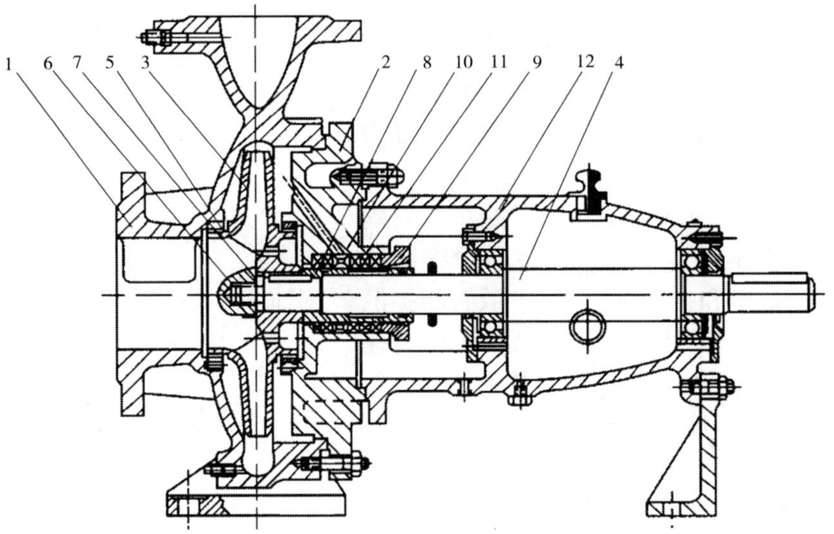

1—泵体;2—泵盖;3—叶轮;4—轴;5—密封环;6—叶轮螺母;7—止动垫圈;
8—轴套;9—填料压盖;10—填料环;11—填料;12—悬架轴承部件

图 3-2 单级单吸式离心泵结构图

常见离心泵一般采用封闭式叶轮,它由前盖板、叶片、后盖板和轮毂组成,如图 3-3、图 3-4(a)所示。前、后盖板之间装有 4~12 个向后弯曲的圆柱或扭曲形叶片。叶片的主要作用是传递能量。叶片和盖板的内壁构成了弯曲的槽道,称为叶槽。叶轮前盖板中有一个进水口,当叶轮旋转时,水从进水口吸入,在惯性离心力的作用下,水流经叶槽从叶轮的四周甩出,所以水在叶轮中的流动方向是轴向进水、径向出水。前、后盖板不全的叶轮称为开式叶轮,其中只有后盖板的叶轮称为前半开式叶轮,如图 3-4(b)所示;只有前盖板的叶轮称为后半开式叶轮,如图 3-4(c)所示;前、后盖板都没有或只有很短后盖板的叶轮称为全开式叶轮,如图 3-4(d)所示。

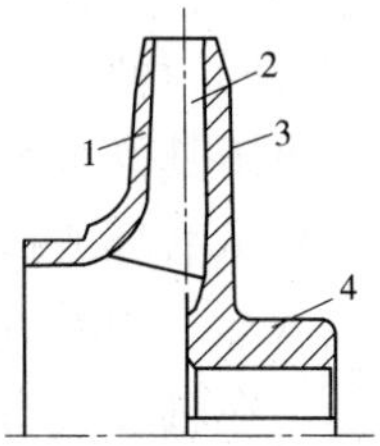

1—前盖板;2—叶片;
3—后盖板;4—轮毂

图 3-3 封闭式叶轮

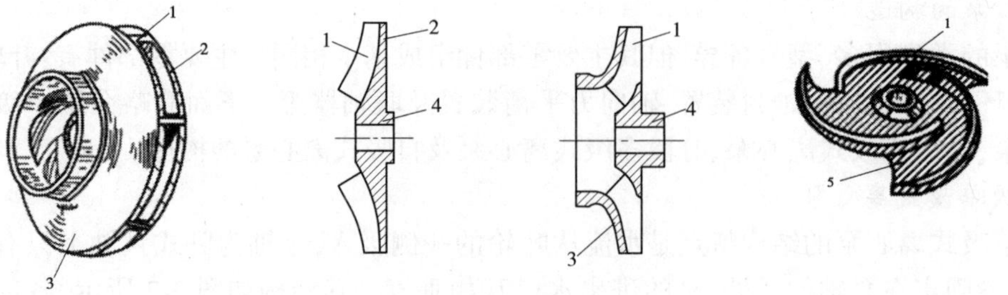

(a)封闭式　(b)前半开式　(c)后半开式　(d)全开式

1—叶片;2—后盖板;3—前盖板;4—轮毂;5—加强筋

图 3-4　离心泵叶轮

(2)泵体(壳体)。是形成包容和输送液体外壳的总称,主要由泵盖和蜗形体组成。泵盖为水泵的吸入室,是一段渐缩的锥形管,锥度一般为 7°~18°,其作用是将吸水管路中的水以最小的损失均匀地引向叶轮。叶轮外侧直接形成的具有蜗形的壳体称蜗形体,它是泵的压出室,如图 3-5 所示。蜗形体由蜗室和扩散管组成,扩散管的扩散角一般为 8°~12°。其作用是汇集从叶轮中高速流出的液体,并输送到排出口;将液体的一部分动能转化为压能,消除液体的旋转运动。泵体材料一般为铸铁。泵体及进、出口法兰上设有泄水孔、排气孔(灌水孔)和测压孔,用以停机后放水、启动时抽真空或灌水并安装真空表、压力表。

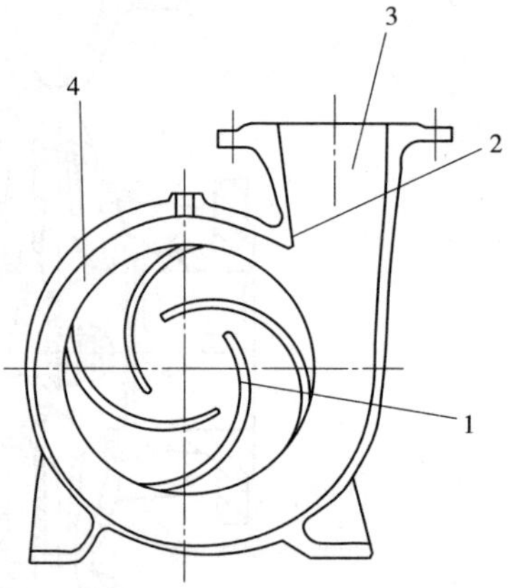

1—叶片;2—隔舌;3—扩散管;4—蜗室

图 3-5　蜗形体

(3)密封环。离心泵叶轮进口外缘与泵盖内缘之间留有一定的间隙。此间隙过大,从叶轮流出的高压水就会通过此间隙漏回到进水侧,以致减少泵的出水量,降低泵的效率;但过小时,叶轮转动时就会和泵盖发生摩擦,引起机械磨损。所以,为了尽可能减少漏损和磨损,同时使磨损便于修复或更换,一般在泵盖上或泵盖和叶轮上分别镶装一精制铸铁圆环,由于其既可减少漏损,又能承受磨损,便于更换且位于水泵进口,故称密封环,又称减漏环、承磨环或口环。

(4)泵轴。其作用是将动力传给叶轮。泵轴一端用键和叶轮螺母固定叶轮,轴上的螺纹旋向,在轴旋转时,使螺母处于拧紧状态。轴的另一端装联轴器或皮带轮。为保护轴免遭磨损,在对应于填料密封的轴段装轴套,轴套磨损后可以更换。泵轴为受弯、受扭构件,为保证泵工作可靠,必须具有足够的强度和刚度,其挠度不得超过允许值。泵轴常用优质碳素钢制成,轴表面不允许有发纹、压伤及其他缺陷。为防止水进入轴承,轴上有挡水圈或防水盘等挡水设施。

(5)轴承。用以支承泵转子部分的重量以及承受径向和轴向荷载。轴承分为滚动轴承和滑动轴承两大类。单级单吸式离心泵通常采用单列向心球轴承。

(6)轴封。泵轴穿过泵体处,必然有间隙存在,为了防止高压水通过此间隙大量流出和空气从该处进入泵内,必须设置轴封装置。填料密封是最常用的一种轴封形式,它由底衬环、填料、水封环、水封管和填料压盖等零件组成,如图3-6所示。填料密封依靠填料与轴套的紧密接触以及填料中的润滑剂被挤出后在接触面上形成的油膜实现密封。底衬环和填料压盖套在轴上填料的两端,起阻挡和压紧填料的作用。填料压紧的程度,用压盖上螺母来调节,一般以液体漏出时成滴为宜。填料中部的水封环,水泵运行时,泵内压力较高的水引入填料进行水封,同时还起冷却、润滑作用。

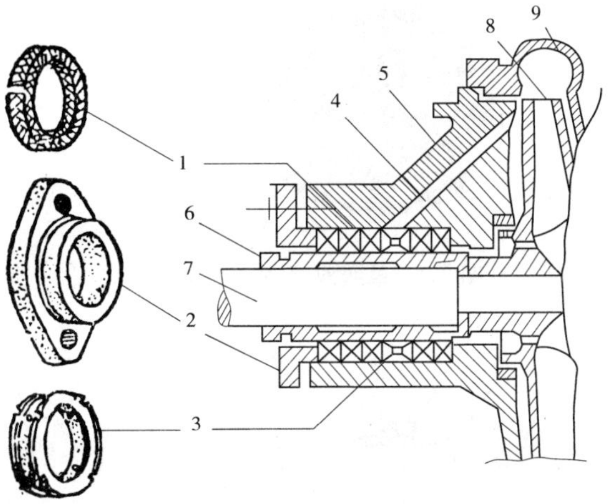

1—填料;2—填料压盖;3—水封环;4—水封管;5—泵盖;6—轴套;7—泵轴;8—叶轮;9—泵壳

图3-6 离心泵的填料密封

单级单吸式离心泵的特点是扬程较高,流量较小,结构简单,维修容易,体积小,重量轻,移动方便,泵的出水口方向可按安装使用要求做90°、180°及270°的调整。目前我国水泵行业采用的单级单吸清水离心泵是IS系列。该系列泵共有29种基本型号,51个规格,6种口径。其性能范围是:流量6.3~400 m^3/h,扬程5~125 m,配套电机功率0.55~110 kW,转速有1 450 r/min和2 900 r/min两种。

码3-5 动画:单级双吸泵工作原理

2)单级双吸式离心泵

单级双吸式离心泵的外形如图3-7所示,其结构如图3-8所示。它的结构特点是:

(1)水从叶轮的两侧吸入,即叶轮有两个进水口,故称双吸。

(2)叶轮及泵轴由两端的轴承支承,故其受力和支承对称,有较高的抗弯和抗拉强度,以免因轴的挠度增大,导致运行时发生振动,增大振幅,甚至断轴。

码3-6 动画:单级双吸泵结构

(3)泵壳为水平中开式,即泵壳分为上部泵盖、下部泵体两部分,上、下两部分用双头螺栓联结成一体,检修时只要松开螺栓,揭开泵盖即可对泵体内部进行检修。

(4)水泵进出口均垂直于泵轴且在泵轴线下方,有利于进出水管路的布置与安装。

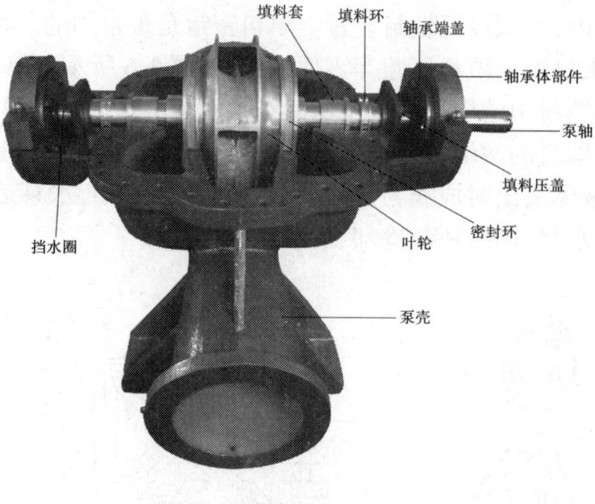

图 3-7　单级双吸式离心泵外形

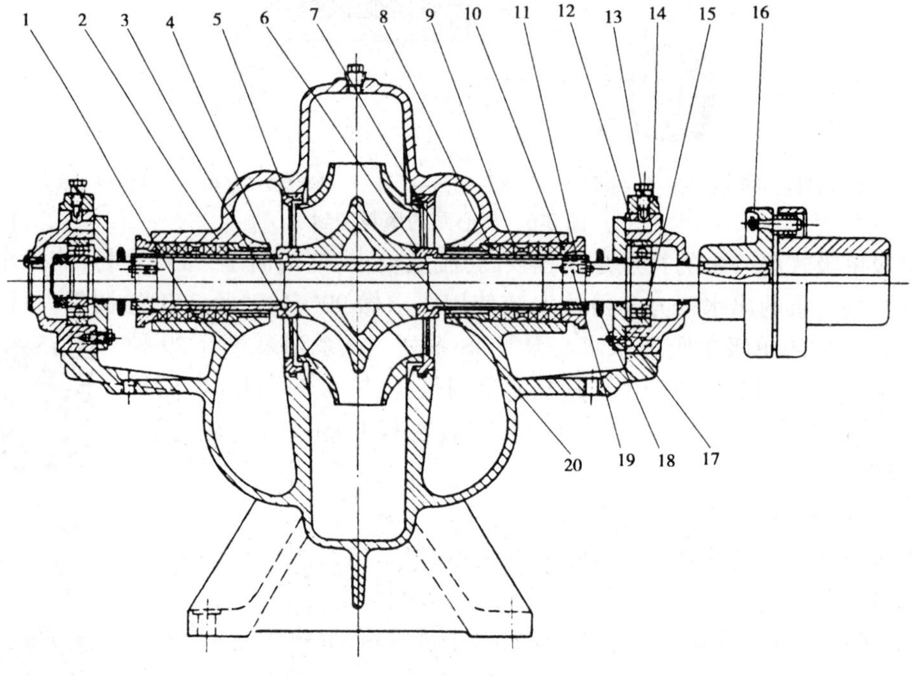

1—泵体;2—泵盖;3—叶轮;4—泵轴;5—双吸减漏环;6—轴套;7—填料套;
8—填料;9—水封环;10—压盖;11—轴套螺母;12—轴承体;13—固定螺钉;
14—轴承体压盖;15—单列向心球轴承;16—联轴器;17—轴承端盖;18—挡水圈;19—螺柱;20—键

图 3-8　单级双吸式离心泵结构图

(5)有两个减漏环和两个填料函,此处填料函的作用主要是防止漏气和进气。

单级双吸式离心泵的特点是流量较大,扬程较高,检查和维修方便,运转平稳。由于泵体比较笨重,占地面积大,故适宜于固定使用,广泛用于山丘区较大面积的取水灌溉。

常用的单级双吸式离心泵型号有 Sh、SA 和 S 等几种。其中 Sh 型为最常用泵型，共有 30 个品种、61 种规格，其流量范围一般为 144～12 500 m^3/h，扬程为 9～140 m，最高扬程达 255 m。

3）分段多级式离心泵

分段多级式离心泵将若干个单吸叶轮串联起来工作，每一个叶轮称为一级。泵体分成进水段、中段和出水段，各段用大的穿杠螺栓紧固在一起，如图 3-9 所示。水泵运行时，水流从第一级叶轮排出后，经导叶进入第二级叶轮，再从第二级叶轮排出后经导叶进入第三级叶轮，依次类推。叶轮级数愈多，水流得到的能量愈大，扬程就愈高。泵的两端设有填料密封装置，水流通过回水管进入填料室，起水封作用。由于泵内各叶轮均为单侧进水，故其轴向力很大，一般采用在末级叶轮后面装设平衡盘来加以平衡。平衡盘用键固定在轴上，随轴一起旋转。

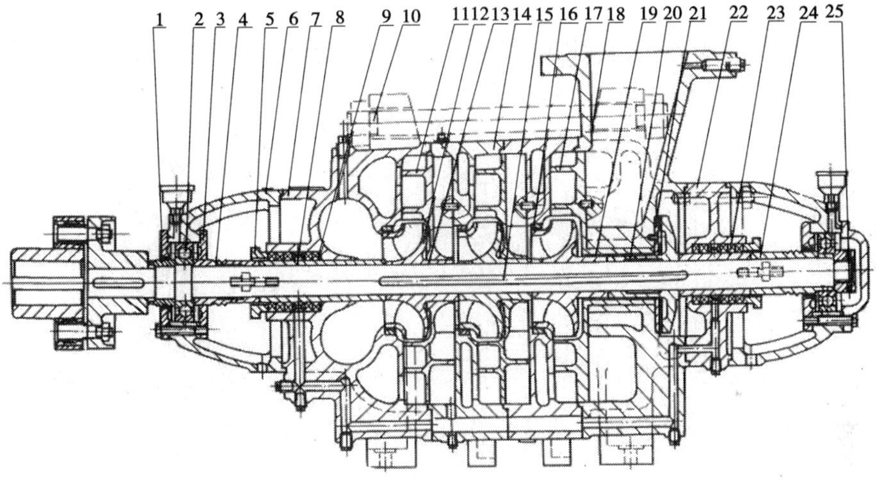

1—轴套螺母甲；2—轴承；3—轴承盖；4—轴套甲 A；5—填料压盖；6—轴承体；7—进水段；8—填料环；9—轴套甲；10—螺栓；11—导叶；12—叶轮；13—导叶套；14—中段；15—轴；16—密封环；17—出水段导叶；18—出水段；19—平衡套；20—平衡盘；21—平衡环；22—尾盖；23—轴套乙；24—轴承衬套；25—轴承螺母乙

图 3-9 分段多级式离心泵结构图

分段多级式离心泵的特点是流量小、扬程高。扬程可根据使用需要，通过选用叶轮的级数来达到。但结构较复杂，使用维护不太方便。分段多级式离心泵品种较多，最常见的为 D 型、DA 型，其扬程范围为 17.5～600 m，流量为 6.25～450 m^3/h。多用于城乡人畜供水和小面积农田灌溉工程。

4）自吸式离心泵

自吸式离心泵在第一次使用之前，只需向泵壳中灌少量的水，启动后就能自行上水。它启动容易，使用方便，在我国喷灌工程中应用较多。自吸式离心泵的主要零部件与单级单吸式离心泵基本相同。其之所以能自吸是由于它的泵体部分的构造和普通离心泵不同，主要区别是泵的进水口高于泵轴；在泵的出水口前设有较大的气水分离室且一般都具有双层泵壳。这样，在启动之前，泵壳中始终存在一部分水，当叶轮转动时，储存的水在离心力的作用下被甩到叶轮外缘，叶轮入口处形成真空，进水管中的空气从泵进口被吸入叶轮,在叶轮外缘形成气水混合体,沿蜗壳流道上升,当气水混合体流到气水分离室时,由于断面增大,气水混合体流速减小,空气由分离室出口溢出,水在自重作用下沿蜗壳流道下部回流,并进入泵壳流道与泵内空气进行再次混合,这样反复多次,吸水管中空气逐渐被排除,从而达到自吸的目的。

(二)轴流泵

1. 轴流泵的工作原理

轴流泵是依靠叶轮旋转时叶片对水流产生的升力而工作的,这种泵由于水流进叶轮和流出导叶都是沿轴向的,故称轴流泵。图3-10为立式轴流泵基本构造简图,它的叶轮安装在进水池最低水面以下,当电动机通过泵轴带动叶片旋转时,淹没于水面以下的叶片对水产生推力(又称升力)并使液体在泵体内旋转,在此升力和导叶体的共同作用下,水流经导叶而沿轴向流出,然后通过出水弯管、出水管输送至出水池。

2. 轴流泵的构造

轴流泵的结构形式有立式、卧式和斜式三种,农田排灌中使用较多的是立式轴流泵,如图3-11所示。它由叶轮、泵体、泵轴和轴承、轴封等主要部分组成。

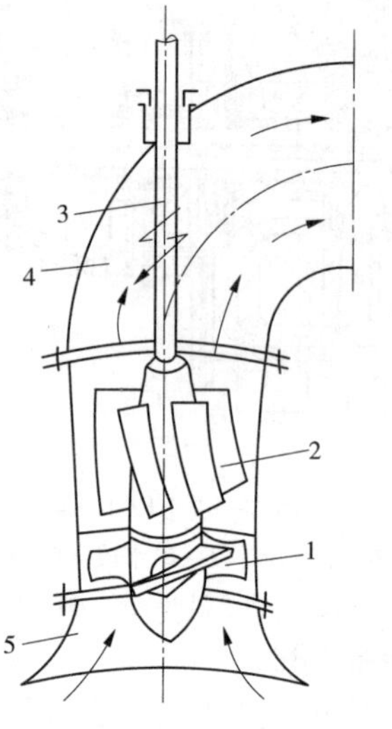

1—叶轮;2—导叶;3—泵轴;
4—出水弯管;5—喇叭管

图3-10 立式轴流泵基本构造简图

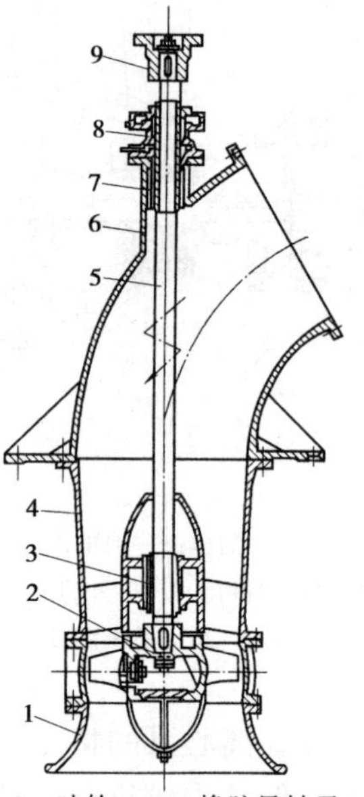

1—喇叭管;2—叶轮;3、7—橡胶导轴承;4—导叶体;
5—泵轴;6—出水弯管;8—轴封;9—联轴器

图3-11 立式轴流泵结构图

1)叶轮

叶轮通常由叶片、轮毂体、动叶头等几部分组成,用铸铁或铸钢制成。叶片一般为2~6片,呈轴向扭曲形。叶片的截面形状及其主要几何参数,直接影响到泵的性能。轮毂体用来安装叶片及叶片调节机构,根据叶片在轮毂体上能否转动,轴流泵的形式可分为固定式、半调节式和全调节式三种。固定式轴流泵的叶片和轮毂体铸成一体,轮毂体为圆柱形或圆锥形,一般泵的出口直径为250~300 mm的小型轴流泵为固定式。半调节式轴流泵的叶片安装在轮毂体上,用定位销和叶片螺母压紧。在叶片根部上刻有指示线,而在轮毂体上则有几个相对应的安装角度的位置线,如图 3-12 中的-4°、-2°、0°、+2°、+4°等。半调节式轴流泵需要进行调节时,通常先停机,然后卸下叶轮,将叶片螺母松开,转动叶片,改变叶片定位销的位置,使叶片的基准线对准轮毂体上的某一要求角度线,再把螺丝拧紧,装好叶轮,从而达到调节的目的。一般泵的出口直径在 700~1 000 mm 以下的中小型轴流泵多采用半调节式。全调节式轴流泵的叶片,通过机械的、机械液压或者是电动机械的一套调节机构来改变叶片的安装角,它可以在只停机而不拆卸叶轮或不停机的情况下进行调节。一般泵的出口直径在 700~1 000 mm 以上的大中型轴流泵为全调节式。动叶头又称导水锥,起导流作用,它借助于六角螺帽、螺栓、横闩安装在轮毂体上。

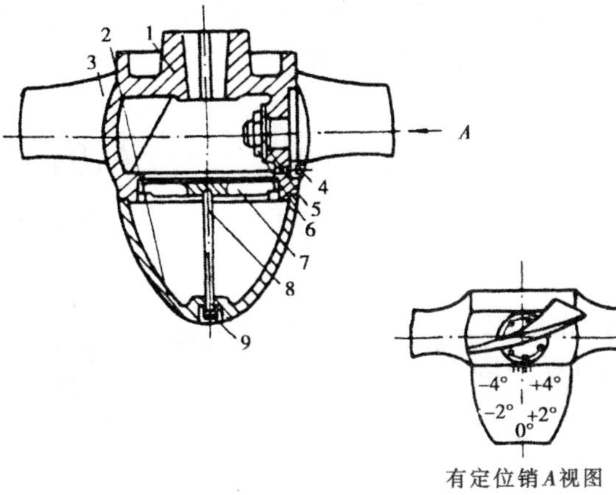

1—轮毂;2—导水锥;3—叶片;4—定位销;5—垫圈;
6—紧叶片螺帽;7—横闩;8—螺柱;9—六角螺帽

图 3-12 半调节叶片轴流泵的叶轮

2)泵体

泵体为轴流泵的固定部件,包括进水喇叭、动叶外圈、导叶体和出水弯管。进水喇叭为中小型轴流泵的吸入室,其作用与离心泵吸入室的作用一样,它将水以最小的损失均匀地引向叶轮。进水喇叭直径为叶轮直径的 1.5 倍左右,其材料为铸铁。动叶外圈为叶轮外壳。调节叶片时,为保持叶片外缘与动叶外圈有一固定间隙,动叶外圈呈圆球形。为便于安装、拆卸,动叶外圈是分半铸造的,中间用法兰和螺栓连接。

导叶体为轴流泵的压出室,由导叶、导叶毂、扩散管组合而成,用铸铁制造,如图 3-13 所示。导叶体的作用是把从叶轮中流出的液体汇集起来输送到出水弯管,并消除液体的旋转运动,在圆锥形导叶体中可以转换动能为压能。导叶体的扩散角 θ 一般不大于 7°~9°,导叶进口边一般和叶轮叶片出口边平行,以免造成冲击损失。导叶出口边通常取 90°或稍大于 90°。导叶的叶片数一般为 5~10 片。

导叶的出口接出水弯管,为使液体在弯管中的损失最小,弯管通常为等断面的,弯管转弯角度通常为 60°,泵的底脚与出水弯管铸造在一起。水泵固定部件的全部重量,以及停泵时回水的冲击力量全部由弯管上的底脚传递到水泵梁上。

3）泵轴和轴承

泵轴是传递扭矩的，用优质碳素钢制成。轴的下端与轮毂连接，上端用刚性联轴器与传动轴连接。在大中型轴流泵中，为了布置叶片调节机构，泵轴做成空心的。

轴流泵的轴承按其功能分为导轴承和推力轴承两种。导轴承用来承受泵轴的径向力，起径向定位作用。中小型轴流泵大多数采用水润滑橡胶导轴承，在橡胶轴承内表面开有轴向槽道，使水能进入橡胶与轴之间进行润滑和冷却，如图3-14所示。一般中小型立式轴流泵有上、下两只橡胶导轴承，下导轴承装在导叶毂内，上导轴承装在泵轴穿过出水弯管处。泵运行时利用泵内的水润滑，但需保证良好的水质。上导轴承多半高出进水池的水面，所以在轴封装置处有一根短管，供泵启动前向该橡胶导轴承输送清水进行润滑。待启动出水后，即可停止供水。为增强泵轴的耐磨性、抗腐蚀性和便于磨损后更换，在泵轴轴颈处镀铬或喷镀一层不锈钢或镶不锈钢套。

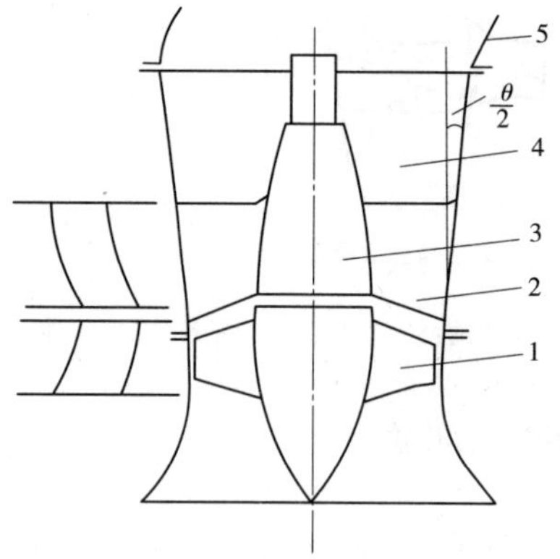

1—叶轮；2—导叶；3—导叶毂；
4—扩散管；5—出水弯管

图3-13　导叶轴面投影

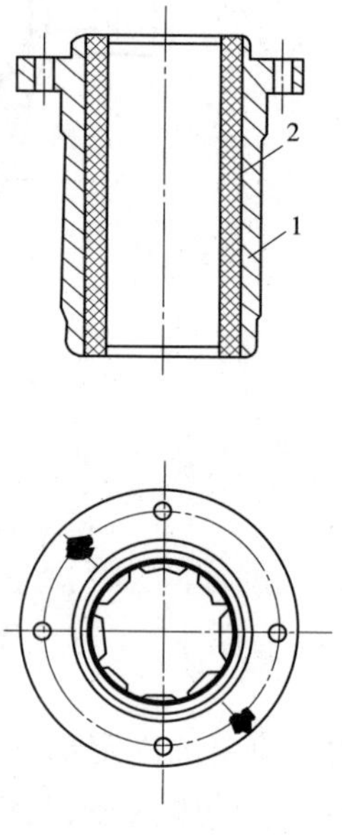

1—轴承外壳；2—橡胶

图3-14　橡胶导轴承

在立式轴流泵中，推力轴承主要用来承受水流作用在叶片上的轴向水压力和机组转动部件的重力，并将这些力传到基础上去。

4）轴封

轴流泵的填料密封装置装在出水弯管的轴孔处，其构造与离心泵的填料密封相似，一般由填料函、填料和填料压盖等零件组成。

轴流泵的特点是低扬程、大流量。立式轴流泵结构简单，外形尺寸小，占地面积小，泵房较小。立式轴流泵叶轮安装在进水池最低水位以下，启动方便。轴流泵叶轮的叶片可以调节，使用工况发生变化时，只要改变叶片角度，就可改变泵的性能。中小型轴流泵的适用范围：泵出口直径为150~1 400 mm，流量为100~5 000 L/s，扬程为2~21 m。适用于圩区和平原地区的灌溉与排涝。

为适应大面积农田排灌和跨流域调水的需要,我国兴建了一系列大型排灌泵站,安装叶轮直径为 1.6~4.5 m 的特大型轴流泵,流量范围为 5.0~60 m^3/s,扬程范围为 1.3~9 m。随着各类排灌、输水工程的兴建,特大型轴流泵将进一步得到发展。

(三)混流泵

混流泵中液体的出流方向介于离心泵与轴流泵之间,所以叶轮旋转时,液体受惯性离心力和轴向推力共同作用。

混流泵按结构形式可分为蜗壳式和导叶式两种。

蜗壳式混流泵有卧式和立式两种。中小型泵多为卧式,立式用于大型泵。卧式蜗壳式混流泵的结构与单级单吸离心泵相似,只是叶轮形状不同,如图 3-15 所示。混流泵叶片出口边是倾斜的,叶片数较少,流道宽阔,如图 3-16 所示。

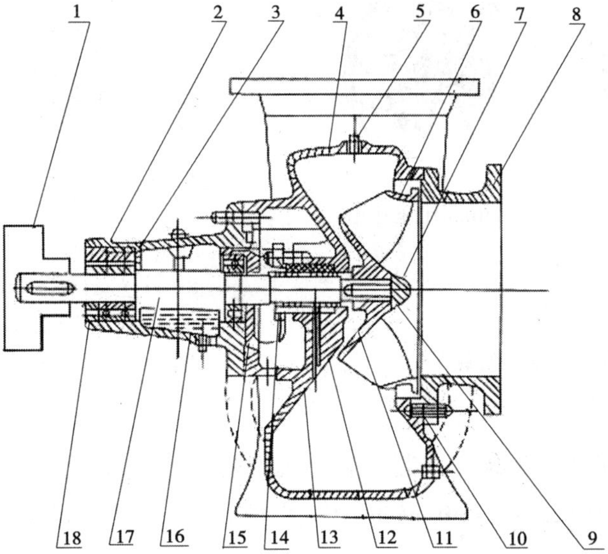

1—联轴器;2—挡套;3—轴承;4—泵体;5—四方螺塞;6—叶轮;
7—叶轮螺母;8—泵盖;9—叶轮螺母垫;10—纸垫;11—轴套;12—填料环;
13—填料;14—填料压盖;15—前盖;16—轴承体;17—泵轴;18—后盖

图 3-15 卧式蜗壳式混流泵结构图

不同工作原理的水泵运行时,液体在叶轮中的流动方向不同。在离心泵内液体是径向流出叶轮,在轴流泵内液体近于轴向流出叶轮,而在混流泵内液体是斜向流出叶轮。混流泵的流量一般较离心泵大,其蜗形体也较大,为了支承稳固,泵的基础地脚座一般均设在泵体下面,轴承体靠泵体支承。

导叶式混流泵有立式和卧式两种,其结构与轴流泵很相似。立式导叶式混流泵如图 3-17 所示。按叶片角度调节方式也可分为固定式、半调节式与全调节式。与蜗壳式混流泵比较,它的径向尺寸较小,但水力性能稍差。卧式导叶式混流泵的泵体为水平中开式,安装、维修都较方便。

混流泵的特点是流量比离心泵大,但较轴流泵小;扬程比离心泵低,但较轴流泵高;泵的效率高,且高效区较宽广;流量变化时,轴功率变化较小,动力机可经常处于满载运行;抗气蚀性能较好,运行平稳,工作范围广,在需要小流量的场合可连续运转。中小型卧式混流泵,结构简单,重量轻,使用维修方便。它兼有离心泵和轴流泵两方面的优点,是一种较为理想的泵型。广泛用于平原地区、圩区,以及丘陵山区的灌溉与排涝。

(a)低比速叶轮

(b)高比速叶轮

图 3-16 混流泵叶轮

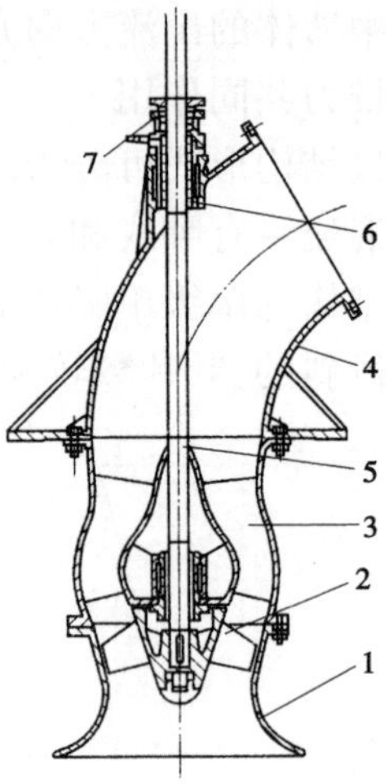

1—喇叭口;2—叶轮;3—导叶轮;4—出水弯管;
5—泵轴;6—橡胶轴承;7—轴封装置

图 3-17 立式导叶式混流泵结构

我国目前生产的中小型蜗壳式混流泵的适用范围:泵进口直径为 50~700 mm,扬程为 3~12.5 m,流量为 12.5~3 650 m^3/h。中、小型导叶式混流泵的适用范围:泵出口直径为 65~900 mm,扬程为 3~25.2 m,流量为 12.5~6 156 m^3/h。

三、叶片泵的型号

叶片泵的品种与规格繁多,为便于技术上的应用和商业上的销售,对不同品种、规格的水泵,按其基本结构、形式特征、主要尺寸和工作参数的不同,分别制定各种型号。国产水泵型号大部分按汉语拼音等编制,型号通常分首、中、尾三部分。首部为数字,表示泵的主要尺寸(一般为泵的吸入口直径,以 mm 或 in 为单位);中部为汉语拼音字母,表示泵的特征或形式;尾部的数字表示该泵的性能参数,旧产品中该数字表示泵的比转速除以 10 的整数值,新产品中代表该泵的单级扬程。有时尾部数字后面还带有英文字母 A、B、C 等,它表示泵中装有外径切割过的叶轮。多级泵尾部由两个数字相乘表示,其中乘号前代表单级扬程,乘号后为级数。了解水泵型号的含义,可以帮助我们看懂标于泵体上的铭牌,以及便于选择和使用水泵。常用叶片泵的型号及其说明如表 3-1 所示。常见离心泵的型号字母含义如表 3-2 所示。

表 3-1 常用叶片泵的型号及其说明

泵类	产品名称	型号举例		型号说明	说明
离心泵	IB、IS型单级单吸式离心泵	原型号	3BA-6A	3—泵吸入口径为 3 in;BA—单级单吸悬臂式离心泵;6—比转速为 60;A—叶轮外径已缩小(B—二次切割)	“IB”、“IS”表示符合国际标准的单级单吸式离心泵;“改进型号”指更新换代产品
			6B18	6—泵吸入口径为 6 in;B—单级单吸悬臂式离心泵;18—额定扬程 18 m	
		改进型号	IB50-32-125	50—泵的进口直径为 50 mm;32—泵的出口直径为 32 mm;125—叶轮名义直径为 125 mm	
	单级双吸式离心泵	原型号	12Sh-9	12—泵吸入口径为 12 in;Sh—单级双吸卧式离心泵;9—比转速为 90	
			16SA-9	16—泵吸入口径为 16 in;SA—单级双吸卧式离心泵;9—比转速为 90	
		改进型号	250S-39	250—泵进口直径为 250 mm;S—单级双吸卧式离心泵;39—额定扬程为 39 m	
	分段多级式离心泵	原型号	D25-30×10	D—分段多级式离心泵;25—流量为 25 m^3/h,30—单级叶轮额定扬程 30 m;10—泵的级数为 10 级	
			4DA-8×5	4—泵吸入口径为 4 in;DA—分段多级式离心泵;8—比转速为 80;5—泵的级数为 5 级	
		改进型号	150D-30×10	150—泵进口直径为 150 mm;D—分段多级式离心泵;30—单级叶轮额定扬程为 30 m;10—泵的级数为 10 级	
	自吸式离心泵	65ZX30-15		ZX—自吸式离心泵;65—口径为 65 mm;30—流量为 30 m^3/h;15—扬程为 15 m	
混流泵	蜗壳式混流泵	原型号	16HB-50	16—泵吸入口径、出水口径为 16 in;HB—蜗壳式混流泵;50—比转速为 500	
		改进型号	400HW-5	400—泵进口直径为 400 mm;HW—蜗壳式混流泵;5—额定扬程为 5 m	
	导叶式混流泵	250HD-16		250—泵出水口直径为 250 mm;HD—导叶式混流泵;16—额定扬程为 16 m	
轴流泵	中小型轴流泵	原型号	14ZLD-70 14ZLB-70 14ZXB-70	14—泵出水口直径为 14 in;ZLD—立式固定叶片轴流泵;ZLB—立式半调节叶片轴流泵;ZXB—斜式半调节叶片轴流泵;70—比转速为 700	
		改进型号	350ZLB-4 350ZWB-4	350—泵的出口直径为 350 mm;ZLB—立式半调节叶片轴流泵;ZWB—卧式半调节叶片轴流泵;4—设计扬程为 4 m	
			700ZLQ-6	700—泵的出口直径为 700 mm;ZLQ—立式全调节叶片轴流泵;6—设计扬程为 6 m	
	特大型轴流泵	1.6CJ-8		1.6—叶轮直径为 1.6 m;CJ—长江牌;8—额定扬程为 8 m	
		ZL30-7		ZL—立式轴流泵;30—额定流量为 30 m^3/s;7—额定扬程为 7 m	
	贯流泵	23ZGQ-42		23—叶轮直径为 23 m;ZGQ—贯流全调节叶片轴流泵;42—设计扬程为 42 m	

表 3-2 常见离心泵的型号字母含义

字母	意义	字母	意义
B	单级单吸悬臂式离心泵	QXD	单相干式下泵式潜水泵
D	节段式多级泵	QS	充水上泵式潜水泵
DG	节段式多级锅炉给水泵	QY	充油上泵式潜水泵
DL	立轴多级泵	R	热水泵
DS	首级用双吸叶轮的节段式多级泵	S	单级双吸式离心泵
F	耐腐蚀泵	SH	单级双吸水平中开式离心泵
JC	长轴深井泵	WB	微型离心泵
KD	中开式多级泵	WG	高扬程黄轴污水泵
KDS	首级用双吸叶轮的中开式多级泵	Y	液压泵
QJ	井用潜水泵	YG	管道式液压泵
ISG	单级单吸式立式管道离心泵	ZB	自吸式离心泵

任务二 叶片泵基本性能参数确定

叶片泵性能参数是用来表征叶片泵性能的一组数据,包括流量、扬程、功率、效率、允许吸上真空高度或必需气蚀余量、转速共6个基本参数。现分述于下。

一、流量

流量是指水泵在单位时间内抽出水体的体积。常用 Q 表示,单位为 m^3/s、L/s 或 m^3/h。各单位的换算关系是:1 m^3/s = 1 000 L/s = 3 600 m^3/h。

码 3-7 微课:水泵的性能参数与型号

水泵铭牌上所标出的流量是这台泵的设计流量,又称额定流量。泵在该流量下运行效率最高。若偏离这个流量运行,其效率就会降低。为了节约能源,降低提水成本,应力争使水泵在设计流量情况下运行。

二、扬程

扬程是指被抽送的单位重量的水从泵进口到泵出口所增加的能量,用 H 表示,单位是 mH_2O,简略为 m。对于图 3-18 所示的卧式离心泵抽水装置,若以水泵轴线为基准面,泵运行时,单位重量的水在泵进口断面处的总能量为

$$E_1 = z_1 + \frac{p_1}{\rho g} + \frac{v_1^2}{2g} \tag{3-1}$$

单位重量的水在泵出口断面处的总能量为

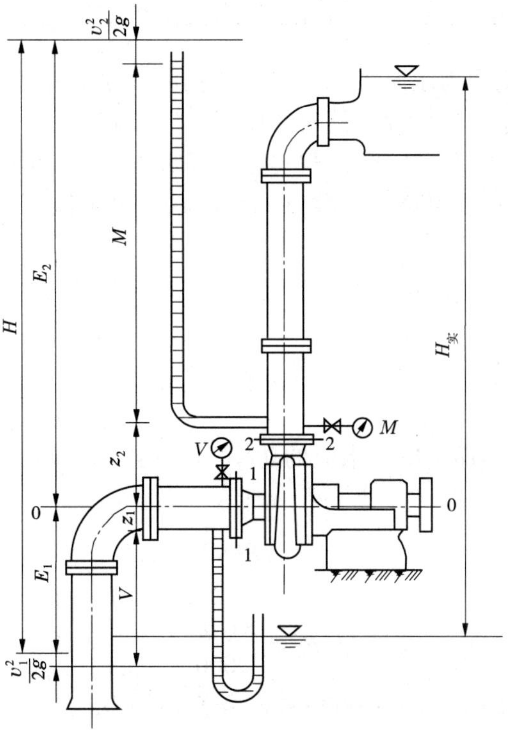

图 3-18　离心泵扬程示意图

$$E_2 = z_2 + \frac{p_2}{\rho g} + \frac{v_2^{\ 2}}{2g} \tag{3-2}$$

根据扬程定义得

$$H = E_2 - E_1 = (z_2 - z_1) + \frac{p_2 - p_1}{\rho g} + \frac{v_2^{\ 2} - v_1^{\ 2}}{2g} \tag{3-3}$$

式中　z_1、$\frac{p_1}{\rho g}$、$\frac{v_1^{\ 2}}{2g}$——水泵进口断面 1—1 处的位置水头、绝对压力水头、流速水头，m；

z_2、$\frac{p_2}{\rho g}$、$\frac{v_2^{\ 2}}{2g}$——水泵出口断面 2—2 处的位置水头、绝对压力水头、流速水头，m。

为了监视水泵的运行状况，在泵进、出口断面处分别安装真空表、压力表，如图 3-18 所示。真空表、压力表的读数为相对压力，设真空表的读数为 V(低于一个大气压的数值，即 $V = \frac{p_a}{\rho g} - \frac{p_1}{\rho g}$)，压力表的读数为 M(高于一个大气压的数值，即 $M = \frac{p_2}{\rho g} - \frac{p_a}{\rho g}$)，则式(3-3)可写成

$$H = (z_2 - z_1) + V + M + \frac{v_2^{\ 2} - v_1^{\ 2}}{2g} \tag{3-4}$$

真空表、压力表的读数单位为兆帕(MPa)时，将以兆帕表示的读数 V'、M'换算为米水柱(mH_2O)，则

$$H = (z_2 - z_1) + 100V' + 100M' + \frac{{v_2}^2 - {v_1}^2}{2g} \tag{3-5}$$

由式(3-5)计算的扬程为水泵工作状况时的扬程。水泵铭牌上所标出的扬程是这台泵的设计扬程,即相应于通过设计流量时的扬程,又称额定扬程。

从图 3-18 中可清楚地看出扬程 H 与实际扬程 $H_{实}$ 是两个不同的概念,前者为单位重量的液体从泵进口到出口能量增加的数值,后者为进、出水池水位差。显然,泵扬程总是大于实际扬程。

三、功率

功率是指水泵在单位时间内所做的功,单位为 kW。

(一)有效功率

有效功率是指水泵传递给输出水流的功率,又称水泵的输出功率,用 P_e 表示,可用下式计算

$$P_e = \frac{\rho g Q H}{1\,000} \tag{3-6}$$

或

$$P_e = \frac{\gamma Q H}{1\,000} \tag{3-7}$$

式中　ρ——水的密度,kg/m³,$\rho = 1\,000$ kg/m³;

γ——水的容重,N/m³,$\gamma = \rho g = 9\,800$ N/m³;

Q——水泵的流量,m³/s;

H——水泵的扬程,m。

(二)轴功率

轴功率是指动力机传递给泵轴的功率,又称输入功率,用 P 表示。水泵铭牌上的轴功率是指对应于通过设计流量时的轴功率,又称额定功率。

(三)配套功率

配套功率是指为水泵配套的动力机械功率,用 $P_{配}$ 表示。一般在水泵铭牌或样本上都标有配套功率的数值。

四、效率

水泵的效率是指水泵的有效功率与轴功率之比,它标志着水泵对能量的有效利用程度,是水泵质量的重要考核指标,用 η 表示。水泵铭牌上的效率是对应于通过设计流量时的效率,该效率为泵的最高效率。泵的效率愈高,表示水泵工作时的能量损失愈小。其表达式为

$$\eta = \frac{P_e}{P} \times 100\% \tag{3-8}$$

或

$$P = \frac{P_e}{\eta} \times 100\% = \frac{\rho g Q H}{1\,000\eta} \tag{3-9}$$

水泵轴功率不可能全部传递给被输出的液体,其中必有一部分能量损失。水泵内的

能量损失可分三部分,即机械损失、容积损失和水力损失。水泵的有效功率加上三项损失功率等于水泵的轴功率,水泵的功率平衡,如图 3-19 所示。

(一)机械损失和机械效率

叶轮在泵体内的液体中旋转时,叶轮前后盖板外表面与液体产生摩擦损失(即轮盘损失),泵轴转动时轴和轴封、轴承产生摩擦损失,克服这些摩擦消耗了一部分能量,即机械损失。在机械损失中,轮盘损失所占比例较大,尤其是中低比转速的离心泵,轮盘损失约占轴功率的 10%。其值除与叶轮直径和转速有关外,还与叶轮盖板外表面及泵壳内壁的粗糙度有关。

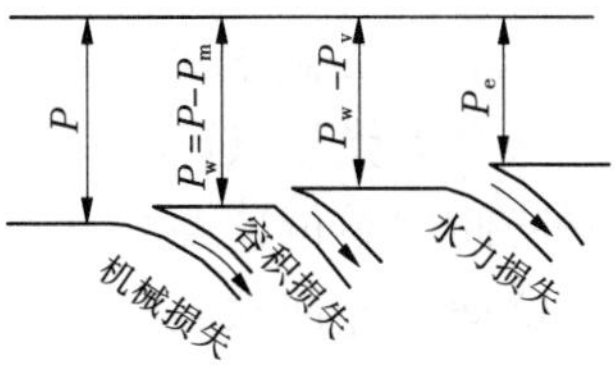

P—轴功率;P_w—水功率;P_m—机械损失功率;P_v—容积损失功率;P_e—有效功率

图 3-19 水泵的功率平衡

机械损失功率用 P_m 表示。从泵的输入功率中扣除机械损失后,叶轮传给液流的功率称水功率,用 P_w 表示:

$$P_w = P - P_m = \frac{\rho g(Q + q)H_T}{1\,000} \tag{3-10}$$

水功率与轴功率之比称为机械效率 η_m 即

$$\eta_m = \frac{P_w}{P} \times 100\% \tag{3-11}$$

(二)容积损失和容积效率

水流流经叶轮之后,有一小部分高压水经过泵体内间隙(如密封环)和轴向力平衡装置(如平衡孔、平衡盘)泄漏到叶轮的进口,另有一小部分从轴封处泄漏到泵外,因而消耗了一部分能量,即容积损失。容积损失功率用 P_v 表示。漏损流量 q 的大小与泵的结构形式、比转速及泵的流量大小有关。在吸入口径相同的情况下,比转速大的泵漏损流量小。对给定的泵,要降低漏损流量 q,关键在于控制密封环与叶轮间的运转间隙量。漏损流量 q 越大,泵的出水量 Q 越小。通过泵出口的流量 Q 与通过泵进口的流量 $Q+q$ 之比称为容积效率 η_v,即

$$\eta_v = \frac{Q}{Q + q} \times 100\% \tag{3-12}$$

(三)水力损失和水力效率

水流流经水泵的吸入室、叶轮、压出室时产生摩擦损失、局部损失和冲击损失。摩擦损失是水流与过流部件边壁间的摩擦阻力引起的损失。局部损失是水流在泵内由于水流运动速度大小与方向发生变化时引起的损失。冲击损失是泵在非设计工况下运行时水流在叶片入口处、出口处及压出室内引起的损失。水力损失的大小取决于过流部件的形状尺寸、壁面粗糙度和水泵的工作情况。水力损失越大,泵扬程越小。若未考虑泵内损失时的扬程为理论扬程 H_T,则泵扬程 H 与理论扬程 H_T 之比,称为水力效率 η_h,即

$$\eta_h = \frac{H}{H_T} \times 100\% \tag{3-13}$$

综上所述,泵的总效率 η 的公式可变换成下列形式:

$$\eta = \frac{P_e}{P} \times 100\% = \frac{P_e}{P_w}\eta_m = \frac{\rho g Q H}{\rho g (Q + q) H_T}\eta_m = \eta_v \eta_h \eta_m \tag{3-14}$$

由式(3-14)可见,水泵的效率即总效率是三个效率(容积效率、水力效率与机械效率)的乘积。要提高水泵的效率,就要减少泵内各种损失,特别是水力损失。提高水泵的效率,除从水力模型、选用材质、加工工艺、基础部件(轴封件和密封件)等方面加以改善和提高外,使用单位还要注意正确选择泵型、保证安装质量、合理调节运行工况和加强维护管理,这样才能使水泵经常在高效率状态下工作,达到保证灌排、节约能源、降低成本和提高经济效益的目的。

五、允许吸上真空高度或允许气蚀余量

允许吸上真空高度 H_{sa} 或允许气蚀余量 $(NPSH)_r$ 是表征叶片泵吸水性能的参数,用来确定泵的安装高程,单位是 m。水流从泵进口流入叶轮至压力最低点 k 产生不可避免的压力下降,当压力下降到 k 点工作水温下的饱和汽化压力时,泵内发生气蚀。为了使泵不发生气蚀,泵进口处必须具有的超过汽化压力水头的最小能量称为允许气蚀余量。

六、转速

转速是指泵轴每分钟旋转的次数,用 n 表示,单位是 r/min。铭牌上的转速是这台泵的设计转速,又称额定转速。常用的转速有 2 900 r/min、1 450 r/min、970 r/min、730 r/min、485 r/min 等,一般口径小的泵转速高,口径大的泵转速低。

转速是影响水泵性能的一个重要参数,当转速变化时,水泵的其他五个性能参数都相应地发生变化。

为了方便用户使用,水泵厂家在每台水泵的泵壳上都装有一块铭牌,铭牌上简明列出了该水泵在设计转速下运行,即效率达到最高时的流量、扬程、轴功率、效率、转速及允许吸上真空高度或允许气蚀余量等性能参数值,称之为额定参数。如 100S-90A 单级双吸离心清水泵的铭牌为

单级双吸式离心清水泵	
型号:100S-90A	转速:2 950 r/min
扬程:90 m	效率:64%
流量:72 m³/h	轴功率:21. 6 kW
必需气蚀余量:2. 5 m	配套功率:30 kW
重量:120 kg	生产日期 ××年×月×日
	××××水泵厂

【例 3-1】 某离心泵抽水装置,测得水泵流量 $Q=18$ L/s,水泵出口压力表读数为 $M'=0.324$ MPa,进口真空表读数为 $V'=0.039$ MPa,真空表与压力表测压点距离 $\Delta z=0.8$ m,水泵进、出口直径分别为 100 mm 和 75 mm,水泵轴功率 $P=10$ kW,求水泵的效率 η。

解：(1) 水泵流量 $Q=18\ \text{L/s}=0.018\ \text{m}^3/\text{s}$。

(2) 水泵的扬程 H。

由水泵进口直径 $D_1=100\ \text{mm}=0.1\ \text{m}$ 和水泵出口直径 $D_2=75\ \text{mm}=0.075\ \text{m}$，可计算出：

泵进口流速 $$v_1=\frac{4Q}{\pi D_1^2}=\frac{4\times 0.018}{3.14\times 0.1^2}=2.29(\text{m/s})$$

泵出口流速 $$v_2=\frac{4Q}{\pi D_2^2}=\frac{4\times 0.018}{3.14\times 0.075^2}=4.08(\text{m/s})$$

将 $z_2-z_1=\Delta z=0.8\ \text{m}$，$V'=0.039\ \text{MPa}$，$M'=0.324\ \text{MPa}$ 和 $v_1=2.29\ \text{m/s}$，$v_2=4.08\ \text{m/s}$ 代入式(3-5)，可计算出水泵扬程 H：

$$H=(z_2-z_1)+100V'+100M'+\frac{{v_2}^2-{v_1}^2}{2g}$$

$$=0.8+100\times 0.039+100\times 0.324+\frac{4.08^2-2.29^2}{2\times 9.81}=37.681(\text{m})$$

(3) 水泵的有效功率 P_e。

将水的密度 $\rho=1\,000\ \text{kg/m}^3$，流量 $Q=0.018\ \text{m}^3/\text{s}$，扬程 $H=37.681\ \text{m}$ 代入式(3-6)，即

$$P_e=\frac{\rho gQH}{1\,000}=\frac{1\,000\times 9.81\times 0.018\times 37.681}{1\,000}=6.654(\text{kW})$$

(4) 水泵的效率 η。

将有效功率 $P_e=6.654\ \text{kW}$ 和轴功率 $P=10\ \text{kW}$ 代入式(3-8)，即

$$\eta=\frac{P_e}{P}\times 100=\frac{6.654}{10}\times 100\%=66.54\%$$

任务三　叶片泵基本性能曲线绘制

叶片泵的性能参数反映着叶片泵的性能，各性能参数间有着内在的相互联系和相互影响，只要其中一个参数发生了变化，其他参数就会或多或少地跟着变化，并且按照一定的规律变化。反映各参数之间的相互关系和变化规律的一组曲线称之为叶片泵的性能曲线，它是我们合理选择水泵和正确使用水泵不可缺少的基本资料。针对不同的用途，性能曲线在内容和形式上有所不同，由此可将性能曲线分为基本性能曲线、相对性能曲线、通用性能曲线、综合性能曲线和全面性能曲线五种，下面只对基本性能曲线加以介绍。

码 3-8　微课：水泵的性能曲线和性能

基本性能曲线是水泵在设计转速下，扬程 H、轴功率 P、效率 η 和允许吸上真空高度 H_{sa} 或允许气蚀余量 $(NPSH)_r$ 随流量 Q 而变化绘制成的 $Q\sim H$、$Q\sim P$、$Q\sim\eta$、$Q\sim H_{sa}$ 或 $Q\sim(NPSH)_r$ 关系曲线。由于泵内液流的复杂性，对于有限叶片理论扬程以及各部分效率都难以从理论上准确计算，所以基本性能曲线是通过试验的方法测绘出来的。

一、叶片泵试验性能曲线

图3-20～图3-22分别为IS80-65-125型离心泵、1000ZLQ-10型轴流泵及8HB-35型混流泵三种泵的试验性能曲线,并将水泵的型号和转速标注其上。其特点各不相同,分述如下。

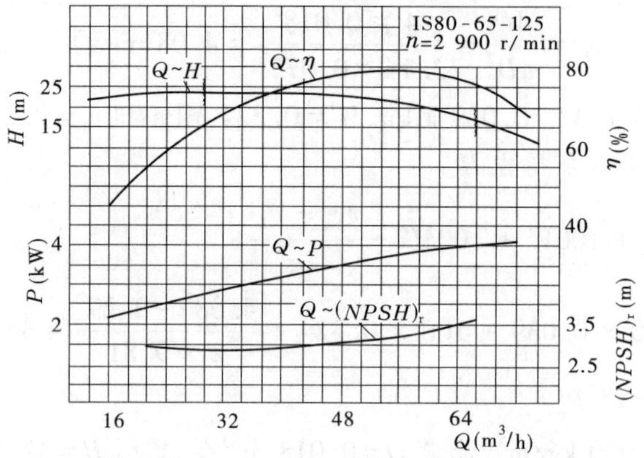

图 3-20　IS80-65-125 型离心泵性能曲线

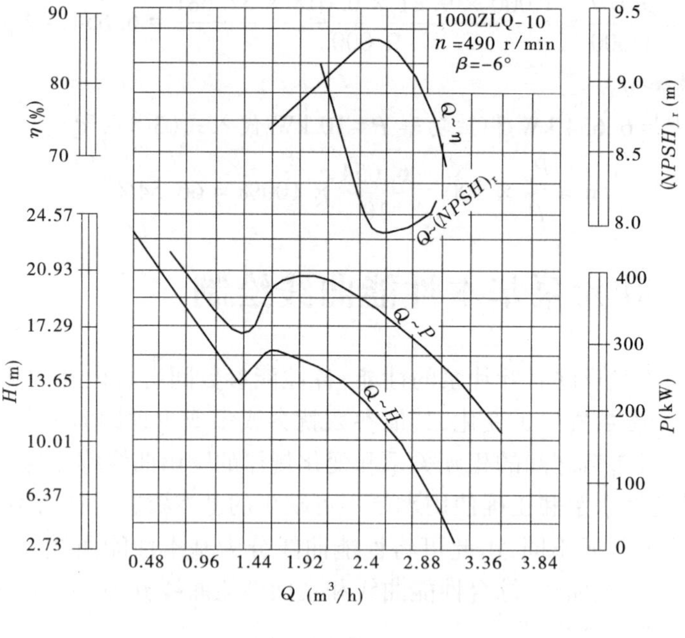

图 3-21　1000ZLQ-10 型轴流泵性能曲线

(一)流量和扬程曲线 $Q \sim H$

从图 3-20～图 3-22 中可以看出三种泵的 $Q \sim H$ 曲线都是下降曲线,即扬程随着流量的增加而逐渐减小。离心泵的 $Q \sim H$ 曲线下降较平缓,轴流泵的 $Q \sim H$ 曲线下降较陡,当

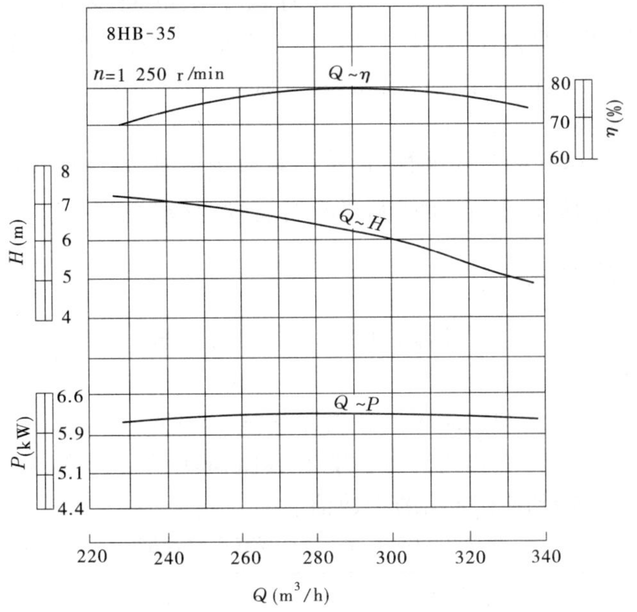

图 3-22 8HB-35 型混流泵性能曲线

Q 为零时，扬程最高，为设计扬程的 2 倍左右。当轴流泵的流量为设计流量的 40%～60%时，曲线上出现拐点，并呈马鞍形。这是一段不稳定区，使用时应避免在这个区域内运行，因为同一扬程，可能出现两个或两个以上的流量值，故在运行中会出现噪声和振动。混流泵的 $Q \sim H$ 曲线介于离心泵与轴流泵之间。

（二）流量和功率曲线 $Q \sim P$

离心泵的 $Q \sim P$ 曲线是一上升曲线，即功率随流量的增加而增加，当流量为零时，其轴功率最小，为额定功率的 30%左右。轴流泵的 $Q \sim P$ 曲线是一陡降曲线，即功率随流量的增加而减小。当流量为零时，轴功率达到最大值，为额定功率的 2 倍左右。在小流量区，轴功率曲线也呈马鞍形。混流泵的 $Q \sim P$ 曲线比较平坦，当流量变化时，功率变化很小。

从功率曲线的特点可知，离心泵应关阀启动，以减小动力机启动负载。轴流泵则应开阀启动，一般在轴流泵出水管上不装闸阀。

（三）流量和效率曲线 $Q \sim \eta$

三种泵效率曲线的变化趋势都是从最高效率点向两侧下降。离心泵和混流泵的效率曲线变化比较平缓，高效区范围较宽，使用范围较大。轴流泵的效率曲线变化较陡，高效率区范围较窄，使用范围较小。泵运行时，应使运行工况落在高效率区或在其附近，从而达到较好的经济效果。

（四）流量和允许吸上真空高度或允许气蚀余量曲线 $Q \sim H_{sa}$ 或 $Q \sim (NPSH)_r$

$Q \sim H_{sa}$ 曲线和 $Q \sim (NPSH)_r$ 曲线是表征水泵吸水性能的两条曲线，但两者的变化规律不同。离心泵的 $Q \sim (NPSH)_r$ 曲线是一条上升曲线，即 $(MPSH)_r$ 随流量的增加而增加。轴流泵的 $Q \sim (NPSH)_r$ 曲线是一条具有最小值的曲线,即在最高效率点附近 $(NPSH)_r$ 值最小,偏离最高效率点两侧,相应的 $(NPSH)_r$ 值都增加,偏离愈远,$(NPSH)_r$ 值愈大。在离心泵中当流量大于设计流量时,在轴流泵中当流量大于或小于设计流量时,都要注意发生气蚀或吸不上水的情况。

了解泵的性能,熟悉性能曲线的特点,掌握其变化规律,对合理选型配套、正确确定泵的安装高度及调节泵的运行工况、加强科学运行管理等极为重要。

二、叶片泵的性能表

在水泵样本或产品目录中把水泵性能曲线上的高效率工作参数范围以表格的形式给出,就是水泵的性能表,如表 3-3～表 3-5 分别为 IS80-65-125 型离心泵、1000ZLQ-10 型轴流泵及 8HB-35 型混流泵的性能表。各型号性能表中从上向下第一行和第三行数据,分别为高效区的左边边界及右边边界各性能参数值,表中第二行数据是效率最高点的各性能参数值,也就是水泵铭牌上标出的参数值。

表 3-3　IS80-65-125 型离心泵性能

水泵型号	流量 Q		扬程 H	转速 n/	功率/kW		效率 η	必需气蚀余量
	m^3/h	L/s	/m	(r/min)	轴功率 P	配套功率	/%	$(NPSH)_r$/m
IS80-65-125	30	8.33	22.5	2 900	2.87	5.5	64	3.0
	50	13.9	20		3.63		78	3.0
	70	16.7	18		3.98		74	3.5

表 3-4　1000ZLQ-10 型轴流泵性能

水泵型号	叶片安装角度	流量 Q		扬程 H/	转速 n/	功率/kW		效率 η/	必需气蚀余量 $(NPSH)_r$	叶轮直径 D/
		m^3/h	L/s	m	(r/min)	轴功率 P	配套功率	%	/m	mm
1000ZLQ-10	-6°	7 920	2 200	14.1	585	367	400	83.0	9.2	870
		9 000	2 500	12		342		86.0	8.0	
		10 080	2 820	9		300		82.0	8.1	

表 3-5　8HB-35 型混流泵性能

水泵型号	流量 Q		扬程 H/	转速 n/	功率/kW		效率 η/	允许吸上真空高度	叶轮直径 D	质量 G/
	m^3/h	L/s	m	(r/min)	轴功率 P	配套功率	%	H_{sa}/m	/mm	kg
8HB-35	230	64.0	7.10	1 250	6.18	7	72	3.5	248	122
	290	80.6	6.45		6.21		78			
	335	93.1	4.92		6.15		73			

能力训练

3-1 什么是泵？什么是水泵？

3-2 农用水泵是如何分类的？常见农用水泵分为哪些类型？各类水泵各有何特点？

码 3-9 题库训练

3-3 离心泵是如何工作的？

3-4 离心泵由哪些主要零件组成？各主要零件的作用是什么？

3-5 轴流泵是如何工作的？

3-6 轴流泵由哪些主要零件组成？各主要零件的作用是什么？

3-7 蜗壳式混流泵由哪些主要零件组成？各主要零件的作用是什么？

3-8 离心泵、轴流泵和混流泵的叶轮有何异同？

3-9 解释下列水泵型号的意义：IS50-32-200A；2BA-6B；2B31；14Sh-9；200S-63A；350ZL-5；40ZLB-70；400HW-5；150D-30×12；150JD36×11。

3-10 叶轮泵的性能可以用哪几个性能参数表示？写出其代表符号与单位。

3-11 泵内的能量损失有哪几种？相应的效率是什么？你认为要提高水泵的效率应采取哪些措施？

3-12 解释水泵有效功率、轴功率的定义，并用公式表达它们之间的关系。

3-13 某离心泵抽水装置，测得水泵流量 $Q=70\ \mathrm{m^3/h}$，水泵出口压力表读数为 $M'=0.316\ \mathrm{MPa}$，进口真空表读数为 $V'=0.035\ \mathrm{MPa}$，真空表与压力表测压点距离 $\Delta z=0.75\ \mathrm{m}$，水泵进、出口直径分别为 125 mm 和 80 mm，水泵轴功率 $P=12.5\ \mathrm{kW}$，求水泵的效率 η。

3-14 水泵基本方程式的定义是什么？提高叶片泵理论扬程的途径有哪些？

3-15 水泵的基本性能曲线包括哪几条曲线？有何用途？试比较离心泵与轴流泵 $Q\sim H$、$Q\sim P$ 曲线的异同点。

3-16 当一台泵的额定转速 n_0 变为 $n_1=kn_0$ 时，试问该泵的 Q、H、P 和 η 各将怎样变化？

3-17 某水泵装置在运行时测得流量为 102 L/s，扬程为 20 m，轴功率为 27 kW，该泵的效率为多少？若将运行效率提高到 80%，它的轴功率应是多少？

3-18 一台离心泵，已知其扬程 $H=25\ \mathrm{m}$，流量 $Q=180\ \mathrm{m^3/h}$，泄漏流量为 $q=5.2\ \mathrm{m^3/h}$，$n=1\ 450\ \mathrm{r/min}$，轴功率 $P=14.7\ \mathrm{kW}$，机械效率 $\eta_m=95.2\%$。试求：

(1) 有效功率 P_e；(2) 容积效率 η_v；(3) 效率 η；(4) 水力效率 η_h。

项目四　机组选型与配套

【学习目标】 通过学习机组选型、水泵管路及辅助设备的种类和作用、水泵工作点的意义和确定方法,能够正确选择水泵及动力机的型号,完成水泵管路及附件的选配,掌握水泵并联和串联工作点的确定方法,具备工作点的计算和调节能力。

【学习任务】 掌握水泵选型的原则和选型步骤,能够正确选择水泵型号,确定动力机型号和机组连接方式。掌握水泵抽水装置的组成、布置原则和布置方式,能够正确计算进、出水管径,选配进、出水管路及管件。掌握管路系统特性曲线的意义和水泵工作点的确定方法,能够绘制管路系统特性曲线,确定水泵工作点,校核抽水装置是否满足设计要求。掌握水泵工作点的调节方法,能够根据泵型和工况需求正确调节水泵工况。

码 4-1　思政导引

任务一　机组的选型与配套

机组是指水泵、动力机、传动设备的组合体。机组的选型与配套是否合理,直接影响到泵站能否满足排灌等要求,同时也影响到工程投资、泵站效率、能源单耗、运行成本及运行安全等。因此,必须认真做好水泵的选型与配套工作。

一、叶片泵的选型

水泵既是水泵站的主要设备,又是水泵站其他设备及配套建筑物设计的依据,它将直接影响到水泵站的投资和运行。合理地选择水泵的型号,是泵站设计中的重要一环。

(一)叶片泵的选型原则

(1)满足泵站设计流量、设计扬程的要求;

(2)水泵在整个运行期内,有最高的平均效率,运行费用低;

(3)按照选定的机组建站,设备投资和土建投资最省;

(4)水泵的水力性能、抗气蚀性能好,便于运行和管理;

(5)优先选用国家推荐的系列产品和经过鉴定性能优良的新产品。

(二)叶片泵选型的方法和步骤

1. 水泵类型选择

根据设计扬程(确定方法详见项目二),考虑各种水泵的特点及适用范围,粗略确定水泵的类型，为水泵选型界定选型区域，初定水泵类型的一般思路如下：

（1）离心泵、轴流泵和混流泵各有其适用的扬程范围。一般扬程在 20 m 以上时用离心泵（大于 100 m 用多级离心泵或其他类型的水泵），离心泵中因单级双吸泵（Sh 或 S）结构对称、运行性能好，常优先选用；扬程在 5～20 m 宜用混流泵；扬程在 10 m 以下宜用轴流泵，而轴流泵和混流泵的流量在很大范围内是重叠的，因混流泵的高效率区宽，流量变化时，轴功率变化小，动力机满载或接近满载运行，比较经济，适应流量范围广，在同样的参数下混流泵的转速比轴流泵高，泵的体积小，水泵站的投资少，故在选型时，应优先选用混流泵。

（2）水泵的结构类型有卧式、立式、斜式三种。卧式水泵安装精度要求比立式水泵低，便于检修，造价低，但一般启动前要求充水排气，占地面积大，要求泵房有较大的平面尺寸，适用于水位变幅较小的场合。立式水泵叶轮淹没于水下，启动方便，电机居于上方，有利于防洪和通风，要求泵房的平面尺寸较小，但维修较麻烦，安装精度要求高，适用于水位变幅较大的场合。斜式水泵安装方便，可安装在岸边斜坡上，叶轮浸没于水下，启动方便，常用于中小型泵站。

（3）为便于维修管理，同一泵站的水泵型号应尽可能选用同一类型。

2. 泵型初选

码 4-2　案例讲解：水泵选型

根据设计扬程，在初定的水泵类型的“水泵综合型谱图”或“泵类产品样本”中的“水泵性能表”中查出符合设计扬程而流量不等的各种不同型号的水泵。方法为：在水泵综合型谱图的纵坐标上找出设计扬程点，过该点作横轴的平行线，凡是与该线相交的泵型均为符合扬程需要的泵型（凡是性能表中扬程范围包含了设计扬程的泵型都可以），再根据每种泵型的流量和设计流量（确定方法参看项目二）初定水泵台数（设计流量除以单泵流量），选择其中台数适中的泵型作为初选泵型，原则上凡是符合上述要求的都可作为备选对象，实际工作中为简化计算工作量，常列出 3～5 个性能好、台数适中的泵型作为精确选型的对象。

3. 水泵台数及单泵流量的确定

根据性能表或性能曲线（流量和扬程关系），采用内插法求得设计扬程对应的流量（单泵流量），水泵台数为泵站设计流量除以水泵单泵流量。

水泵台数选择主要考虑以下几个方面的因素：

（1）建站投资。无论是机电设备还是土建工程，在设备容量一定的条件下，机组的台数越少，则其投资越少。

（2）运行管理。机组台数越少，运行管理越方便；机构人员越少，则运行管理费用越低。

（3）泵站的适应性。机组台数越多，适应性越强，个别机组出现故障对整个泵站的运行影响越小。

（4）泵站的性质。一般排水泵站设计流量的变化幅度较大，台数宜多；灌溉泵站设计流量变化幅度较小（比较稳定），台数宜少；灌排结合泵站，既要满足灌溉要求，又要满足排水要求，台数宜多。泵房离出水池较远的泵站，采用并联出水管路时，台数宜考虑并联要求。对于高扬程多级泵站,各级泵站联合运行时,水泵的流量应协调一致,每一级泵站均不应有弃水或供水不足现象,故一级站的机组台数应多,末级泵站机组台数宜少。另为适应流量变化需要,可根据需要选配 1~3 台小型调节机组。

一般主泵台数宜为 3~9 台,另为保证泵站稳定运行还应考虑备用机组,备用机组数根据提水的重要性及年利用小时数和满足机组正常检修的要求确定。对于灌溉泵站装机 3~9 台时,其中应有 1 台备用机组,多于 9 台时应有 2 台备用机组;年利用小时数很低的泵站,可不设备用机组;处于含沙量大或含腐蚀性介质等工作环境的泵站,备用机组经过论证后可增加数量。

4. 工作点校核

1) 管路设计

对于每一个初选的泵型,根据设计扬程和上一步确定的单泵流量进行管路设计,确定管路的管材、管径、管长、管路附件(依据本项目任务二和项目六相关内容),计算各种水泵的进、出水管路水头损失系数,验算实际管路损失是否超过了初估的管路损失,确定其管路系统特性曲线。

2) 工作点确定

根据初选的泵型,从水泵手册上查出水泵的性能曲线,在统一坐标系下绘制水泵性能曲线和管路系统特性曲线,求出水泵在设计、最高、最低扬程时的工作点,把不同水泵工作点的 Q、H、P、η、H_{sa} 或 $(NPSH)_r$ 参数值列于同一表中,并进行水泵工作点校核。水泵工作点校核包括以下内容:

(1) 校核初选的水泵在设计工况下运行时工作点是否落在水泵高效率区范围内。

(2) 校核水泵在设计扬程下运行时是否满足设计要求。

(3) 校核水泵在最高扬程和最低扬程下运行时水泵是否发生超载或气蚀。

(4) 校核低扬程轴流泵或水泵的扬程变化较大的情况下运行时工作点是否落在或接近马鞍形不稳定工作区内。

(5) 校核水泵在最低水位下运行时吸上真空高度或气蚀余量是否超过离心泵和混流泵允许的吸上真空高度或气蚀余量。

水泵工作点的校核要经过选型、布置、确定工作点、校核、调整或重新选型等步骤,校核所选水泵在设计扬程下水泵流量是否满足要求,平均扬程下是否在高效率区运行,如不满足要求,可采取调节措施或另选泵型,使其尽可能在合理的范围内运行。

5. 泵型确定

根据选型原则,对几种方案进行全面的经济技术比较,一般在满足流量、扬程需要的条件下,选取效率高的、轴功率较小的、抗气蚀性能好的、台数适中的泵型为最优泵型。

泵站中水泵型号的选择见例 4-3 或项目九泵站工程实例水泵选型部分。

二、动力机的配套

水泵型号确定后,还要合理地选配动力机型号。目前,农田排灌抽水装置中常用驱动水泵的动力机为电动机和柴油机。电动机操作简便,管理方便,运行稳定,成本较低,环境污染小,易于实现自动化,但其输变电线路及其他附属设备投资大,应用时受电源的限制。

柴油机使用不受电源限制，且可变速运行，应用范围广，但是其操作、管理不便，运行不太稳定，成本较高，易发生故障，选配时应根据建站条件综合考虑确定。

(一)电动机与水泵的配套

1. 电动机类型

驱动水泵的电动机均是三相交流电动机，一般中小型水泵站采用异步电动机，大型水泵站采用同步电动机。

(1)若单机容量小于 100 kW，常采用 Y 系列和封闭式鼠笼型异步电动机，Y 系列鼠笼型异步电动机较 J、JD 系列具有效率高、启动转矩大、噪声小、防护性能好等优点。额定电压为 220/380 V。

(2)若单机容量为 100~300 kW，采用 JS、JC 或 JR 系列异步电动机，"S"表示双鼠笼型，"C"表示深槽鼠笼型，"R"表示绕线型。JS 和 JC 都具有较好的性能，适用于启动负载较大和电压容量较小的场合，额定电压为 220/380 V、3 000 V 或 6 000 V。

(3)若单机容量大于 300 kW，采用 JSQ、JRQ 系列异步电动机或 Tz 型同步电动机，"Q"表示加强绝缘，"T"表示同步，"z"表示座式轴承。同步电机成本较高，但具有较高的功率因数和效率，适用于大型泵，额定电压为 3 000 V 或 6 000 V。

2. 电动机的配套

1)配套功率的确定

配套功率是指与水泵配套的动力机所应有的输出功率，用 $P_{配}$ 表示。与水泵配套的电动机，一般由水泵厂成套供应或按下式计算：

$$P_{配} = k\frac{\rho gQH}{1\,000\eta\eta_{p}} \tag{4-1}$$

或

$$P_{配} = k\frac{P_{max}}{\eta_{p}} \tag{4-2}$$

式中 $P_{配}$——配套功率，kW；

k——动力机储备系数，电动机和柴油机的储备系数按实际情况参考表 4-1 选用；

ρ——水的密度，kg/m^3；

Q、H、η——水泵运行范围内，可能出现的最大轴功率时的流量，m^3/s，扬程，m 和效率(%)；

P_{max}——水泵运行范围内可能出现的最大轴功率，kW；

η_{p}——传动效率(%)。

动力机储备系数 k 为水泵可能出现的最大轴功率和动力机额定功率的比值。应考虑一些非恒定因素对功率的影响，即：①水泵和电动机性能测试中，允许有 5%的误差；②机组及管路陈旧后，磨损和漏损增加，泵的性能下降，而管路特性曲线变陡，工作点左移，对于轴流泵其功率可能增大；③电动机与水泵额定转速的微小差值；④机组在运行中可能出现的外界干扰，如抽取多沙水、电压降低等会增加负荷。这些非恒定因素的大小不宜精确确定，但其影响是随着机组功率的减小而增大的。

动力机储备系数 k 不宜定得太大，否则电动机负荷不足，造成能量浪费；也不宜定得太小，不然会造成动力机超载，可参照表 4-1 查取。

表 4-1　动力机储备系数

水泵轴功率/kW	<5	5~10	10~50	50~100	>100
电动机	2~1.3	1.3~1.15	1.15~1.10	1.10~1.05	1.05
柴油机	1.7~1.3	1.15~1.10		1.08~1.05	1.05

2)电动机转速的选用

电动机与主水泵之间传递动力,采用直接传动时,则要求电动机的转速与水泵的转速大小匹配,转向相同。

电动机的型号、规格应经过技术经济比较选定。目前,水泵厂家生产出的水泵一般都提供了与之配套的电动机型号,可以直接采用。

【例 4-1】　某泵站设计选用 36ZLB-100 型轴流泵,水泵的额定转速 $n=580$ r/min,叶片安装角为-6°时,水泵运行中最大轴功率 $P=167.3$ kW,采用直接传动,试选配电动机。

解:1. 计算配套功率

已知水泵轴功率为 167.3 kW,查表 4-1 得动力机储备系数 $k=1.05$,直接传动效率 $\eta_c=100\%$,则

$$P_{配}=k\frac{P_{max}}{\eta_c}=1.05\times\frac{167.3}{1}=175.7(\text{kW})$$

2. 选配电动机

水泵站电源电压为 380 V,水泵为立式,采用联轴器传动,水泵转速 $n=580$ r/min,$P=167.3$ kW,无其他要求。根据上述条件,由电动机样本选用 JSL-138-10 型立式双鼠笼型异步电动机,其主要技术数据如表 4-2 所示。

表 4-2

型号	额定功率/kW	额定电压/V	转速/(r/min)	效率/%	功率因数 cosφ	启动电流/额定电流	启动转矩/额定转矩	最大转矩/额定转矩	质量/kg
JSL-138-10	180	380	588	92.5	0.86	5.5	0.9	1.6	1 980

(二)柴油机与水泵的配套

1. 柴油机的型号

柴油机的型号由三部分组成。

(1)首部:是缸数符号,用数字表示气缸数。

(2)中部:是冲程符号和缸径符号,冲程符号用字母表示,用 E 表示二冲程,无 E 表示四冲程。缸径符号用气缸直径的毫米整数表示。

(3)尾部:是机器特征符号和变型符号。特征符号用字母表示,如 Q—汽车用;T—拖拉机用;C—船用;J—铁路牵引用;Z—增压;F—风冷,无 F 表示水冷。变型符号用数字表示,与前面符号用短横线隔开。

例如:3110,表示三缸,四冲程,缸径为 110 mm,水冷通用型柴油机。

2. 柴油机的有效功率、标定功率和标定转速

柴油机的有效功率为正在运行的柴油机单位时间内输出的有用功,单位为 kW。

标定功率为柴油机铭牌上标明的功率。国家标准规定的标定功率有以下四种:15 min 功率,柴油机允许持续运行 15 min 的最大功率;1 h 功率,柴油机允许持续运行 1 h 的最大功率;12 h 功率,柴油机允许持续运行 12 h 的最大功率;持续功率,柴油机可长期持续运行的最大功率。

对于柴油机,在规定柴油机功率的同时,还相应地规定了标定转速——柴油机曲轴每分钟相应旋转的圈数。同种柴油机转速越高,功率就越大,转速达不到标定转速值,则其输出功率就达不到标定功率。

3. 柴油机的选型

(1)配套功率的确定。根据式(4-1)或式(4-2)及表 4-1,计算柴油机所需的配套功率,并参考水泵每天运行时间,选用合适的标定功率。

(2)转速的选用。与水泵配套的柴油机,除功率满足配套要求外,转速亦合适,柴油机的转速应选用与所采用的标定功率对应的标定转速。柴油机的转速可以通过合适的传动设备来控制以满足要求。

【例 4-2】 某灌溉泵站安装一台 12HB-40 型混流泵,其转速 $n=980$ r/min,轴功率 $P=18.3$ kW,若用平皮带传动,试选配柴油机。

解:1. 配套功率计算

根据水泵轴功率,由表 4-1 查储备系数 $k=1.13$,平皮带开口传动,取传动效率 $\eta_c=0.98$,则

$$P_{配}=k\frac{P}{\eta_c}=1.13\times\frac{18.3}{0.98}=21.1(\text{kW})$$

2. 柴油机选型

按水泵每天工作情况,柴油机采用 12 h 功率配套,查柴油机样本,可配套的机型及其性能如表 4-3 所示。

表 4-3

型号	12 h 功率/kW	转速/(r/min)	燃油消耗率[/g/(kW·h)]
3110	22	1 200	272
390	22	2 000	258

从表 4-3 分析,两种型号都能配套,3110 型柴油机的标定转速与水泵的转速接近,传动配套比 390 型柴油机有利,但 390 型柴油机的油耗率较低,比较经济。

三、传动设备选择

动力机与水泵之间的能量传递主要是通过传动设备来完成的。传动设备不仅影响到传动效率,还影响到整个泵站的效率,应合理地选用传动设备。传动方式基本上分为直接传动与间接传动两种。

(一)直接传动

直接传动又称为联轴器传动,是通过联轴器把水泵和动力机的轴联起来来传递能量的,如图 4-1 所示。此传动方式结构紧凑,简单方便,安全可靠,传动平稳,且传动效率接近

100%。目前机电排灌中,电动水泵机组大多数采用直接传动方式。采用此种传动方式,动力机与水泵需满足下列条件:①动力机的轴与水泵的轴在同一直线上;②动力机的额定转速与水泵的额定转速大小相等或接近相等(差值<2%);③动力机与水泵转向相同。

联轴器分为刚性联轴器和弹性联轴器两种。

1. 刚性联轴器

如图 4-2 所示,它是由两个分装在动力机轴和水泵轴端带凸缘的半联轴器与螺栓组成的。轴与半联轴器之间用键连接或键连接并拼紧螺帽,两个半联轴器用螺栓连接。此种结构简单,传递扭矩大,可传递轴向力,但不能承受机组轴向窜动和偏移,安装要求严格。

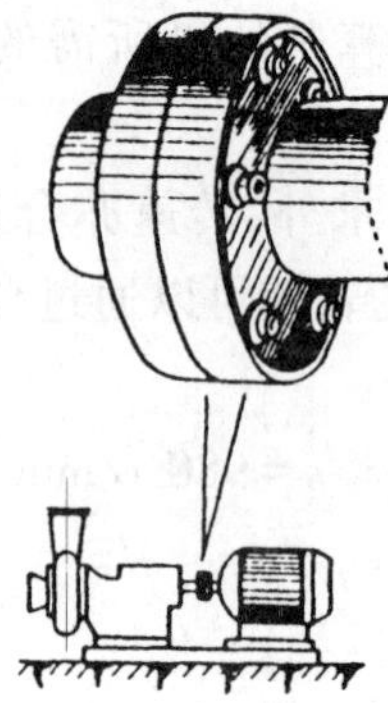

图 4-1 动力机和水泵直接传动

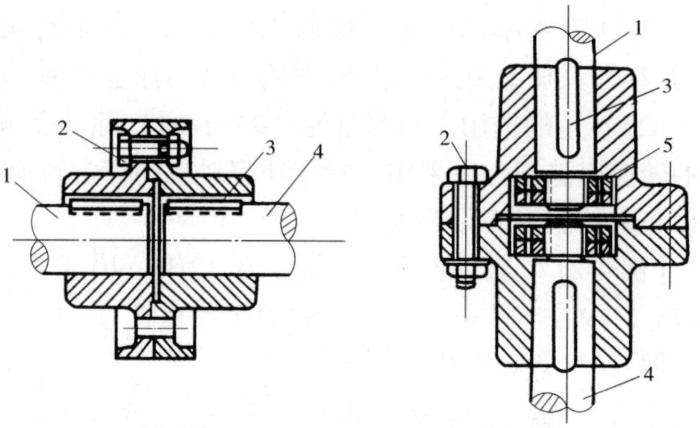

(a)键连接　(b)键加拼紧螺帽连接

1—动力机轴;2—连接螺栓;3—键;4—水泵轴;5—拼紧螺帽

图 4-2 刚性联轴器

2. 弹性联轴器

弹性联轴器是在刚性联轴器基础上发展起来的。又分为弹性圆柱销型和爪型两种。

(1)弹性圆柱销型联轴器。弹性联轴器是在联轴器中增加了具有缓冲和减震能力的弹性圈而得来的。弹性圆柱销型联轴器由半联轴器、柱销、弹性圈、挡圈等组成,如图 4-3 所示。此种联轴器,能缓冲抗震,安装时两轴不要求严格对中,但不能传递轴向力,弹性圈、柱销易坏,需勤更换。

(2)爪型弹性联轴器。此种联轴器是用橡胶制成的镶嵌在两个爪型半联轴器之间的星形弹性垫块组成并得名的,如图 4-4 所示。结构简单,安装方便,但传递扭矩小,多用于小型卧式机组。

常用联轴器多已标准化或规格化,设计时可查阅《机械零件设计手册》,根据动力机的功率、转速以及轴径等要求进行选择。

(二)间接传动

当动力机与水泵的转速不满足直接传动的条件时,需采用间接传动。间接传动又分为齿轮传动和皮带传动。

1. 齿轮传动

当水泵和动力机的转速不等或两者轴线不在同一直线上时,可通过一对分装在动力机轴与泵轴上的主、从动齿轮之间的相互啮合来传递动力。此种方式传动效率高,结构紧凑,可靠耐久,传递功率大,传动比准确,但要求制造工艺和安装精度高, 价格高。根据水

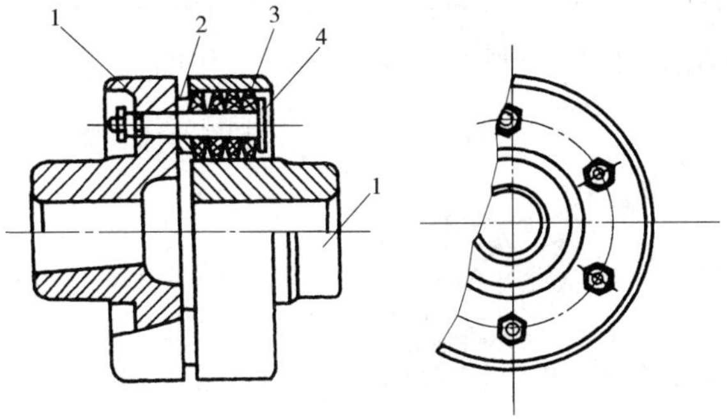

1—半联轴器;2—挡圈;3—弹性圈;4—柱销

图 4-3 弹性圆柱销型联轴器

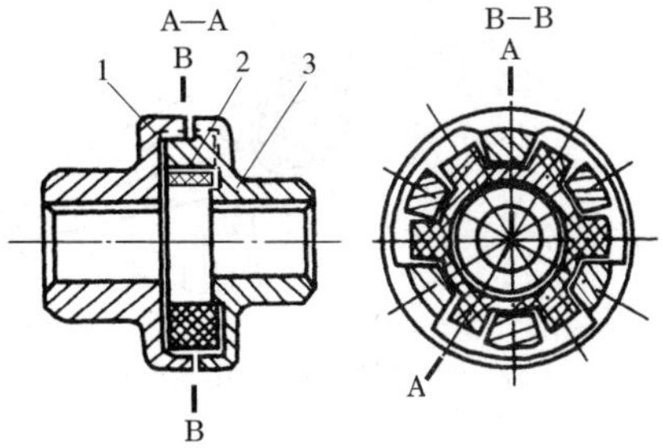

1—水泵半联轴器;2—弹性块;3—动力机半联轴器

图 4-4 爪型弹性联轴器

泵和动力机位置或转速不同,可以采用不同的齿轮,两轴线平行时,采用圆柱形齿轮,如图 4-5(a)所示;当两轴线相交时,采用伞形齿轮,如图 4-5(b)所示。

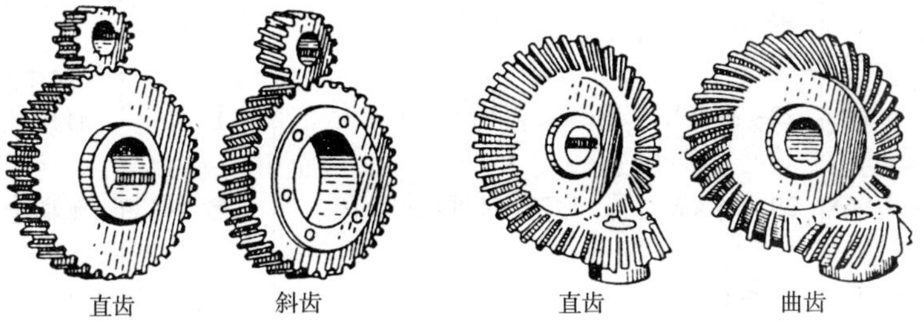

(a)圆柱形齿轮传动 (b)伞形齿轮传动

图 4-5 齿轮传动

2. 皮带传动

当水泵和动力机两者的转速不同,彼此轴线间有着一段距离或不在同一平面上时,亦可采用皮带传动,它通过固定在动力机轴和泵轴端的带轮和紧套在轮上的环形皮带间的摩擦力来传递动力。此传动方式带有弹性,可缓和冲击与振动,但因皮带易打滑,安全性差,占地面积大,寿命短,传动效率较低。皮带根据其形状不同分为平皮带和三角带。

1)平皮带传动

平皮带传动应用范围广,传动方式可以多种变换,传动比大。此传动方式又可分为开口式、交叉式和半交叉式三种方式,如图 4-6 所示。

开口式皮带传动适用于泵轴和动力机轴互相平行且转向相同的场合;半交叉式皮带传动适用于泵轴和动力机轴互相垂直的场合;交叉式皮带传动适用于泵轴和动力机轴互相平行,转向相反的场合。

2)三角带传动

三角带具有梯形断面,紧嵌在皮带轮上的梯形槽内,由于其两侧与轮槽紧密接触,摩擦力比平皮带大,传动比亦较大,如图 4-7 所示。

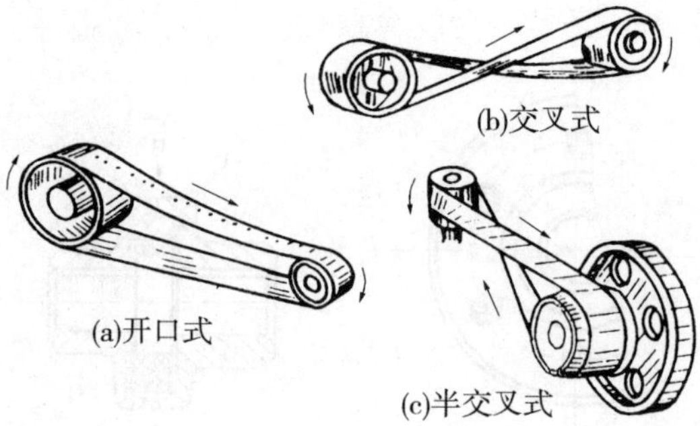

图 4-6　平皮带传动

随着社会发展,出现了一种综合齿轮和皮带传动优点的一种新型传动方式,既不易打滑,又具有弹性,能起到缓冲、吸振作用。此种传动方式称为同步齿形带传动,见图 4-8,工作时依靠轮齿的啮合来传递动力。直接传动和间接传动两种传动方式的比较见表 4-4。

表 4-4　传动方式比较

传动方式	传动效率	传递功率	传动比	占地面积	平稳性	综合利用
平皮带	0.90~0.98	22~29 kW	1:5以内,最好 1:3	较大	有振动	较方便
三角带	0.90~0.96	29~74 kW	1:7以内,可达 1:10	较小	振动小	还方便
齿轮传动	0.90~0.99	不受限制	1:8以内	小	平稳安全	还方便
联轴器	0.99~0.995	不受限制	1:1且机泵转向要一致	小	平稳安全	不方便

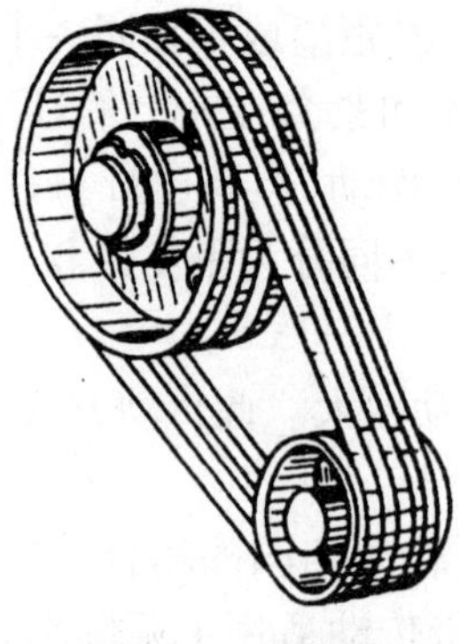

图 4-7　三角带传动

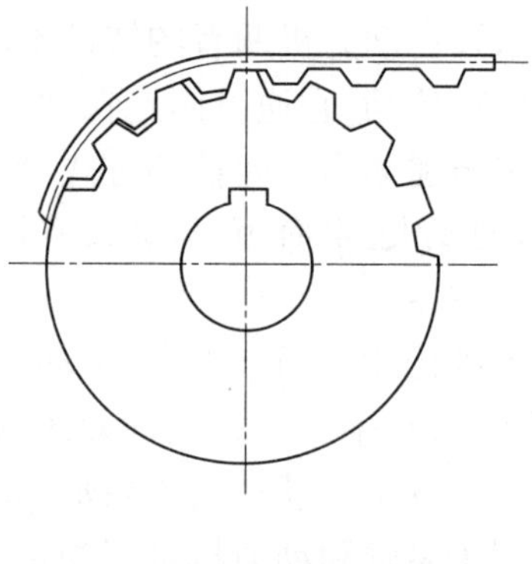

图 4-8　同步齿形带传动示意图

任务二　进水管路及其附件的配套

进水管路及其附件是抽水装置中的主要组成部分,正确设计、合理布置和安装与泵站安全运行、节省投资、改善水流条件、减少电耗有着密切关系。应根据水泵型号及进水池、泵房结构、建站地点的地形地质条件合理配套设计。

一、进水管路配套

进水管路把水源或进水池的水向水泵输送。进水管路应具有高密封性及足够的强度和刚度，并要求水头损失小，故配套设计时应合理。

（一）管材

进水管路从管材来看，常用胶管、钢管、铸铁管。胶管寿命短、价格高，仅用于临时性抽水装置。钢管分无缝钢管、水煤气管和对焊钢管，一般进水管路采用水煤气管和对焊钢管，无缝钢管很少采用。水煤气管用于口径在 150 mm 以下的场合，对焊钢管用于口径 200 mm 以上的场合。

（二）管径确定

为提高水泵的安装高程，减小水头损失，进水管路直径不宜太小，但从节省投资的角度考虑，进水管直径不宜定得太大，一般采用比水泵吸入口径大一级。进水管路直径按经济流速来控制，即

$$D_{进} = \sqrt{\frac{4Q}{\pi v}} \tag{4-3}$$

式中 Q——单泵流量，m^3/s；

v——管中经济流速，从 1.5~2.0 m/s 中选取。

注意：厂家生产水管直径已系列化，500 mm 以下，50 mm 一个等级；500 mm 以上，100 mm 一个等级。实际进水管尺寸确定时应选用系列化的标准管径。

出水管路的管材与管径确定详见项目六。

二、管路附件配套

码 4-3 微课：抽水装置的管路附件

管路系统中除有管路外还有管路附件，管路附件与泵型、管长、管路铺设方式有关，应根据安全、可靠、经济的原则选配。

（一）管件

管件是从进水管口到出水管口将管子连接起来的连接件，有喇叭管和平削管、弯管、异径管等。

（1）喇叭管和平削管。减小进水管路的水头损失，其经济流速控制在 1.0~1.5 m/s，垂直吸入进口为圆形或椭圆形喇叭管；倾斜吸入进口为平削管或特制喇叭管，如图 4-9 所示。

（2）弯管。常称弯头，常用的有 90°、60°、45°、30°、15°等几种。可预制亦可现场制作，预制弯头可从有关手册中选择，现场制作多用若干个带斜截面的直管段焊接而成，如图 4-10 所示。进水管路上布置弯管时，为使叶轮进口有好的进水流态，应保证弯管与水泵进口之间有不小于 4 倍管径的水平距离。

（3）异径管。水泵的进出口直径经常小于进出水管径，则需设渐变接管。进水管道上为避免管中有气囊，水泵进口与管道用上面水平的偏心渐缩管，如图 4-11 所示，水泵出口用同心渐放管，其长度 $L=(5\sim7)(D-d)$，可预制亦可现场制作。

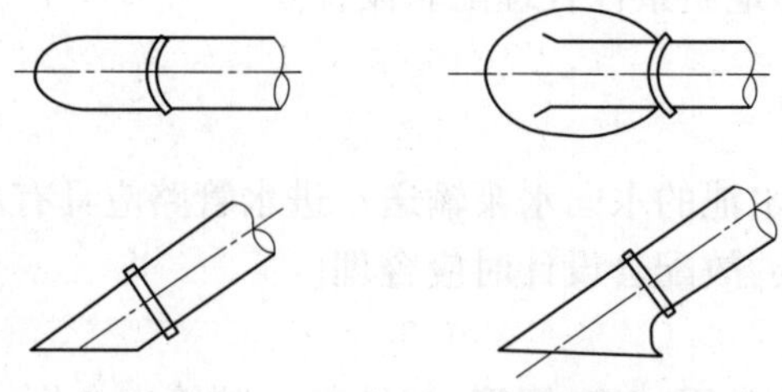

图 4-9　平削管与特制喇叭管

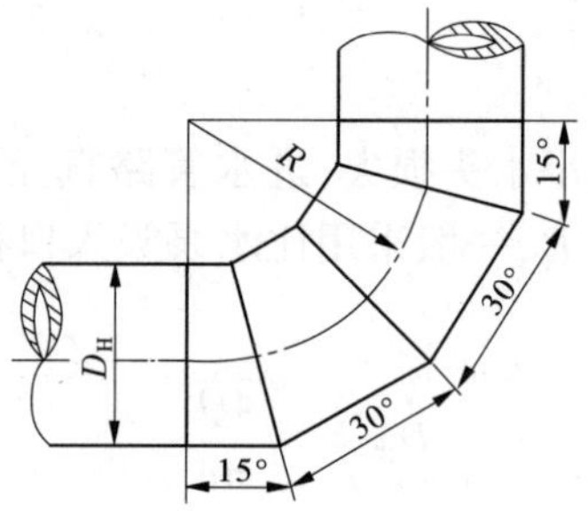

图 4-10　焊接弯管

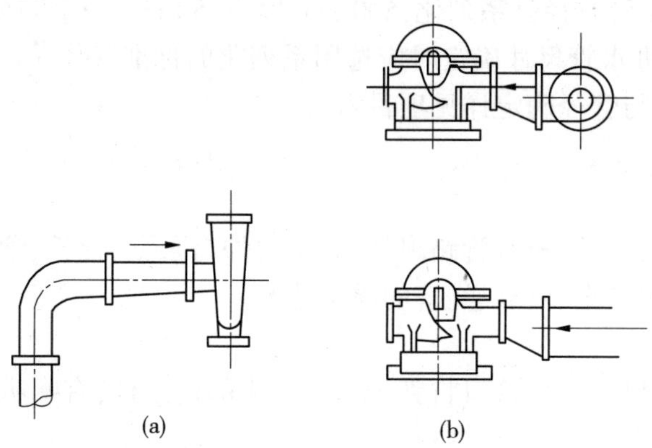

图 4-11　偏心渐缩管的布置

(二)阀件

通过改变管道过水横断面来控制管道内水体流动的装置为阀件。

(1)底阀。为单向阀,人工充水时为防止漏水而用,机械充水时不设底阀。由于运行时水流流经底阀的水头损失很大,故仅在小型抽水装置中采用。为了防止水中杂物吸入泵内,小型抽水装置的进水管管口装有滤网。

码 4-4　微课:底阀的结构和工作原理

(2)闸阀。装在出水口附近的出水管路上。其主要作用是:关闸启动可降低启动功率;关闸停机可防止水倒流;抽真空时关闸可隔绝外界空气;检修时关闸可截断水流，对小型抽水装置关闸也可调节水泵流量或功率。闸阀的选择应根据水管直径，阀件产品的类型、性能、规格、工作参数、安装使用条件等正确选择。

(3) 逆止阀。装在水泵出水口附近的出水管路上，为防止事故停机时出水池和出水管中水倒流的一个单向突闭阀。由于逆止阀突然关闭会产生很大的水锤压力，导致机组损坏，因此中小型泵站一般不设逆止阀，而设置拍门；高扬程、长管道的泵站，常用缓闭阀。逆止阀的选择应根据出水管直径和阀件的性能适用条件选定。

(4) 拍门。装在出水管道出口，为防止出水池中水向出水管倒流的一个单向活门，一般由水泵厂成套供应。

码 4-5 微课：拍门的结构和工作原理

(三) 进水管路的布置

进水管路通常处在负压状态下工作，故对进水管路的基本要求是不漏气、不积气、不进气，否则，会使水泵的工作产生故障，为此可采取以下措施：

(1) 为保证进水管路不漏气，管材要求严格密封，常采用钢管，接口采用焊接或法兰连接。

(2) 为了防止进水管路某处出现积气，形成气囊，影响管道的过水能力，以及严重时破坏真空吸水，进水管应有沿水流方向连续上升的坡度，且坡度大于等于 0.005。进水管的安装与敷设应避免在管道内形成气囊。

(四) 真空泵充水装置

当水泵安装高于进水池水位时，机组启动前必须对泵体和出水管上闸阀以前的管道内充水排气，常用的方法有人工充水和机械充水两种。人工充水用于小型的水泵站，机械充水是大中型泵站常用的充水方式。真空泵抽气装置是常用的一种机械充水设备，由真空泵和其他设备组装而成。真空泵常用水环式真空泵，图 4-12 为水环式真空泵抽水装置及抽气原理图。

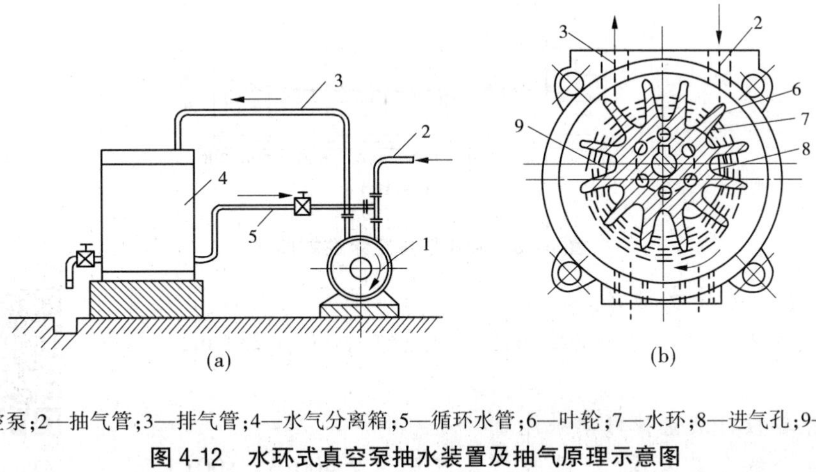

1—真空泵；2—抽气管；3—排气管；4—水气分离箱；5—循环水管；6—叶轮；7—水环；8—进气孔；9—排气孔

图 4-12 水环式真空泵抽水装置及抽气原理示意图

1. 水环式真空泵工作原理

水环式真空泵的结构特点是泵轴上安装了对于圆柱形泵壳偏心的星形叶轮，启动前泵内注入水，叶轮旋转时，由于离心力的作用，水被甩至泵体四壁，形成一个和转轴同心的水环。由于叶轮偏心,则使圆柱形泵壳内空间上下不等,右半圈从上向下递增,左半圈从下向上递减,在右半圈由于下边空间大,则压力小,主水泵中空气通过抽气管及真空泵泵壳端盖上进气口被吸入真空泵,到达左半圈,由下向上空间减小,压力变大,则水气混合体经过泵壳上的排气口被排出,叶轮不断旋转,水环式真空泵能把主水泵中空气全部抽走。

2. 水环式真空泵选型

真空泵是根据泵体及出水管上闸阀之前的管路和进水管中的所需抽气量选择的。抽气量可按下式计算:

$$Q_{气} = K\frac{VH_a}{T(H_a - H_s)} \tag{4-4}$$

式中 $Q_{气}$——真空泵抽气量,m^3/min;

K——安全系数,考虑水泵密封和管路漏损,一般采用 1.05~1.10;

T——一台泵的抽气时间,min,离心泵小于 5 min,轴流泵和混流泵抽除流道内的最大空气容积的时间宜为 10~20 min;

H_a——当地大气压力水柱高,m;

H_s——进水池最低工作水位至泵壳顶部的高度,m;

V——出水管闸阀至进水池之间管路和泵壳内的空气总体积,m^3。

为保证工作可靠,大中型泵站中,要考虑备用机组,一般真空泵选两台,互为备用。水环式真空泵有 SZB 型和 SZ 型。图 4-13 为 SZB 型真空泵性能曲线。

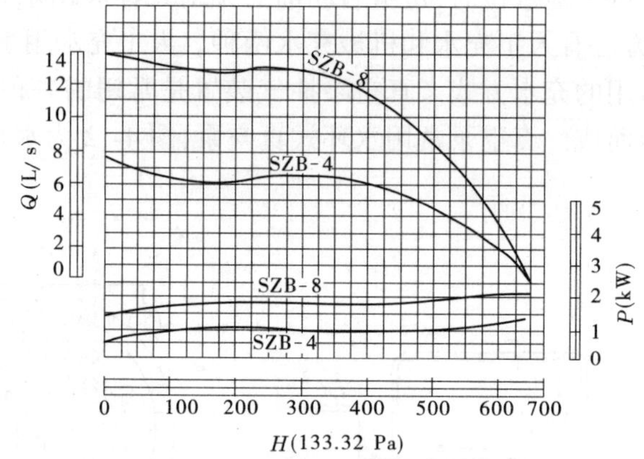

图 4-13　SZB 型真空泵性能曲线

【例 4-3】　某提水灌区建一灌溉泵站,灌溉要求的设计流量为 2 400 L/s,进水池设计水位为 202 m,出水池设计水位为 234 m,试选泵型。

码 4-6　案例讲解:水泵抽水装置布置

解:1. 根据设计流量拟订单泵流量

按 3~9 台的台数考虑,水泵的单泵流量为 2 400/3 = 800(L/s) ~ 2 400/9 = 267(L/s)。

2. 确定泵站的设计扬程

$$H_{净} = 234 - 202 = 32(\mathrm{m})$$

单泵流量在 267~800 L/s 时，查表 2-11 水泵进口直径为 300~600 mm，管路直径取 350~700 mm。查表 2-12 管路水头损失占 $H_{净}$ 的 3%~10%，采用 10%。

$$H_{设} = H_{净} + h_{损} = 32 + 10\% \times 32 = 35.2\ (\mathrm{m})$$

3. 泵型初选

由于设计扬程较高，故选用离心泵，因为单级双吸泵的性能较好而选之。查 Sh 泵的性能表选合适的泵型如表 4-5 所示。

表 4-5

泵型	14Sh-13A	20Sh-13	24Sh-19
单泵流量/(L/s)	300	480	600
台数	8	5	4

4. 工作点校核

1) 初选管路直径和管路附件

(1) 进水管路设计。

管径确定：为保证水泵具有良好的进水条件，一般进水管采用单泵单管形式，另因进水管路较短，可采用钢管，进水管路直径按经济流速来控制。由式(4-3)计算。

实际进水管尺寸确定时应选用系列化的标准管径，从节省投资的角度考虑，进水管直径不宜定得太大，一般采用比水泵吸入口径大一级。

流速校核：根据所选的标准直径反算流速，流速在经济流速范围，则确定直径符合要求，否则需要重新选定经济流速来确定管径，直至管中过流流速满足经济流速要求方可。

管长确定：根据水源条件、建站条件，自己设计泵房和进水池的距离，大致定出进水管长度。

附件确定：根据需要确定进水管附件。根据进水管直径确定底阀的形式、尺寸、规格；根据进水管直径和水泵口径确定异径管；自己设定弯头形式(90°、60°、30°等)，可参照进水管路设计有关内容。

(2) 出水管路设计。

管径确定：由于泵站出水管路一般较长，可采用单泵单管，也可采用多泵并联，根据不同建站条件自行设计，根据项目六任务二确定出水管路的经济管径。若采用多泵并联，式中流量采用并联泵台数×单泵流量。一般出水管很长，可采用钢筋混凝土管等。实际出水管管径应选用系列化的标准管径，同进水管一样，也要进行经济流速校核，出水管路的经济流速范围为 v=2.5~3.0 m/s。

管长确定：根据设计泵房和出水池的距离，大致定出水管长度。

附件确定：根据需要确定出水管附件。根据出水管直径确定闸阀、逆止阀的形式、尺寸、规格；根据出水管直径和水泵口径确定同心渐放管；根据管路敷设形式、地形条件确定弯头形式(地形定角度，可任意角)，可参照出水管路设计有关内容。

确定的进、出水管直径见表 4-6。

表 4-6

泵型	14Sh-13A	20Sh-13	24Sh-19
进水管直径/mm	500	600	700
出水管直径/mm	400	500	600

2)工作点校核

依据设计管路的管长、管材、管径、管路附件确定管路损失系数和管路特性曲线,把水泵性能曲线和管路特性曲线绘在同一坐标系内可求出工作点(依据前述简单装置和复杂装置工作点确定方法),把工作点参数列入同一表内(工作点确定图略)。

各泵工作点参数如表 4-7 所示。

表 4-7

型号	台数	总流量/(L/s)	总容量/kW	η/%	H_{sa}/m
14Sh-13A	8	2 468	1 031.2	82.10	3.5
20Sh-13	5	2 726	1 127.2	83.84	4.0
24Sh-19	4	2 929	1 175.2	85.48	2.5

从表 4-7 可知 20Sh-13 型泵效率较高,抗气蚀性能好,总容量较低,流量满足,台数适中,此泵型较优。

任务三　叶片泵工作点的确定

通过项目三任务三中对叶片泵基本性能曲线的理论分析和实际测定,可以看出,每一台水泵在一定的转速下,都有其固有的特性曲线,此曲线反映了水泵潜在的工作能力。在泵站中要发挥水泵的这种工作能力,必须结合管路系统和进、出水池的水位来考虑,才能确定抽水装置在某瞬间的实际工作情况,亦即表现为实际出水量(Q)、扬程(H)、轴功率(P)以及效率(η)值等,它表示了该水泵在此瞬间的实际工作能力。

水泵工作点是指在水泵型号,管路布置和进、出水池水位确定的情况下,抽水装置实际运行时的扬程 H、流量 Q、功率 P、效率 η 和允许吸上真空度 H_{sa} 或允许气蚀余量 $(NPSH)_r$。叶片泵运行工作点的确定,便于检验所选泵是否经济合理,并且对正确指导泵站设计和管理工作也有重要意义。

一、抽水装置及总扬程

由水泵,动力机,传动设备,管路及管路附件以及进、出水池所组成的抽水总体,统称为抽水装置。在实际工程中,只有构成抽水装置后,水泵才能发挥其抽水的效益。在水泵站的设计、运行以及管理中,进行抽水装置设计和抽水总扬程的确定是要解决的基本问题。

码 4-7　微课:
水泵的抽水装置

(一)抽水装置

1. 离心泵的抽水装置

图 4-14 为卧式离心泵抽水装置示意图。水泵安装在进水池水面之上,与动力机、传动设备构成水泵机组。水泵进口端接进水管路,出口端接出水管路。在进、出水管路上装有各种管件、阀件和测量仪表等管路附件。在图中装有 90°弯头、偏心渐缩接管、正心渐扩接管、任意弯头等管件。安装有底阀、闸阀、逆止阀、拍门等阀件。逆止阀和拍门根据实际需要,可只安装其中一个。测量仪表有真空表、压力表,分别安装在水泵进口和出口法兰处,用来测定水泵进口处的真空度和水泵出口处的压力。

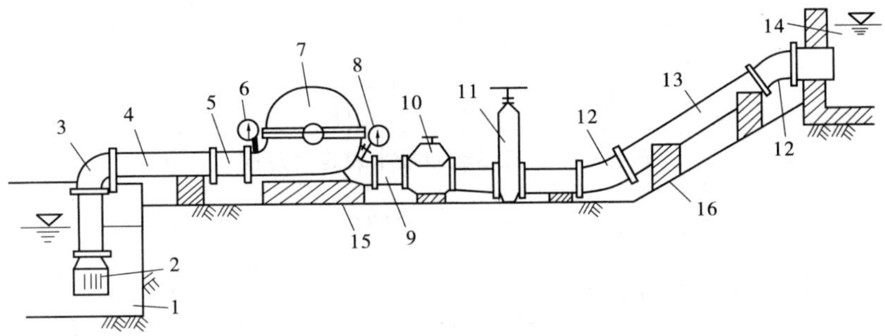

1—进水池;2—滤网与底阀;3—90°弯头;4—进水管;5—偏心渐缩接管;6—真空表;7—水泵;8—压力表;9—正心渐扩接管;10—缓闭逆止阀;11—闸阀;12—弯头;13—出水管;14—出水池;15—水泵基础;16—支墩

图 4-14 卧式离心泵抽水装置示意图

泵运行时,电动机带动水泵叶轮旋转,使水产生离心力,进水池的水经进水管吸入泵内,从叶轮甩出的水经出水管流入出水池。

2. 轴流泵抽水装置

图 4-15 为立式轴流泵抽水装置示意图。立式轴流泵叶轮安装在进水池最低水面以下,因此无须充水排气设备。电动机装在水泵的上方,用联轴器与水泵直接连接。水泵出水弯管与出水管路连接。泵运行时,电动机带动叶轮在水中旋转,进水池的水从喇叭管进入叶轮后,经导叶体、出水弯管和出水管路流入出水池。轴流泵不允许关闸启动,因此轴流泵抽水装置中不设闸阀,停泵时断流设备采用拍门。

(二)叶片泵抽水装置的设计总扬程

所谓叶片泵抽水装置的设计总扬程,是指在进行泵站工程设计时,根据工程实际条件计算所得的水泵扬程,由能量方程可导出抽水装置的设计总扬程如下:

$$H_{设计} = H_{实} + \frac{v_{出}^{2} - v_{进}^{2}}{2g} + h_{损} \tag{4-5}$$

式中 $H_{实}$——进、出水池水位差,m;

$\frac{v_{出}^{2} - v_{进}^{2}}{2g}$——进、出水池的流速水头差,m;

$h_{损}$——管路水头损失,m。

由于进、出水池的流速水头差较小,通常可忽略不计,则式(4-5)可简化为

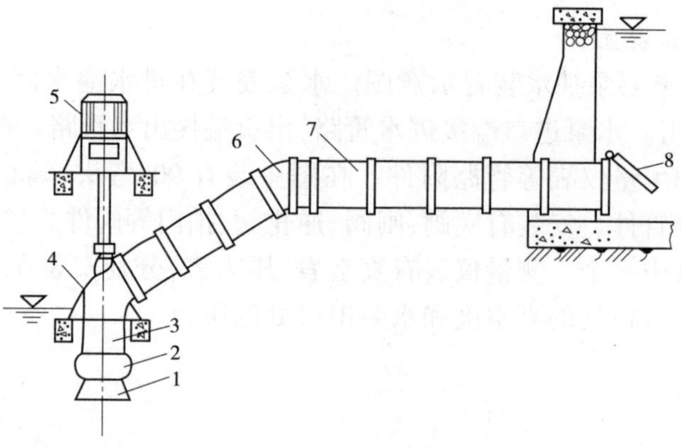

1—喇叭管;2—叶轮;3—导叶体;4—出水弯管;5—电动机;6—45°弯头;7—出水管;8—拍门

图4-15　立式轴流泵抽水装置示意图

$$H_{设计} = H_{实} + h_{损} \tag{4-6}$$

二、管路系统特性曲线的绘制

管路系统特性曲线是指抽水装置实际运行时的流量—扬程关系曲线,反映了抽水装置如要以某流量运行,水泵需提供的能量(扬程)大小。管路系统特性曲线与抽水装置的布置方式、管路与附件的水力特性有直接关系。管路中的水头损失是由局部水头损失与沿程水头损失两部分组成的。

(一)管路局部水头损失

局部水头损失是指水流流经管件、阀件时,水流形态发生剧烈变化而引起的局部能量损失。根据管路的具体布置,对于圆管可以按下式计算:

$$h_{局} = \sum \zeta \frac{v^2}{2g} = 0.083 \sum \frac{\zeta}{d^4} Q^2 = S_{局} Q^2 \tag{4-7}$$

码4-8　参数资料:局部阻力损失系数

式中　ζ——局部阻力系数,与局部阻力类型有关;

v——管路中水流的平均流速,m/s;

d——管路附件内径,m;

$S_{局}$——局部阻力参数,$\frac{s^2}{m^5}$,$S_{局}=0.083\sum \zeta/d^4$。

(二)管路沿程水头损失

沿程水头损失是指水流流经直管段时,水流与管路内壁发生摩擦所引起的能量损失。对于圆管可以按下式计算:

$$h_{沿} = \sum \lambda \frac{L}{d} \frac{v^2}{2g} = 10.29 n^2 \frac{L}{d^{5.33}} Q^2 = S_{沿} Q^2 \tag{4-8}$$

式中　λ——沿程阻力系数;

L——直管段长度,m;

d——直管段内径，m；

n——管道粗糙系数；

$S_{沿}$——沿程阻力参数，$\frac{s^2}{m^5}$，$S_{沿}=10.29n^2L/d^{5.33}$。

（三）管路系统的总水头损失

管路中的总水头损失是由沿程水头损失与局部水头损失两部分组成的。

$$h_{损}=h_{局}+h_{沿}=S_{局}Q^2+S_{沿}Q^2=(S_{局}+S_{沿})Q^2=SQ^2 \tag{4-9}$$

式中　S——沿程阻力参数与局部阻力参数之和，即 $S=(S_{局}+S_{沿})$，$\frac{s^2}{m^5}$，在管材、管径及管路布置已定时，S 是常数。

（四）绘制管路系统特性曲线

由式(4-9)可以看出，管路的水头损失与流量的平方成正比。如取不同的 Q 值，则可得出相应的 $h_{损}$。这样就可以画出一条通过坐标原点的 $Q\sim h_{损}$ 二次抛物线，即管路损失特性曲线，如图 4-16 所示。曲线的曲率取决于管道的直径、长度、管壁粗糙度以及局部阻力附件的布置。

在泵站的设计中，为了确定水泵装置的工作点，可利用管路损失特性曲线与泵站工作的外界条件，如水泵的实际扬程 $H_{实}$，即进、出水池水位差（淹没出流）或出水管口中心至进水池水位高差（自由出流）联系起来考虑。这样，单位重力的液体在管路系统中所消耗的能量值称为管路系统的需要扬程，用符号 $H_{需}$ 表示，即

$$H_{需}=H_{实}+h_{损}=H_{实}+SQ^2 \tag{4-10}$$

式(4-10)表示顶点在（$Q=0$，$H_{需}=H_{实}$）的二次抛物线，可将管路损失特性曲线 $Q\sim h_{损}$ 纵加在 $H=H_{实}$ 横线之上，就得到管路系统特性曲线 $Q\sim H_{需}$，如图 4-17 所示。该曲线反映了水位和管路本身的特性，而与水泵无关。

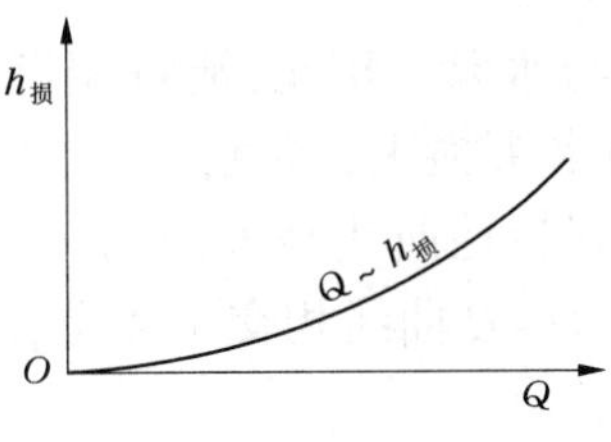

图 4-16　管路损失特性曲线

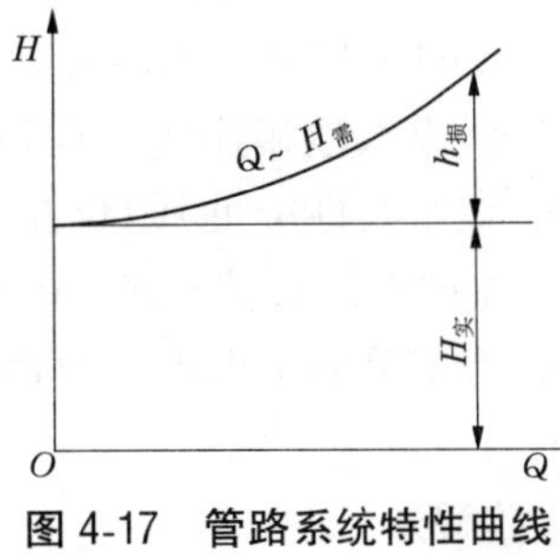

图 4-17　管路系统特性曲线

三、叶片泵工作点的确定

码 4-9　微课：叶片泵工作点的确定

叶片泵工作点的确定方法一般有两种：一种是图解法，它简明、直观，在工程中应用较广；另一种是数解法，计算相对准确，是电算确定水泵工作点的基础。现分述如下。

(一)图解法

将叶片泵的性能曲线 $Q \sim H$ 和管路系统特性曲线 $Q \sim H_{需}$ 按同一比例绘在同一个 Q、H 坐标内,两条曲线相交于 A 点,则 A 点即为水泵运行的工作点,如图 4-18 所示。A 点表明,当流量为 Q_A 时,水泵所提供的能量恰好等于管路系统所需要的能量,故 A 点为供需平衡点。若工作点不在 A 点而在 B 点,从图 4-18 中可以看出,此时流量为 Q_B,水泵供给的能量 H_B 大于管路系统所需的能量 $H_{B需}$,供需失去平衡,多余的能量($H_B - H_{B需}$)会使管中水流加速,流量加大,直到工作点移至 A 点达到能量供需平衡为止。反之,若工作点在 C 点,则水泵供给的能量 H_C 小于管路系统所需要的能量 $H_{C需}$,则能量供不应求,管中水流减速,流量减小,直减至 Q_A。因此,只要水泵性能,管路损失和进、出水池水位等因素不变,水泵将稳定在 A 点工作。工作点确定后,其对应的轴功率、效率等参数可从相应的曲线上查得。水泵运行时,水泵装置的工作点应落在水泵高效区内,这样泵站工作最经济。

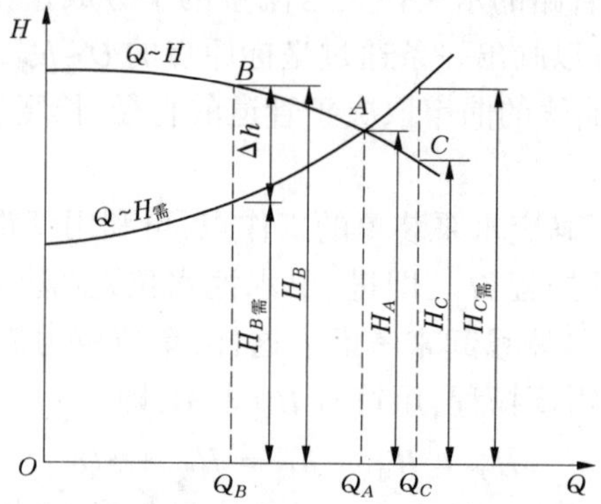

图 4-18　叶片泵工作点的确定

在实际扬程多变的情况下,运用上述方法确定工作点需绘制一系列 $Q \sim H_{需}$ 曲线,比较烦琐,应用扣损法则方便得多。其原理是把水泵装置中的进、出水管路看作是泵本身的一个部分,如图 4-19 所示,即把水泵进口 n 移至 N,把水泵出口 m 移至 M 形成一个虚拟泵 I',直接与进、出水池相连接。在运行时,虚拟水泵 I' 与水泵 I 相比,流量相等,扬程相差 $h_{损}$。因此,在水泵性能曲线 $Q \sim H$ 上减去相应流量的水头损失,得到虚拟水泵性能曲线 $Q \sim H'$。而虚拟水泵直接与进、出水池相连,所以其装置特性曲线是 $H_{需} = H_{实}$,它们的交点为 A',即虚拟水泵的工作点。再由 A' 点向上引垂线与 $Q \sim H$ 曲线相交于 A 点,此点即为水泵工作点。

(二)数解法

离心泵 $Q \sim H$ 曲线在高效率区范围内的一段曲线,可用下列经验方程来表示:

$$H = H_X - S_X Q^2 \tag{4-11}$$

式中　H_X、S_X——水泵的扬程常数和阻力常数。

在 $Q \sim H$ 曲线高效率区范围内选两个点的 Q、H 值,分别代入式(4-11),联立方程式即可算出 H_X、S_X 值。图 4-20 中的虚线为式(4-11)的图形。在高效率区范围内它和试验性能曲线很接近。但在 $Q=0$ 时虚线达到的扬程 H_X 通常不等于试验性能曲线中 $Q=0$ 时达到的扬程。

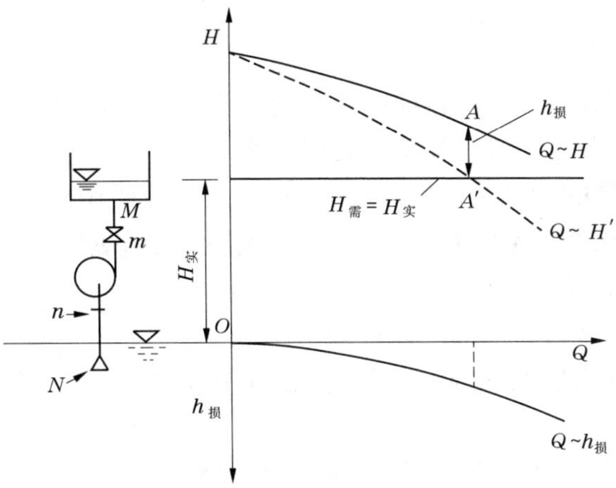

图 4-19 用扣损法求水泵工作点

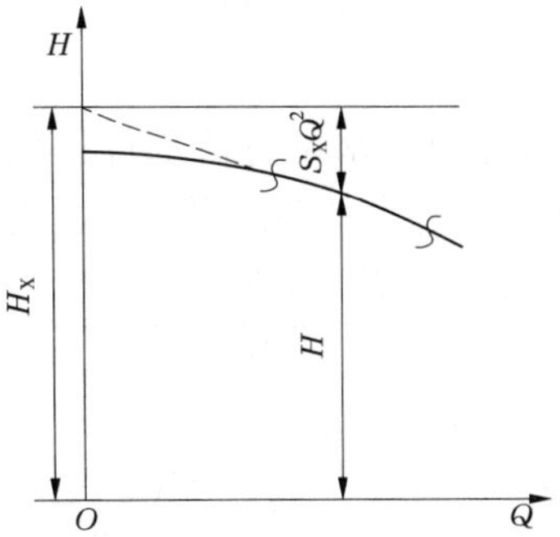

图 4-20 离心泵的试验性能曲线与经验方程曲线

在工作点处 $H_需=H$,因此解联立方程式(4-10)和式(4-11),即可求得工作点的流量:

$$Q=\sqrt{\frac{H_X-H_实}{S_X+S}} \tag{4-12}$$

任务四 叶片泵工作点的调节

水泵在实际运行过程中,由于外部条件的改变,如进、出水池水位或用户用水量的变化等,水泵的工作点往往会偏离设计点,从而引起水泵运行效率的降低、功率偏高或气蚀的发生等。这时就需要用改变管路系统特性曲线 $Q\sim H_需$ 曲线或水泵性能曲线的方法来变动水泵的工作点,使之符合要求。这种改变水泵工作点的方法称为叶片泵工作点的调节,常用的调节方法有叶片泵变速调节、变径调节和变角调节等。改变水泵性能曲线,基于叶片泵的相似理论,泵站运行往往依靠多台水泵联合运行,调节水泵的运行工况是一个系统工程。

一、叶片泵相似理论运用

由于泵内液体流动的复杂性,目前叶片泵的工作性能或参数单纯凭借理论分析是不能准确地求得解答的,多需要依靠模型试验研究来解决。如何将原型泵缩小或放大为模型泵以及如何将模型泵的试验结果换算到原型泵上去,便要用到叶片泵相似理论。相似理论建立在流体力学相似理论的基础之上,广泛应用于水泵的设计、运行和试验等方面。应用相似理论可以解决以下三个方面的问题:

(1)通过模型试验进行新产品的设计。

(2)根据优选的水力模型,按相似律换算进行相似设计,即换算出所要设计的水泵尺寸和性能。

(3)对同一台水泵,在某些参数(转速 n、叶轮直径 D 以及液体密度 ρ 等)改变时,确定水泵性能的变化。

(一)相似条件

两台水泵相似,必须满足以下三个相似条件。

1. 几何相似

如图 4-21 所示,几何相似就是两台水泵过流部件任何对应尺寸的比值相等,对应点的同名角相等,糙率相似,即

$$\frac{D_1}{D_{1M}}=\frac{D_2}{D_{2M}}=\frac{b_2}{b_{2M}}=\cdots=\lambda \tag{4-13}$$

$$\alpha_2=\alpha_{2M},\quad \beta_2=\beta_{2M} \tag{4-14}$$

$$\frac{\Delta}{\Delta_M}=\frac{D_1}{D_{1M}}=常数 \quad 或 \quad \frac{\Delta}{D_1}=\frac{\Delta_M}{D_{1M}}=常数 \tag{4-15}$$

式中　λ——模型比;

　　Δ——绝对糙率。

M 是下角标,表示模型,无下角标为原型。

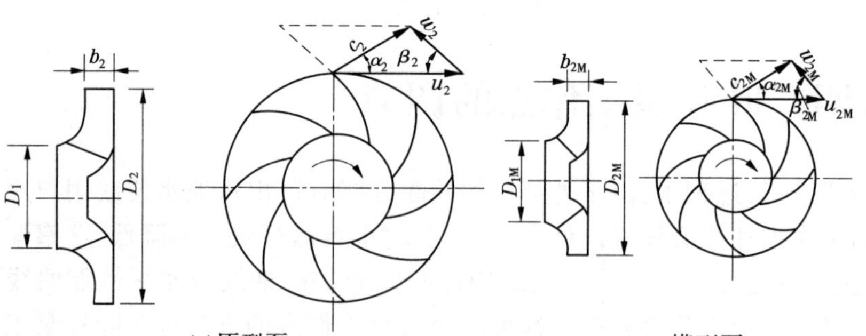

(a)原型泵　　(b)模型泵

图 4-21　两台水泵的几何相似与运动相似

在工艺上要做到相对糙率相等尚有一定困难,但在几何相似中糙率占次要地位,为了简化起见,可忽略其影响。

2. 运动相似

运动相似就是两台水泵叶轮相应点上液体的同名速度方向一致、大小成同一比例，也就是对应点上的速度三角形相似。

由图 4-21 可以得出：

$$\frac{c}{c_M}=\frac{w}{w_M}=\frac{u}{u_M}=\frac{nD}{n_M D_M}=\lambda\frac{n}{n_M} \tag{4-16}$$

3. 动力相似

动力相似就是两台水泵对应点所受力的性质和方向相同、大小成同一比例。

用向量表示液流运动中的作用力，则有

$$\frac{\vec{P}}{\vec{P}_M}=\text{常数} \tag{4-17}$$

作用在液体中的力有惯性力、压力、重力、黏性力等。这些力同时满足动力相似是有困难的，必须根据具体情况，按试验要求，抓住起主导作用的某种力或某些力满足相似条件，而忽略一些次要的因素。

(二)相似律

满足上述相似条件的两台泵，其主要性能参数之间的关系称为水泵的相似律，它是相似原理的具体体现。相似律主要包括第一相似律、第二相似律和第三相似律。

1. 第一相似律

第一相似律表示原型泵与模型泵流量之间的关系。

$$\frac{Q}{Q_M}=\left(\frac{D_2}{D_{2M}}\right)^3\frac{n}{n_M}\frac{\eta_V}{\eta_{VM}} \tag{4-18}$$

式(4-18)表明两台相似水泵的流量与转速及容积效率的一次方成正比，与叶轮外径的三次方成正比，此式也称为流量相似律。

2. 第二相似律

第二相似律表示原型泵与模型泵扬程之间的关系。

$$\frac{H}{H_M}=\left(\frac{D_2 n}{D_{2M} n_M}\right)^2\frac{\eta_h}{\eta_{hM}} \tag{4-19}$$

式(4-19)表明两台相似水泵的扬程与叶轮外径及转速的二次方成正比，与水力效率的一次方成正比，此式也称为扬程相似律。

3. 第三相似律

第三相似律表示原型泵与模型泵轴功率之间的关系。

$$\frac{P}{P_M}=\left(\frac{D_2}{D_{2M}}\right)^5\left(\frac{n}{n_M}\right)^3\frac{\eta_{mM}}{\eta_m}\frac{\rho g}{\rho_M g_M} \tag{4-20}$$

式(4-20)表明两台相似水泵的轴功率与叶轮外径的五次方成正比，与转速的三次方成正比，与机械效率成反比，与液体的密度及重力加速度的乘积成正比，此式也称为功率相似律。

如果原型泵与模型泵的尺寸相差不大，且转速相差也不大，则各种效率可近似看成相

等。若 $\rho g=\rho_M g_M$,则三组相似律公式可简化为

$$\frac{Q}{Q_M}=\left(\frac{D_2}{D_{2M}}\right)^3\frac{n}{n_M} \tag{4-21}$$

$$\frac{H}{H_M}=\left(\frac{D_2}{D_{2M}}\right)^2\left(\frac{n}{n_M}\right)^2 \tag{4-22}$$

$$\frac{P}{P_M}=\left(\frac{D_2}{D_{2M}}\right)^5\left(\frac{n}{n_M}\right)^3 \tag{4-23}$$

(三)比例律

同一台水泵在不同转速下运行,由相似律可得水泵的流量、扬程、轴功率与转速的关系为

$$\frac{Q_1}{Q_2}=\frac{n_1}{n_2} \tag{4-24}$$

$$\frac{H_1}{H_2}=\left(\frac{n_1}{n_2}\right)^2 \tag{4-25}$$

$$\frac{P_1}{P_2}=\left(\frac{n_1}{n_2}\right)^3 \tag{4-26}$$

式(4-24)~式(4-26)是相似律的一个特例,称比例律。说明同一台水泵,当转速改变时,流量与水泵转速的一次方成正比;扬程与水泵转速的二次方成正比;轴功率与水泵转速的三次方成正比。比例律在泵站设计和管理运行中很有用处。它可以反映出转速改变时水泵性能变化的规律,可用来进行变速调节计算。由于水泵的机械损失随水泵转速的提高而增大,故比例律只适用于转速相差不大的场合。

(四)叶片泵的比转速

由于叶片泵的叶轮构造、性能及尺寸大小各不相同,为了对叶片泵进行分类,将同类型水泵组成一个系列,便于水泵设计和使用,这就需要一个综合指标作为相似准数,对水泵进行比较和分类,这个数就是水泵的比转速,用符号 n_s 来表示。

1. 比转速 n_s 公式

由简化后的第一、第二相似律得:

$$\frac{Q}{D_2^3 n}=\frac{Q_M}{D_{2M}^3 n_M}$$

$$\frac{H}{(D_2 n)^2}=\frac{H_M}{(D_{2M} n_M)^2}$$

将以上两式联立消去线性尺寸,再开四次方,可得:

$$\frac{n\sqrt{Q}}{H^{3/4}}=\frac{n_M\sqrt{Q_M}}{H_M^{3/4}} \tag{4-27}$$

式(4-27)表示两台工况相似的水泵,它们的流量、扬程和转速一定符合式(4-27)所示关系,即将工况相似水泵的性能参数值代入式中计算所得的值是相同的。为此,我们把叶片泵分为若干相似水泵群,在每一个相似水泵群中,拟用一台标准模型泵做代表,用它的

几个主要性能参数来反映该群相似水泵的共同特征和叶轮形状。标准模型泵可看作在最高效率下，扬程 $H_M=1$ m，有效功率 $P_{uM}=0.735$ kW（1 马力），流量 $Q_M=0.075\ m^3/s$，该模型泵的转速就称为与它相似的实际水泵的比转速。

将式(4-27)中模型泵的转速 n_M 用 n_s 表示，并整理得：

$$n_s = n\frac{\sqrt{Q}}{H^{3/4}}\frac{H_M^{3/4}}{\sqrt{Q_M}}$$

将 $H_M=1$ m，$Q_M=0.075\ m^3/s$ 代入得比转速 n_s：

$$n_s = 3.65\frac{n\sqrt{Q}}{H^{3/4}} \tag{4-28}$$

式中 n——叶片泵的额定转速，r/min；

Q——叶片泵的额定流量，m^3/s；

H——叶片泵的额定扬程，m。

在理解比转速的概念时，应注意下列几点：

(1)同一台水泵在不同工况下运行，有不同的比转速。为便于分析、比较，以泵最高效率点(设计工况下)的比转速作为该泵的比转速，用来作为相似准则。

(2)比转速是根据所抽液体密度等于 1 000 kg/m^3 推导出来的，故以抽清水为标准。

(3)式(4-28)中的 Q、H 是指单级单吸泵的设计流量和设计扬程。对于双吸泵，流量应以 $Q/2$ 代入计算，即以单侧流量计算：

$$n_s = 3.65\frac{n\sqrt{Q/2}}{H^{3/4}} \tag{4-29}$$

对于多级泵，扬程应以 H/i(i 为叶轮级数)代入，即以单级叶轮的扬程计算：

$$n_s = 3.65\frac{n\sqrt{Q}}{(H/i)^{3/4}} \tag{4-30}$$

比转速是由相似定律推导出来的。作为相似准数，比转速相等是两台水泵相似的必要条件。但 n_s 相等的泵，并不一定几何相似。因为在一定的比转速范围内，可能存在着两种泵型。因此，它不是水泵相似的充分条件。

2. 比转速的应用

(1)对水泵进行分类。比转速是相似准数，不同的比转速代表了不同的叶轮构造和水力性能，故可用比转速对水泵进行分类。由式(4-28)可知，在一定转速下，小流量、高扬程泵的 n_s 值小；大流量、低扬程泵的 n_s 值大。根据比转速的大小，将叶片泵进行分类，如表 4-8 所示。

叶片形状随比转速而变。对于低比转速水泵，为了得到高扬程、小流量，必须增加叶轮外径 D_2、减小内径 D_0 和叶槽出口宽度 b_2，故叶轮扁平，叶槽狭长，叶片形状呈圆柱形，水流径向流出。随着 n_s 的增大，D_2/D_0 由大到小，叶槽出口宽度 b_2 由小到大，叶片形状由圆柱形过渡为扭曲形，叶槽由窄长变为粗短，水流方向由径向变为轴向。

(2)对泵进行初选。若所需流量 Q、扬程 H 和转速 n 确定后，求出 n_s 值，根据表 4-8 可定出泵型，以便进一步使用水泵性能表来确定泵的具体型号。

(3)比转速是编制水泵系列的基础。通常将同类结构的水泵组成一个系列。以比转速为基础编制系列,可大大减少水力模型数目,同时有利于国家组织水泵的设计和生产。

(4)比转速是水泵设计的依据。在相似设计中,可根据给定的设计参数计算出比转速值,然后以比转速来选择优良的水力模型,再根据选定的模型和给定的参数,换算出设计泵的尺寸和特性。

表4-8 比转速与叶轮形状的关系

水泵类型	离心泵			混流泵	轴流泵
	低比转速	中比转速	高比转速		
比转速	30~80	80~150	150~300	250~600	500~2 000
叶轮简图	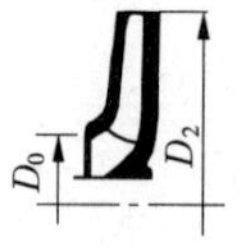				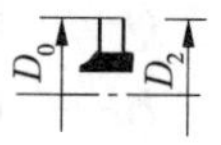
尺寸比 D_2/D_0	3.0~2.5	2.3	1.8~1.4	1.2~1.1	≈1.0
叶片形状	圆柱形叶片	进口处扭曲形, 出口处圆柱形	扭曲形叶片	扭曲形叶片	扭曲形叶片

【例4-4】 已知一台8Sh型泵,额定流量 $Q=288\ m^3/h$($Q=0.08\ m^3/s$),额定扬程 $H=41$ m,额定转速 $n=2\ 900$ r/min,求该泵的 n_s,并判别该泵的型号。

解:由于Sh型泵为双吸泵,故应采用式(4-29),即

$$n_s = 3.65\frac{n\sqrt{Q/2}}{H^{3/4}} = 3.65\times\frac{2\ 900\sqrt{0.08/2}}{41^{3/4}} = 131$$

该泵的型号为8Sh-13。

二、叶片泵的并联与串联运行

在泵的运行中,单泵运行不能满足扬程或流量的要求时,采用两台或两台以上的水泵并联、串联运行,分别叙述如下。

(一)叶片泵并联运行时工作点的确定

当泵站的机组台数较多、出水管路较长时,为了节省管材,缩小占地面积,降低工程造价,常采用两台或几台水泵共用出水管的并联运行。两台或多台水泵的并联工作,应在所选各泵扬程范围比较接近的基础上进行,否则难以形成并联工作的情况。

码4-10 微课:并联水泵工作点的确定(同型号)

1. 两台同型号水泵并联运行

1)水泵并联运行性能曲线的绘制

当两台同型号的水泵并联时,水泵的并联曲线是把对应于同一扬程的单台泵的流量相加,即得到并联 $Q\sim H$ 曲线,如图4-22所示。此种并联也称特性曲线的完全并联。

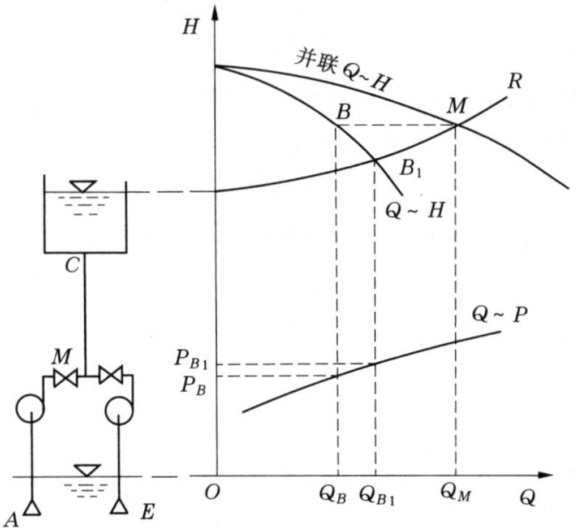

图 4-22 两台同型号水泵并联运行

2) 管路系统特性曲线的绘制

为了将水由进水池输送到出水池，AC 或 EC 管道中单位重量的水所需消耗的能量为

$$H_{需} = H_{实} + h_{AM} + h_{MC} = H_{实} + S_{AM}Q_A{}^2 + S_{MC}Q_M{}^2 \tag{4-31}$$

式中 S_{AM}、S_{MC}——管路 AM(或 EM)和管路 MC 的阻力参数，s^2/m^5；

Q_A、Q_M——管路 AM(或 EM)和管路 MC 的流量，m^3/s。

因为两台泵型号相同，管路对称布置，故管路 AM 和 EM 的流量 Q_A 和 Q_E 相等，管路 MC 的流量为两台泵的流量之和，即 $Q_A = Q_E = Q_M/2$，代入式(4-31)得

$$H_{需} = H_{实} + \left(\frac{1}{4}S_{AM} + S_{MC}\right)Q_M^2 \tag{4-32}$$

由式(4-32)可绘出 AMC(或 EMC)管路系统特性曲线 $Q \sim H_{需}$。

3) 求并联工作点

管路系统特性曲线 $Q \sim H_{需}$(以下简称 R 曲线)与 $Q \sim H$ 曲线并联相交于 M 点，M 点称为并联运行时的工作点，M 点的横坐标为两台水泵并联运行时的总流量，M 点的纵坐标为每台泵的扬程。

4) 求每台泵的工作点

通过 M 点向左作水平线与单泵 $Q \sim H$ 曲线相交于 B 点，B 点就是并联运行时每台泵的工作点，其流量为 Q_B(等于 $Q_M/2$)。R 曲线和单泵 $Q \sim H$ 曲线的交点 B_1，可近似地看作单泵运行时的工作点，其对应的流量为 Q_{B1}，Q_B 小于 Q_{B1}，即两台泵并联运行时每台泵的流量小于泵单独运行时的流量。

2. 两台不同型号水泵并联运行

由于两台水泵型号不同，管路不同，水泵并联工作时，每台水泵工作点的扬程不相等。所以，水泵并联 $Q \sim H$ 曲线的绘制，不能简单地采用同一扬程下流量叠加。

码 4-11 微课：并联水泵工作点的确定(不同型号)

工作点是能量供需的平衡点，根据这一原则，可对水泵性能曲线

和管路系统特性曲线进行处理,求出能量供需的平衡点,进一步确定水泵的流量、扬程及其他参数。分别计算管路 DF、EF 段的管路损失 h_{DF} 和 h_{EF},并绘出这两段管路的损失曲线 $Q\sim h_{DF}$ 和 $Q\sim h_{EF}$,如图4-23所示。从Ⅰ号水泵的性能曲线$(Q\sim H)_{\text{Ⅰ}}$中减去管路 DF 段的损失 h_{DF},得到Ⅰ号水泵的不完全性能曲线$(Q\sim H)'_{\text{Ⅰ}}$,从Ⅱ号水泵的性能曲线$(Q\sim H)_{\text{Ⅱ}}$中减去管路 EF 段的损失 h_{EF},得到Ⅱ号水泵的不完全性能曲线$(Q\sim H)'_{\text{Ⅱ}}$。曲线$(Q\sim H)'_{\text{Ⅰ}}$和曲线$(Q\sim H)'_{\text{Ⅱ}}$排除了两台泵扬程不等的因素,将曲线$(Q\sim H)'_{\text{Ⅰ}}$和曲线$(Q\sim H)'_{\text{Ⅱ}}$在同一扬程下进行流量叠加,得到两台不同型号水泵并联工作时的不完全性能曲线$(Q\sim H)'$。

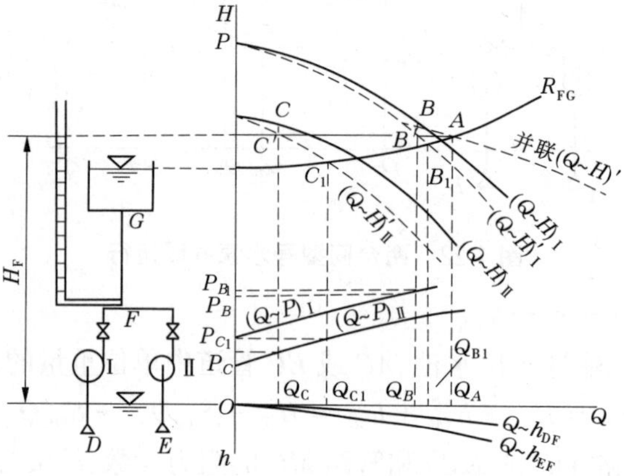

图 4-23 两台不同型号水泵并联运行

如果忽略流速水头差,则并联装置的不完全需要扬程为

$$H'_{需} = H_{实} + S_{FG}Q_{FG}^{2} \tag{4-33}$$

式中 S_{FG}——管路 FG 段的阻力参数,s^2/m^5;

Q_{FG}——管路 FG 段的流量,m^3/s。

由式(4-33)可以绘出水泵并联装置的不完全管路特性曲线 R_{FG}(不含并联点 F 前管路的水头损失),它和水泵并联工作的不完全性能曲线$(Q\sim H)'$相交于点 A,点 A 的流量 Q_A 即为水泵并联工作的流量。从 A 点向左作水平线,分别与曲线$(Q\sim H)'_{\text{Ⅰ}}$、$(Q\sim H)'_{\text{Ⅱ}}$相交于 B'、C'两点。从 B'、C'分别向上作垂线,与水泵的性能曲线$(Q\sim H)_{\text{Ⅰ}}$、$(Q\sim H)_{\text{Ⅱ}}$分别相交于 B、C 两点,这两点即为不同型号水泵并联工作时每台水泵的工作点,Ⅰ、Ⅱ号水泵的流量和扬程分别为 Q_B、Q_C 和 H_B、H_C。曲线 R_{FG} 与性能曲线$(Q\sim H)_{\text{Ⅰ}}$、$(Q\sim H)_{\text{Ⅱ}}$的交点 B_1、C_1 所对应的流量 Q_{B1} 和 Q_{C1} 可近似地认为是单泵工作时的流量。

(二)叶片泵串联运行时工作点的确定

叶片泵的串联运行,就是将第一台水泵的压水管作为第二台水泵的吸水管,水由第一台水泵压入第二台水泵,并以同一流量依次流过各台水泵。在水泵串联运行中,水流获得的能量,为各水泵所供能量之和。

两台不同型号水泵串联运行时,只要把串联水泵的 $Q\sim H$ 曲线上横坐标相等的各点纵坐标相加,即可得到两台泵串联后的 $Q\sim H$ 曲线即$(Q\sim H)_{串}$,如图4-24所示。它与管路系统特性曲线 $Q\sim H_{需}$ 相交于 A 点,其流量为 Q_A,扬程为 H_A,即为串联装置的工作点。自

A 点引竖线分别与两台水泵的$(Q \sim H)_{\mathrm{I}}$、$(Q \sim H)_{\mathrm{II}}$曲线相交于 B、C 点，则 B、C 两点为两台泵在串联工作时的工作点，其相应的流量为 Q_A，对应的扬程分别为 H_B 和 H_C。

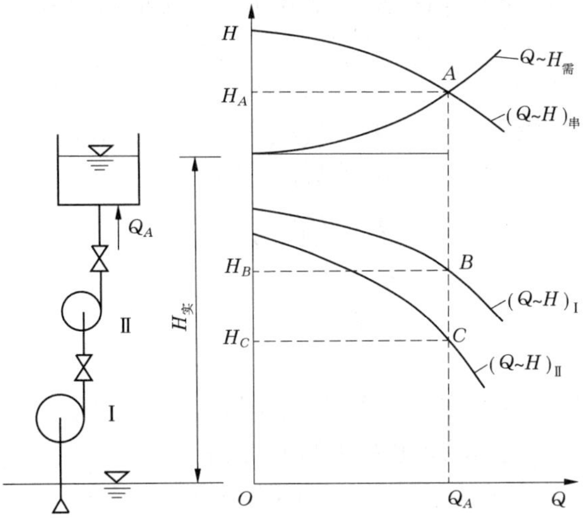

图 4-24　两台不同型号水泵串联运行

水泵串联运行时要注意以下两点：①串联水泵的流量应基本相等，否则，当小泵放在后面一级时它会超载，当小泵放在前面一级时它会变成阻力，大泵发挥不出应有的作用，且串联后泵不能保证在高效区运行；②不同型号的泵串联时，应把流量较大的水泵放在第一级向小泵供水。

在泵站中，将单级泵进行串联的形式已不多见。对于高扬程泵站大多采用多级式离心泵。

三、叶片泵工作点的调节

在选择和使用水泵时，如果运行工况不在高效区或水泵的扬程、流量不符合实际需要，这时可采用改变水泵性能或者改变管路特性的方法来移动工作点，使之符合要求，这种方法称为水泵工作点的调节。调节的方法有变速调节、变径调节、变角调节、变阀调节等。

（一）变速调节

通过改变水泵的转速，从而使水泵性能改变，达到调节水泵工作点的目的，这种方法称为变速调节。水泵在转速一定时，我们希望水泵工作点落在高效区。在生产实践中经常遇到受各种因素影响，水泵不满足对流量、扬程的要求，或效率偏低，不经济，为满足抽水装置安全、高效运行，需对水泵进行调速，通过变速调节扩大水泵的有效工作范围。

码 4-12　微课：叶片泵的变速调节

1. 变速方法

变速大体有两种方法：一种是利用可变速的传动设备，另一种是利用可变速的动力机。

2. 水泵转速的确定

水泵改变转速后，其性能变化可按比例律公式进行换算。

比例律在泵站设计与运行中的应用,最常遇到的情形有两种:

(1)根据用户需求确定转速。已知水泵转速为 n 的 $Q \sim H$ 曲线,如图4-25所示,但所需工作点并不在水泵性能曲线上,而在坐标点 $B(Q_B, H_B)$ 处,需要确定水泵在 B 点工作时的转速 n_1。

应用比例律可得到

$$\frac{H_1}{H_2} = \left(\frac{Q_1}{Q_2}\right)^2$$

或

$$\frac{H_1}{Q_1^2} = \frac{H_2}{Q_2^2} = K \tag{4-34}$$

即

$$H = KQ^2 \tag{4-35}$$

式中 K——比例常数。

式(4-35)是一条通过坐标原点的抛物线,如图4-25所示。它是由比例律推求来的,应用比例律的前提是工况相似,所以在抛物线上的各点具有相似的工况,又称相似工况抛物线。

将 B 点的 Q_B、H_B 代入式(4-35)求出 K 值,绘制相似工况抛物线与 $Q \sim H$ 曲线相交于 A 点,如图4-25所示。A 点和 B 点是相似工况点,将 A 点 Q_A(或 H_A)和 B 点 Q_B(或 H_B)代入比例律,就可求出所需要的转速 n_1。转速 n_1 求出后,再利用比例律可绘出变速后的性能曲线 $(Q \sim H)_1$。

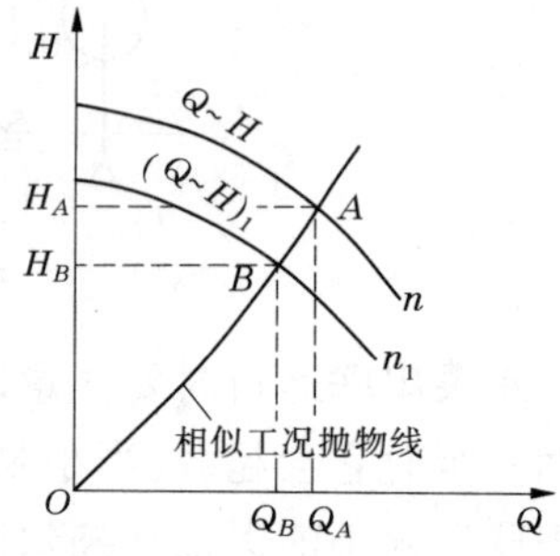

图4-25 变速前后 $Q \sim H$ 曲线和相似工况抛物线

(2)根据实际扬程和水泵最高效率点确定转速。如图4-26所示,若泵站的实际扬程为 $H_{实}$,已知泵运行时工作点 A_1 不在高效区,为保证水泵在高效区运行,可通过改变水泵转速来满足要求。

通过水泵高效点 $A(Q_A、H_A)$ 的相似工况抛物线方程为

$$H = \frac{H_A}{Q_A^2} Q^2 \tag{4-36}$$

式(4-36)与 $H = H_{实} + SQ^2$ 联解,得到变速后的水泵高效区 B 点的 Q、H 值为

$$Q = Q_A \sqrt{\frac{H_{实}}{H_A - SQ_A^2}} \tag{4-37}$$

$$H = H_A \frac{H_{实}}{H_A - SQ_A^2} \tag{4-38}$$

将式(4-37)代入比例律公式得到调节后的水泵转速 n_1 为

$$n_1 = n \sqrt{\frac{H_{实}}{H_A - SQ_A^2}} \tag{4-39}$$

变速调节具有良好的节能效果,在叶片泵中广泛应用。但是改变转速是有限度的,降

低转速一般不低于水泵额定转速的20%,否则水泵效率会明显下降;增加转速要征得水泵生产厂家的同意,一般不宜超过水泵额定转速的5%,否则不但会引起动力机超载和可能发生气蚀,而且会增加水泵零件的应力。

3. 水泵通用性能曲线

水泵转速改变后其性能曲线也就改变,图4-27(a)绘有转速为n_1、n_2、n_3时的$Q\sim H$曲线,图4-27(b)绘有转速为n_1、n_2、n_3时的$Q\sim\eta$曲线。为了使用方便,把这些曲线合并在一起,用同一个比例尺绘在同一个坐标内就可得到水泵通用性能曲线,如图4-27(a)所示。有了通用性能曲线,即可知道水泵在不同转速时的工作情况,或者可以确定出任何一组Q、H值下的n、η值。

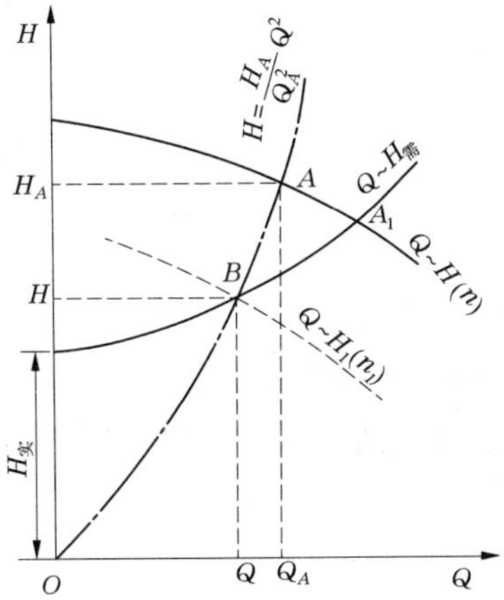

图4-26　水泵转速的确定

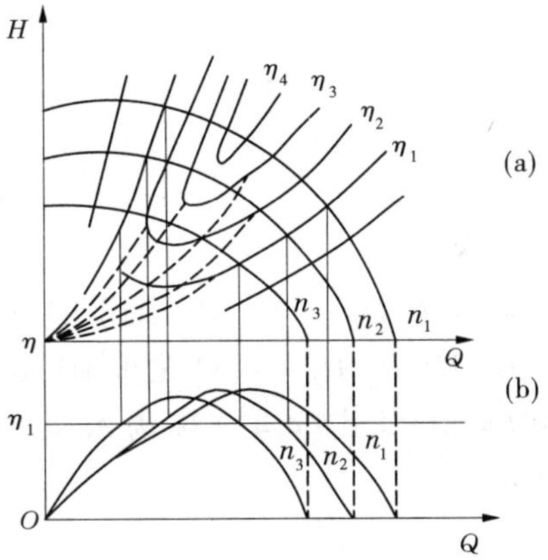

(a)通用性能曲线;(b)不同转速时的$Q\sim\eta$曲线

图4-27　水泵通用性能曲线示意图

【例4-5】　某泵站多年平均实际扬程为8 m,其管路阻力参数$S=8\,542\ s^2/m^5$,选用水泵为IB100-80-125型离心泵,该泵铭牌转速为2 900 r/min,流量为100 m^3/h,扬程为20 m,功率为6.72 kW,效率为81%。水泵扬程偏高,需采用降速的方法,求水泵降速后的转速、流量、扬程与轴功率。

解:运用式(4-39),将水泵高效率点的$Q_A=100\ m^3/h$,$H_A=20$ m代入,求降速后的转速n_1为

$$n_1=n\sqrt{\frac{H_实}{H_A-SQ_A^2}}=2\,900\times\sqrt{\frac{8}{20-8\,542\times(\frac{100}{3\,600})^2}}=2\,240(r/min)$$

降速后的流量Q、扬程H与轴功率P为

$$Q=Q_A\frac{n_1}{n}=100\times\frac{2\,240}{2\,900}=77.24(m^3/h)$$

$$H=H_A\left(\frac{n_1}{n}\right)^2=20\times\left(\frac{2\,240}{2\,900}\right)^2=11.93(m)$$

$$P=P_A\left(\frac{n_1}{n}\right)^3=6.72\times\left(\frac{2\,240}{2\,900}\right)^3=3.10(kW)$$

(二)变径调节

通过车削叶轮外径,可以改变水泵性能,达到调节水泵工况的目的。这种调节方法称为变径调节,又称车削调节。

码4-13　微课：叶片泵的变径调节

1. 叶轮切割定律

叶轮车削后,水泵的流量、扬程、功率都相应降低。在一定的车削限度内,可近似地认为车削前后叶轮出口的过水断面面积相等,且出口速度三角形车削前后近似相似。假定车削前后容积效率不变,则车削前后的性能变化关系可以用下列公式表示:

$$\frac{Q_a}{Q}=\frac{D_{2a}}{D_2} \tag{4-40}$$

$$\frac{H_a}{H}=\left(\frac{D_{2a}}{D_2}\right)^2 \tag{4-41}$$

$$\frac{P_a}{P}=\left(\frac{D_{2a}}{D_2}\right)^3 \tag{4-42}$$

式中　Q、H、P、D_2——叶轮车削前的流量、扬程、轴功率和叶轮外径;

Q_a、H_a、P_a、D_{2a}——叶轮车削后的流量、扬程、轴功率和叶轮外径。

式(4-40)~式(4-42)称为水泵叶轮的切割定律。消去式(4-40)、式(4-41)中的 D_{2a}/D_2 得

$$\frac{H}{Q^2}=\frac{H_a}{Q_a^2}=K$$

即

$$H=KQ^2 \tag{4-43}$$

式(4-43)称为车削抛物线方程。它的形式与相似工况抛物线公式完全相同,但切割定律与比例律是有本质区别的。比例律是根据相似理论推导出来的,切割定律是在本来并不相似的叶轮之间做了一些假定之后得到的。因此,按切割定律计算的结果与通过试验而得到的结果具有一定的误差。我国学者在分析研究实际资料的基础上提出了新的计算公式,具体内容可参阅有关文献。

2. 切割定律的应用

切割定律的应用与比例律的应用基本相同,一般有以下两类问题:一类是在实际工作中用户实需流量、扬程不在外径为 D_2 的 $Q\sim H$ 曲线上,若采用车削叶轮外径进行调节,与变速后的调节计算方法相同。可以利用车削抛物线方程和切割定律通过图解或数解方法计算出车削后的叶轮直径 D_{2a}。另一类是在实际工作中水泵运行工作点不在高效率点,也可根据实际扬程和水泵高效率点,利用车削抛物线方程和切割定律,通过图解或数解方法计算出车削后的叶轮直径 D_{2a}。

按切割定律计算出的车削量一般偏大,应用时会使水泵的效率降低过多,实际车削量 ΔD 可按下式计算:

$$\Delta D=k(D_2-D_{2a}) \tag{4-44}$$

式中　k——车削修正系数(与比转速有关)。

低比转速离心泵车削修正系数 k 可用下列经验公式计算：

$$k = (0.8145 \sim 1.2013) - 0.001545n_s \tag{4-45}$$

3. 车削叶轮应注意的问题

叶轮车削量应有一定限度，根据试验得出的最大车削量及效率下降情况与比转速的关系如表 4-9 所示。对于不同的叶轮应采用不同的车削方式，如图 4-28 所示。

表 4-9 叶片泵叶轮的最大车削量

比转速	60	120	200	300	350	>350
最大允许车削量/% $(D_2-D_{2a})/D_2$	20	15	11	9	1	0
效率下降值	每车削 10%，效率下降 1%		每车削 4%，效率下降 1%			

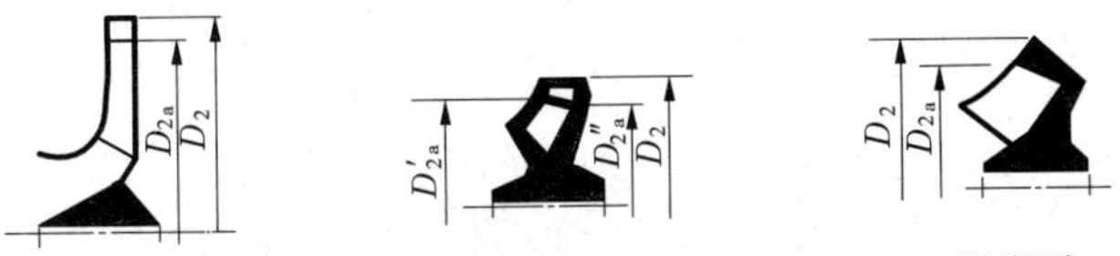

(a)低比转速离心泵 (b)高比转速离心泵 (c)混流泵

图 4-28 叶轮的车削方式

(1)低比转速离心泵叶轮在前、后盖板和叶片上进行等量车削，车削后应在叶片背面出口部分锉尖，可以使水泵性能得到改善，如图 4-29 所示。

(2)高比转速离心泵，叶轮两边车削成两个不同直径，内缘直径 D'_{2a} 大于外缘直径 D''_{2a}，而 $D_{2a}=(D'_{2a}+D''_{2a})/2$。

(3)混流泵叶轮只在它的外缘将叶轮的直径车削到 D_{2a}。

4. 水泵系列型谱图

车削叶轮可以扩大水泵的工作区域。水泵的工作范围是由制造厂所规定的泵允许使用的流量区间，通常在泵最高效率下降范围不超过 5%～8%的曲线段，如图 4-30 中的 AB 段。将水泵的叶轮按最大车削量车削，求出车削后的 $Q'\sim H'$ 曲线。经过 A、B 两点作两条车削抛物线，交 $Q'\sim H'$ 曲线于 A'、B' 两点。因为车削量较小时效率不变，所以车削抛物线也是等效率线。$A'B'$ 段即车削后的工作范围。A、B、B'、A' 围成的方块即为该泵的工作区域。选用水泵时，若实需工作点落在该区域内，则选用的水泵是经济合理的。实际上在离心泵的制造中，除标准叶轮直径外，大多数还有同型号带“A”(叶轮第一次车削)或“B”(叶轮第二次车削)的叶轮可供选用。如 250S-39 型泵叶轮直径是 367 mm，250S-39A 型泵叶轮直径是 328 mm，即叶轮直径车削了 10.6%。将同一类型不同规格泵的工作区域即同一系列泵的工作区域画在一张图上，就得到水泵系列型谱图，如图 4-31 所示。这张图可作为选择水泵的依据，并可供研究和开发水泵新规格产品时参考。

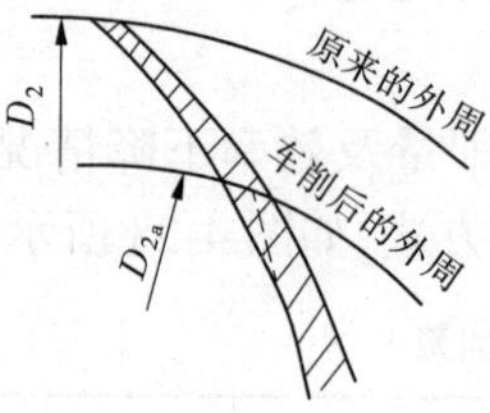

图 4-29　车削前、后叶片

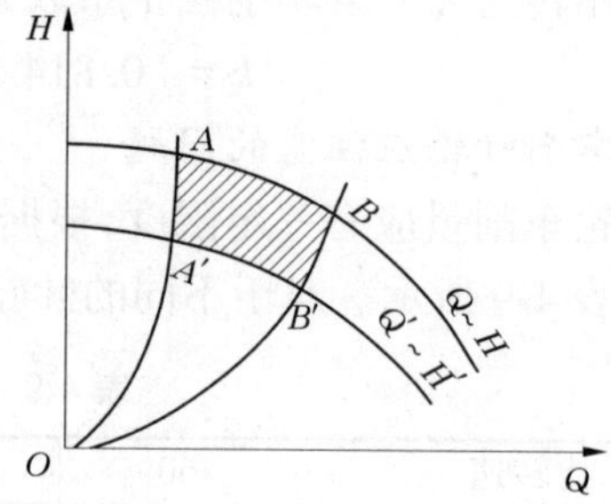

图 4-30　泵的工作范围

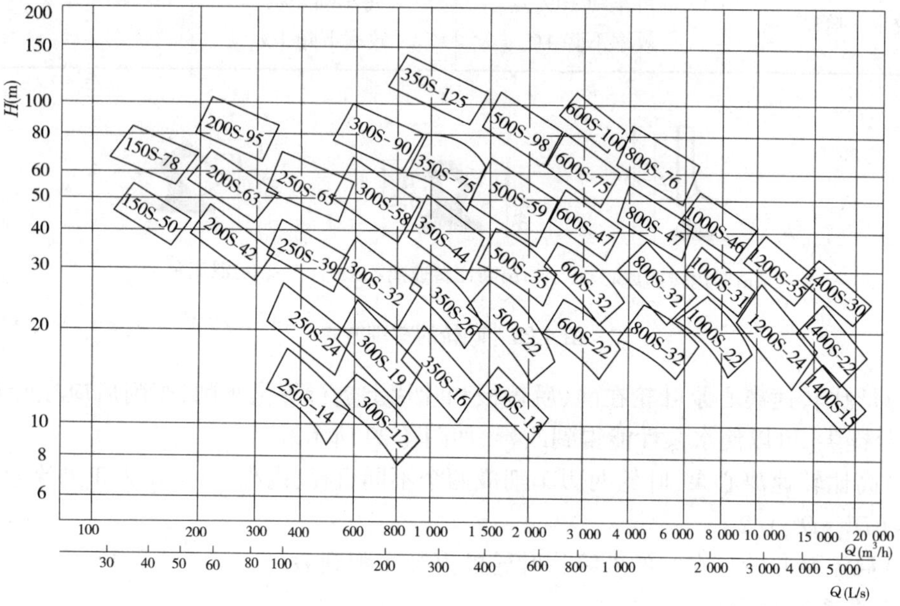

图 4-31　S 型水泵的系列型谱图

(三)变角调节

通过改变叶片安装角可以改变水泵性能,达到调节水泵工况的目的,这种调节方法称变角调节。它适用于叶片可调节的轴流泵与混流泵。

1. 轴流泵叶片变角后的性能曲线

码 4-14　微课:叶片泵的变角调节

图 4-32 为轴流泵叶片在不同安装角度时的性能曲线,在转速不变的情况下,随着安装角度的加大,$Q \sim H$、$Q \sim P$ 曲线向右上方移动,$Q \sim \eta$ 曲线几乎以不变的数值向右移动。反之,当安装角度减小时,各曲线则向相反的方向移动。为便于使用,将 $Q \sim P$ 曲线和 $Q \sim \eta$ 曲线用数据相等的几条等功率曲线和等效率曲线加绘在 $Q \sim H$ 曲线上,称为轴流泵的通用性能曲线,如图 4-33 所示。

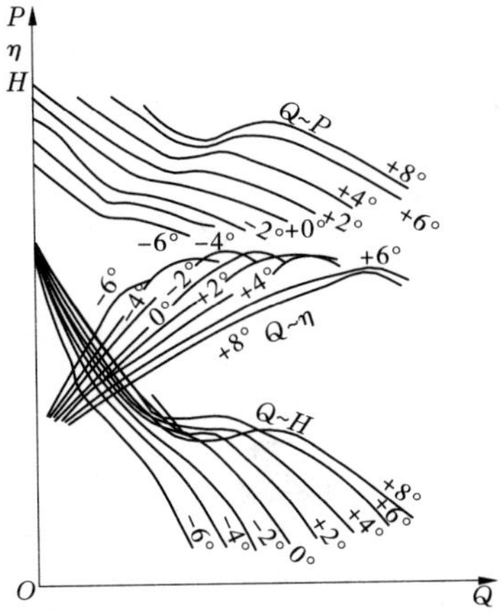

图 4-32 轴流泵叶片变角后的性能曲线

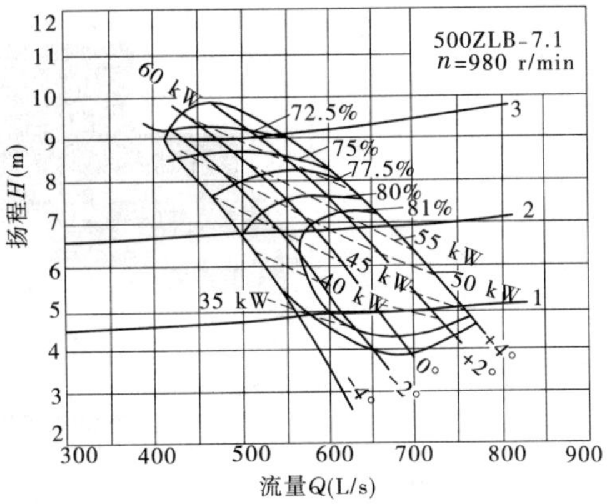

1—最小实际扬程时 $Q \sim H_{需}$ 曲线；

2—设计实际扬程时 $Q \sim H_{需}$ 曲线；

3—最大实际扬程时 $Q \sim H_{需}$ 曲线

图 4-33 轴流泵通用性能曲线

2. 轴流泵的变角调节

采用叶片可调节的轴流泵，可以随着实际扬程的变化调节叶片安装角度。如图 4-33 所示，当实际扬程较小时，将安装角调大，在保持较高效率的情况下增大出水量，使电动机满载运行。当实际扬程较大时，将安装角调小，适当地减少出水量，使电动机不致过载运行。所以，采用变角调节不仅使水泵以较高的效率抽较多的水，而且使电动机长期保持或接近满载运行，以提高电动机的效率。

此外，对全调节轴流泵，在启动时将叶片安装角调至最小，可以降低泵的启动力矩。在停车之前，将叶片安装角度调小，可以平稳地完成机组停车。

必须指出的是，中小型轴流泵多为半调节式，一般须在停机、拆卸叶轮之后才能进行调节。而泵站的实际扬程具有随机特性，频繁停机调节则有诸多不便。为了使泵站全年或多年运行效率最高，耗能最少，同时满足灌排流量的要求，可将叶片安装角调整到最优组合状态，这样可获得较高的经济效益。

任务五 机组的自动化控制

泵站自动化控制系统是以 LCU(Local Control Unit)现地控制单元、工业以太网、工作站、数据库服务器为核心组成的分布式实时过程控制系统。泵站自动化控制系统可以提供直观的机组实时运行状态、实时报警状态，并提供防误操作逻辑控制等，从而大大减少运行管理人员的误操作、缓操作，提高泵站运行管理的精细化、可靠性。

一、自动化控制系统组成

泵站的自动化控制系统一般由前端的数据测量与采集设备、前端控制设备、通信传输设备、监测处理中心四部分组成，见图 4-34。

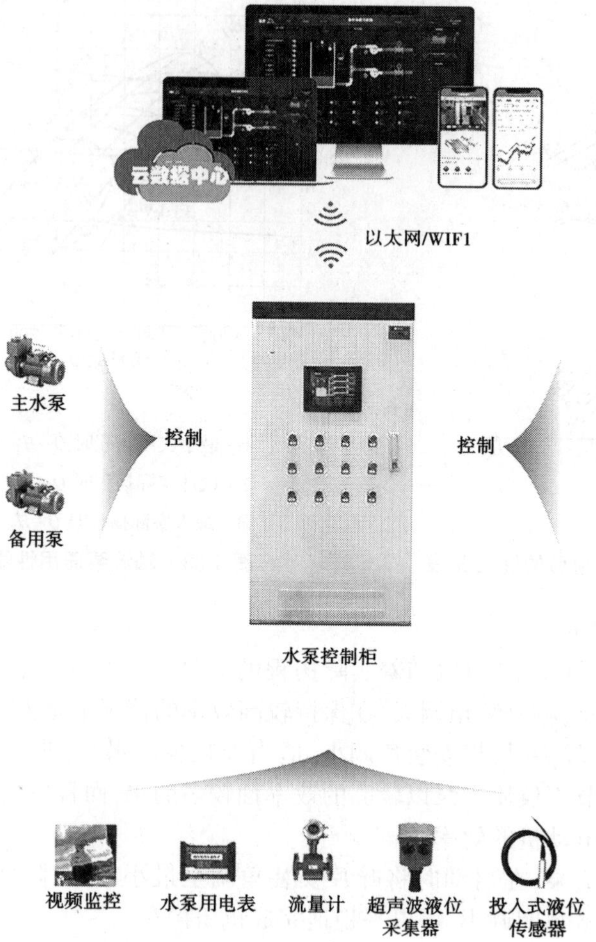

图 4-34　泵站自动化控制系统

(一)前端数据测量与采集设备

包括温度采集设备、应力应变监测设备、裂缝测量设备、雨量采集设备、水位采集设备、视频监视设备、仪器仪表(数显电压表、电流表等)、数据传输模块等。

(二)前端控制设备

包括水泵启动控制柜 PLC 装置、闸门限位开关、压力变送器、报警器、信号转换控制器、开关电源等。能自动采集现地各种传感器、变送器、控制装置等收集的设备运行信息,并做相应处理和存储,同时接收中心的指令对机组进行控制操作。并设有现地控制回路,能实现闸门、水泵的现地控制操作。

(三)通信平台

采用统一、标准的以太网接口组件,通信协议采用标准、开放的协议,能够与整个泵站自动化控制系统无缝连接。

通信平台常用两种:一是有线通信,每个泵站与监控调度中心之间通过光纤通信,调度中心、泵站监控中心、各职能部门之间通过局域网通信,该通信平台可传输连续图像。

二是无线通信，每个泵站与调度中心之间通过 GPRS 无线网络通信，调度中心、泵站监控中心、各职能部门之间通过局域网通信，该通信平台不能传输连续图像。

（四）监测处理中心

由数据服务器、数据传输模块、通信转换器、操作系统软件、数据库软件、监测系统软件、通信管理软件等组成，为泵站运行管理提供操作应用，可进行实时数据和状态查看、数据报表整编、图形分析、预警管理等。

二、系统功能

（一）数据采集和处理技术

数据采集和处理技术是整个泵站信息化系统的基础，主要承担着泵站信息的采集和数据处理功能。通过现场控制单元来采集泵站日常运行过程中的各类电气量信息（电压、电流、功率等）、非电气量信息（测点的温度、压力、流量等）、状态量信息（机组的工作及检修状态等）、开关量信息（主变压器及线路的投退、泵组的启停、排水泵和风机等附属设备的控制等）、继电保护信息（各类继电保护的动作情况），采集信息后经过数据处理和逻辑判断，对设备进行控制并输出相应的告警信息。

（二）运行调度技术

运行调度系统是泵站自动化的“神经”，能够根据泵站实际运行情况来进行实时调度。在满足泵站扬程与流量的前提下，寻找最优的运行方式，在成本最优的情况下实现泵站效益的最大化。运行调度系统通过计算机技术建立泵站控制对象模型，包括泵机经济运行模型、泵站调度管理模型等，并结合效率、成本、流量等相关约束条件，根据目标函数实施优化控制、科学调度，通过对数学模型求解，选择最优的机组联合运行模式，确定不同时段、不同流量的最优运行状态，实现泵站的高效、最优、经济运行。

目前，在运行调度方面，泵站都基本实现了不同水平的半自动化，数据通信已经实现“四遥”（遥测、遥信、遥控、遥调），有些大中型泵站可以达到以机待人、少人值守，甚至无人值守的自动化水平。

（三）运行信息管理技术

泵站在运行中将产生大量信息，做好运行信息管理是泵站自动化的基础。泵站实时运行信息管理包括实时数据采集和显示、历史数据综合统计、泵站运行数据管理三大环节。其中实时数据采集主要包括泵站压力、流量、水位等信息，能够通过这些数据进行泵站可靠性分析，一旦发现异常能够实时报警。历史数据综合统计主要监测和存储历史数据，包括设备操作记录、故障录波等，便于进行统计、查询和故障回溯。泵站运行数据管理主要包括泵站设备的配置维护和监测数据库维护，为泵站正常运行提供数据和平台支撑。

随着计算机信息技术、数据库技术、现场总线技术等的发展，很多泵站已经建设了光纤环网形式的站级测控局域网，实现了泵站数据的高速采集，并与上级信息中心可靠地联网，进行统一的运行信息管理。图 4-35 所示为某泵站自动化控制监管界面。

三、水泵变频调节技术

水泵选型时是按设计工况下满足设计扬程和设计流量要求确定的，并力求在高效率

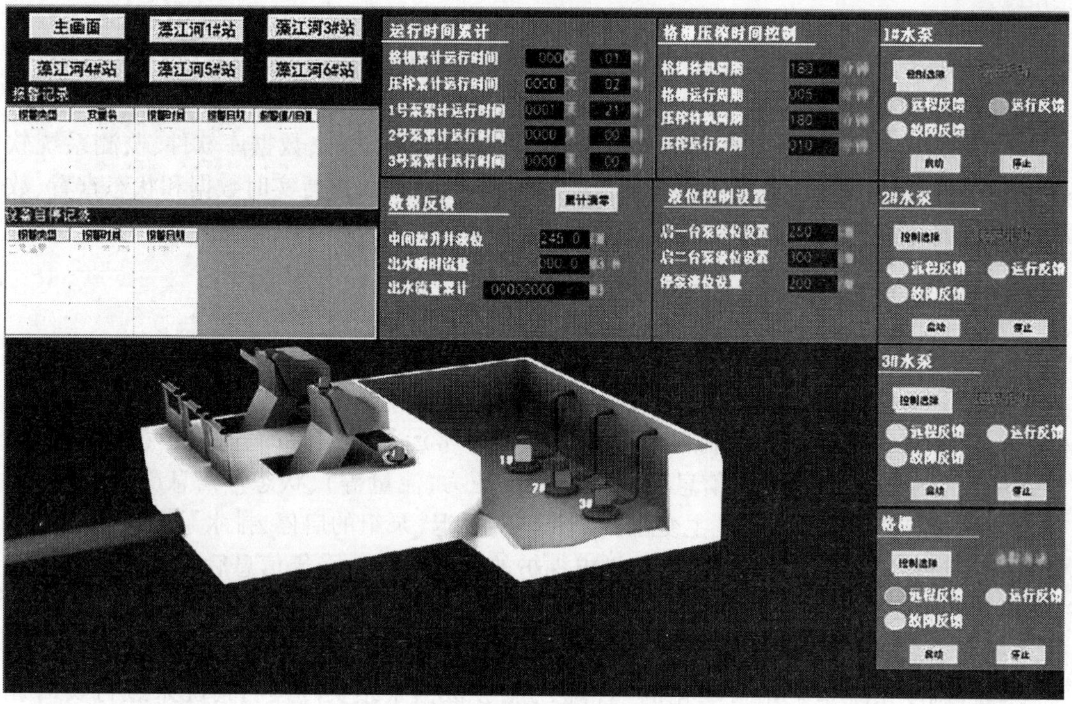

图 4-35　某泵站自动化控制监管界面

范围运行，而在实际运行中水泵站的工作条件是变化的，其流量和扬程不可能总是设计值。如灌溉泵站的流量在农作物不同生长期有所变化，水源水位也有变幅，水泵运行工作点会经常偏离最佳的工作范围。水泵变频调节技术是根据水位流量的变化，自动调节电动机转子的转速，以控制水泵的转速和启停，从而达到调整电动机输出功率，确保高效经济运行的效果。

(一) 变频调节基本原理

变频调节技术是一项调速技术，由水泵的比例律知，流量 Q 与转速 n 的一次方成正比，扬程 H 与转速 n 的平方成正比，功率 P 与转速 n 的立方成正比，如果水泵的效率一定，当要求流量下降时，转速 n 可成比例地下降，而此时轴输出功率 P 按立方关系下降，即水泵电机的耗电功率与转速近似成立方比的关系。交流异步电动机的转子转速为

$$n = (1 - s)60f/p \tag{4-46}$$

式中　s——电动机运行的转差率；

f——交流电的频率；

p——电动机极对数。

由此可知，当改变异步电动机的供电频率 f 时，即可改变电动机转子的转速 n 来达到调节电动机耗电功率的目的。因而变频调节技术主要是通过改变供电频率 f，从而改变电动机转子的转速 n，最后达到调整电动机输出功率的目的，确保高效经济运行效果。

(二) 变频技术的创新点

变频调速技术大致可分为直—交变频与交—交变频两种。水泵变频恒压供水设备可根据安装在水泵出水口的压力传感器来进行恒压供水控制，用户可自由设定上限(最大)

压力值和下限(最小)压力值,当水压到达上限时水泵转速降低,压力回落到下限值时水泵转速提高来控制压力恒定。

水泵变频技术创新点:①使用变频调速装置后,由于变频器内部滤波电容的作用,$\cos\varphi=1$,从而减少了无功损耗,增加了电网的有功功率;②使用变频节能装置后,利用变频器的软启动功能将使启动电流从零开始,最大值也不超过额定电流,减轻了对电网的冲击和对供电容量的要求,延长了设备和阀门的使用寿命;③把交流变频调速技术应用于城乡供水及农业灌溉中,达到节水节能效果;④根据项目需要,研制出水位显示控制器,提高自动化程度;⑤根据实际需要,研制出多段压力设置转换电路,适应农业多种灌溉方式;⑥将变频调速技术、可编程控制技术、水位显示控制技术、压力传感技术等进行了集成。

(三)变频调速技术在泵站中的运用

变频恒压供水系统由变频恒压供水自动控制装置与水泵电机组合而成,见图4-36,该装置由变频器(内含PID调节器)、可编程时控开关、可编程控制器(PLC)、水位显示控制器、远传压力表、水位传感器及相关电气控制部件构成,是一种具有变频调速和全自动闭环控制功能的机电一体化智能设备,它可同时对一台或多台三相380 V、50 Hz的水泵电机进行自动控制。

变频恒压供水自动控制装置以变频方式工作时,水泵电机以软启动方式启动后开始运转,由远传压力表检测供水管网实际压力,管网实际压力与设定压力经过比较后输出偏差信号,由偏差信号控制调整变频器输出的电源频率,改变水泵转速,使管网压力不断向设定压力趋近。这个闭环控制系统通过不断检测、不断调整的反复过程实现管网压力恒定,从而使水泵根据需水量自动调节供水量,达到节能节水的目的。

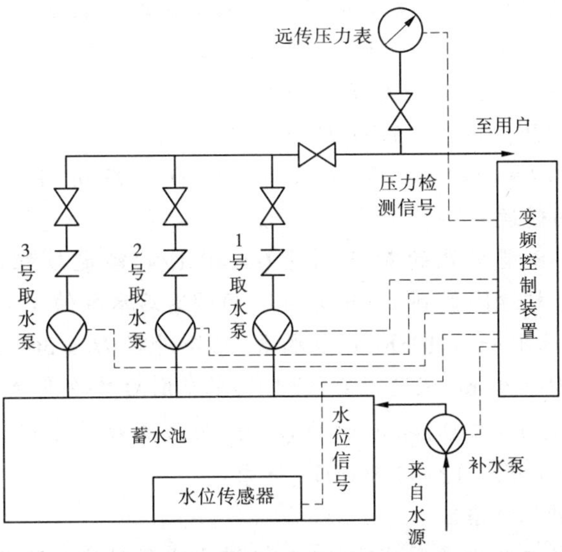

图4-36 变频恒压供水系统组成

能力训练

码 4-15　题库训练

4-1　选择水泵时应考虑哪些因素?

4-2　水泵选型的步骤与方法是什么?

4-3　水泵台数与泵站的运行性能、投资有什么关系?

4-4　水泵与动力机的传动方式有哪些? 各有什么优缺点?

4-5　试述真空泵的工作原理及构造特点。

4-6　离心泵抽水装置中管路附件指的是哪些? 各起什么作用?

4-7　什么是管路系统特性曲线? 它表示什么含义?

4-8　什么是叶片泵工作点? 其影响因素是什么? 工作点确定有哪些方法?

4-9　什么是水泵的并联? 并联中应注意哪些问题?

4-10　什么是水泵的串联? 串联中应注意哪些问题?

4-11　什么是水泵工作点的调节? 叶片泵工作点调节有哪几种方法? 各有何优缺点?

4-12　什么是车削抛物线? 它在车削计算中有何作用?

4-13　水泵变频调节的原理是什么?

4-14　一台单级双吸卧式离心泵,其转速 $n_1=1\ 450$ r/min,设计工况下的参数为 $Q_1=792$ m^3/h,$H_1=90$ m。现需选用一台与该泵相似,但 $Q_2=2\ 016$ m^3/h,$H_2=98.4$ m 的水泵,试问该水泵的比转速是多少? 其转速是多少?

4-15　在产品试制中,一台模型泵的尺寸为原型泵的1/4,在 $n=730$ r/min 时,进行试验测得模型泵的流量 $Q=11$ L/s,$H=8$ m。如果模型泵与原型泵相似且效率相等,试求:

(1)模型泵 $n=960$ r/min 时的 Q、H 为多少?

(2)原型泵 $n=1\ 420$ r/min 时的 Q、H 为多少?

4-16　有一台双吸(Sh型)离心泵,已知其流量 $Q=792$ m^3/h,扬程 $H=58.0$ m,比转速 $n_s=90$,试求该泵的转速 n。

4-17　一台6BA-8型水泵的额定流量 $Q=40$ L/s,额定扬程是35 m,额定转速是1 450 r/min,现将水泵转速降低到1 300 r/min,问调速后水泵的流量及扬程是多少?

4-18　某抽水站选配一台10Sh-9型水泵,叶轮外径 $D_2=367$ mm,$Q=135$ L/s,$H=38.5$ m,现实际需要 $H'=30$ m,试进行变径调节,求车削后叶轮直径 D'_2 为多少?

4-19　某水泵转速 $n_1=970$ r/min 时的 $Q\sim H_1$ 曲线高效段方程为 $H=45-4\ 583Q^2$,管路系统特性曲线方程为 $H_{需}=12+17\ 500\ Q^2$,试求:

(1)该水泵装置的工作点;

(2)若所需水泵的工作点流量减少15%,为节电水泵转速应降为多少?

项目五 泵房设计

【学习目标】 通过学习泵房结构形式及平立面布置要求、泵房稳定校核与结构计算方法，能够正确选择泵房结构形式，计算水泵安装高程，设计泵房平、立面尺寸，确定泵房的稳定计算工况，完成泵房稳定校核计算。

【学习任务】 掌握水泵安装高程的计算方法，能正确运用必需气蚀余量和允许吸上真空高度计算水泵安装高程。掌握不同泵站结构形式的结构特点和适用条件，能根据不同的建站条件确定合理、合适的泵房形式。掌握泵房内部布置的影响因素和注意事项，能够周全考虑满足各方面的要求，确定符合实际施工、运行需要的尺寸。掌握泵房稳定校核项目和结构计算的简化方法，能根据泵房形式进行泵房稳定分析。

码 5-1 思政导引

泵房是水泵站的主要组成部分，是安装水泵、动力机与附属设备的建筑物。通过内部设备的合理布置，为机电设备的安装、检修创造有利条件，也为泵站管理人员提供一个较好的工作环境。正确合理地设计泵房，对降低泵房的造价，充分发挥机电设备的作用，保证机电设备安全、高效运行，延长设备使用寿命都有很大影响。

泵房的设计内容主要是：水泵安装高程的确定，泵房结构形式的选择，泵房的内部布置与尺寸确定，泵房稳定分析与结构设计等。

任务一 水泵安装高程的确定

码 5-2 微课：水泵安装高程的确定

水泵安装高程是确定泵房各部位高程的基准高程。水泵安装过低，泵房的土建投资增加，施工困难；过高则水泵发生气蚀，水泵工作时流量、扬程、效率大幅度下降，甚至不能工作。有关水泵性能的阐述，都是以水泵的吸水条件满足要求为前提的。吸水性能是确定水泵安装高程和进水池设计的依据。水泵在设计规定的工作条件下不发生气蚀，是确定安装高程必须满足的必要条件。所以，水泵安装高程的确定，是泵站设计中的重要课题。在泵站运行中，水泵装置的故障也有很多是由于水泵的吸水不能满足要求。因此,对水泵的吸水性能,必须予以高度重视。

一、水泵的气蚀及防治措施

(一)水泵的气蚀

气蚀又叫空化,是液体的特殊物理现象。水泵在运行过程中,由于某些原因使泵内局部位置的压力降到水在相应温度下的饱和汽化压力时,水就开始汽化生成大量的气泡,气泡随水流向前运动,运动到压力较高部位时,迅速凝结、溃灭。泵内水流中气泡的生成、溃灭过程涉及物理、化学现象,并产生噪声、振动和对过流部件的侵蚀这种现象称为水泵的气蚀现象。

在产生气蚀的过程中,由于水流中含有气泡破坏了水流的正常流动规律,改变了流道内的过流面积和流动方向,因而叶轮与水流之间能量交换的稳定性遭到破坏,能量损失增加,从而引起水泵的流量、扬程和效率的迅速下降,甚至达到断流状态。这种工作性能的变化,对于不同比转速的水泵是不同的。低比转速的离心泵叶槽狭长,宽度较小,很容易被气泡阻塞,在出现气蚀后,$Q\sim H$、$Q\sim\eta$ 曲线迅速降落。对中、高比转速的离心泵和混流泵,由于叶轮槽道较宽,不易被气泡阻塞,所以 $Q\sim H$、$Q\sim\eta$ 曲线先是逐渐下降,气蚀严重时才开始锐落。对高比转速的轴流泵,由于叶片之间流道相当宽阔,故气蚀区不易扩展到整个叶槽,因此 $Q\sim H$、$Q\sim\eta$ 曲线下降缓慢。

气泡溃灭时,水流因惯性高速冲向气泡中心,产生强烈的水锤,其压强可达$(3.3\sim570)\times10^7$ Pa,冲击的频率达2万~3万次/s,这样大的压强频繁作用于过流部件上,引起金属表面局部塑性变形与硬化变脆,产生疲劳现象,金属表面开始呈蜂窝状,随之应力更加集中,叶片出现裂缝和剥落。这就是气蚀的机械剥蚀作用。

在低压区生成气泡的过程中,溶解于水中的气体也从水中析出,所以气泡实际是水汽和空气的混合体。活泼气体(如氧气)借助气泡凝结时所产生的高温,对金属表面产生化学腐蚀作用。

在高温高压下,水流会产生带电现象。过流部件的不同部位,因气蚀产生温度差异,形成温差热电偶,导致金属表面的电解作用(即电化学腐蚀)。

另外,当水中泥沙含量较高时,由于泥沙的磨蚀,破坏了水泵过流部件的表层,发生气蚀时,加快了过流部件的蚀坏程度。

在气泡凝结溃灭时,产生压力瞬时升高和水流质点间的撞击以及对过流部件的打击,使水泵产生噪声和振动现象。

(二)减轻气蚀的措施

水泵的气蚀主要由水泵本身的气蚀性能和装置的使用条件决定。但减轻气蚀的根本措施是在提高水泵本身的抗气蚀性能,所以在水泵的设计和制造方面应尽可能提高水泵的吸水性能。对水泵使用者而言,则应在水泵装置和运行方面多加以考虑。

1. 合理确定水泵安装高程

确定水泵安装高程时,应按安装高程的计算公式正确计算安装高程。

2. 设计良好的进水池

进水池内的水流要平稳均匀,不产生漩涡和偏流,否则水泵的气蚀性能变坏。此外,要及时清除进水池的污物和淤泥，使水流畅通，流态均匀，还要保证进水喇叭口有足够的淹没深度。

3. 选配合理的进水管路

进水管路应尽可能短，减少不必要的管路附件，适当加大管径，以减少进水管路的水头损失。

为使水泵进口的水流速度和压力分布均匀，对于卧式离心泵，水泵进口前进水管路水平直段长度不能过短，通常不小于4~5倍进水管路直径。大中型泵站的进水流道的形式、结构和尺寸要设计合理，保证有良好的水力条件，防止有害的偏流和漩涡发生。

4. 尽量使水泵在设计工况附近运行

在水泵运行中，可根据泵站的具体情况，采用适宜的调节措施调节水泵的运行工况，防止水泵运行工况偏离设计工况较远。对于离心泵可适当减少流量使工作点向左移动；对于轴流泵使工作点移到$(NPSH)_r$值较小的区域。

5. 提高水泵进口的压力

给水泵进水管路增压，例如把离心泵出水管的水引入进水管，并用喷嘴增压，减轻气蚀危害。

6. 控制水源的含沙量

从多沙河流取水的泵站，由于水中含沙量较大，会加剧过流部件的磨损并使水泵气蚀性能恶化。因此，对多含沙的水流必须采取一定的防沙措施来净化水源。

7. 提高叶轮和过流部件表面的光洁度

水泵叶轮表面和其他过流部件光洁度越高，抗气蚀性能越好，产生气蚀的可能性就越小。

8. 及时进行涂敷与修复

如果水泵过流部件已出现剥蚀，可采用金属或非金属材料在剥蚀部位及时涂敷修复。涂敷修复后的叶轮，抗剥蚀和抗磨损的能力将大大提高，不仅延长了叶轮的使用寿命，而且提高了水泵的效率。

9. 降低水泵转速

气蚀性能参数与转速的平方成正比，降低水泵转速，可以减轻气蚀的危害。

10. 在气蚀区补气

在泵进水侧补进适量空气，可以缓和气泡破灭时的冲击力，并减小气蚀区的真空度，从而减轻气蚀的危害。但进气量要适量，否则会使水泵吸水性能变坏。采用此法一定要慎重。

二、水泵的气蚀性能参数

（一）气蚀余量

气蚀余量是表征水泵气蚀性能的参数，一般用符号*NPSH*表示。

1. 装置气蚀余量

装置气蚀余量是指在水泵进口处，单位重量的水所具有的大于汽化压强的剩余能量，其大小以换算到水泵基准面上的米水柱表示。根据其定义，可写出下列表达式：

$$NPSH = \frac{p_s}{\gamma} + \frac{v_s^2}{2g} - \frac{p_e}{\gamma} \tag{5-1}$$

式中　p_s——水泵进口处的绝对压强,kPa;

p_e——所抽水温度下的汽化压力,kPa;

v_s——水泵进口的断面平均流速,m/s。

装置气蚀余量是水泵装置给予水泵基准面上单位重量水的能量,减去相应水温的汽化压强水头后剩余的能量,也就是装置给水泵提供的气蚀余量。装置形式不同,计算式也不同。

当水泵安装于进水建筑物水面以上时(见图 5-1),以进水建筑物水面为位置基准面,选用绝对压强,对进水建筑物水面和水泵进口断面s—s 断面列能量方程得:

$$0 + \frac{p_a}{\gamma} + \frac{v_0^2}{2g} = H_{ss} + \frac{p_s}{\gamma} + \frac{v_s^2}{2g} + h_s \tag{5-2}$$

式中　p_a——进水建筑物水面上的大气压强,kPa;

v_0——管路进水口的断面平均流速,m/s;

h_s——吸水管路的水头损失,m;

H_{ss}——水泵的吸水高度,m;

其他符号意义同前。

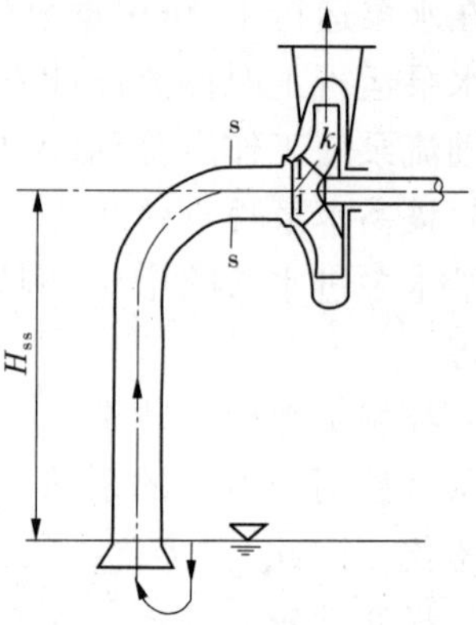

图 5-1　离心泵吸水装置

进水建筑物的流速水头很小,可以忽略不计。将式(5-2)代入式(5-1),并忽略进水建筑物中的流速水头,即可得到装置气蚀余量的计算公式为

$$NPSH = \frac{p_a - p_e}{\gamma} - H_{ss} - h_s \tag{5-3}$$

当水泵安装于进水建筑物水面以下时,采用同样方法,可得到装置气蚀余量的计算公式为

$$NPSH = \frac{p_a - p_e}{\gamma} + H_{ss} - h_s \tag{5-4}$$

应当注意,装置气蚀余量是指水泵装置能提供给水泵的气蚀余量。

2. 临界气蚀余量 $(NPSH)_a$

临界气蚀余量是指水泵内最低压力点的压力为饱和汽化压力时水泵进口处的气蚀余量。临界气蚀余量为泵内发生气蚀的临界条件。

3. 允许气蚀余量 $(NPSH)_r$

为了保证水泵正常工作时不发生气蚀,将临界气蚀余量适当加大,即为允许气蚀余量。水泵产品样本中所提供的气蚀余量是允许气蚀余量。其计算式为

$$(NPSH)_r = (NPSH)_a + 0.3 \tag{5-5}$$

对于大型泵,一方面 $(NPSH)_a$ 较大,另一方面从模型试验换算到原型泵时,由于比例效应的影响,0.3 m 的安全值尚嫌小,$(NPSH)_r$ 的计算式为

$$(NPSH)_r = (1.1 \sim 1.3) + (NPSH)_a \tag{5-6}$$

应当注意,$(NPSH)_r$ 和 $(NPSH)_a$ 一样也是水泵本身的气蚀参数。在水泵的流量和

转速相同时,其数值越小,则水泵的气蚀性能越好。

(二)允许吸上真空高度 H_{sa}

允许吸上真空高度 H_{sa} 是水泵气蚀参数的一种表达形式,是为保证水泵内部压强最低点不产生,或仅产生微弱的对水泵工作尚无危害的气蚀时,在水泵进口处允许的最大真空度,以换算到水泵装置参考基准面上的米水柱表示。当进水建筑物水面为大气压强时,对水源水面和叶轮进口列能量方程整理得:

$$\frac{p_a - p_1}{\gamma} = H_{ss} + \frac{v_1^2}{2g} + h_s \tag{5-7}$$

式中 $\frac{p_a - p_1}{\gamma}$——水泵进口处的真空高度。

说明:在水泵吸水过程中,进水建筑物水面和水泵进口间的压差,一是用于维持水的流动所需要的流速水头;二是用于克服因流动而引起的水力摩擦阻力损失水头;三是用于把水流从进水建筑物液面提升到 H_{ss} 的高度。三者中任何一项变大,都会引起真空高度的增加。为了防止水泵产生气蚀,水泵样本中规定了水泵的允许吸上真空高度 H_{sa}。若水泵进口处的真空高度达到 H_{sa} 时,其对应的 H_{ss} 即为允许的最大净吸上高度,即

$$H_{sa} = H_{ss} + \frac{v_1^2}{2g} + h_s \tag{5-8}$$

在实际应用时,还应考虑安全值。一般取 0.3~0.5 m,大型水泵取 1.1~1.3 m。

(三)允许吸上真空高度和允许气蚀余量的关系

经换算允许吸上真空高度和允许气蚀余量的关系为

$$H_{sa} = \frac{P_a}{\rho g} - \frac{P_e}{\rho g} - (NPSH)_r + \frac{v_1^2}{2g} \tag{5-9}$$

或

$$(NPSH)_r = \frac{P_a}{\rho g} - \frac{P_e}{\rho g} - H_{sa} + \frac{v_1^2}{2g} \tag{5-10}$$

式中 $\frac{p_a}{\rho g}$——安装水泵处的大气压力水头,m,与海拔有关,见表 5-1;

$\frac{p_e}{\rho g}$——饱和汽化压力水头,m,与水温有关,见表 5-2;

$\frac{v_1^2}{2g}$——水泵进口处的流速水头,m。

表 5-1 不同海拔大气压力值 (单位:m)

海拔	0	100	200	300	400	500	600
$\frac{p_a}{\rho g}$	10.33	10.22	10.11	9.97	9.89	9.77	9.66
海拔	700	800	900	1 000	2 000	3 000	
$\frac{p_a}{\rho g}$	9.55	9.44	9.33	9.22	8.11	7.47	

表 5-2 水温与饱和汽化压力的关系

水温/℃	0	5	10	20	30	40	50	60	70	80	90	100
$\frac{p_e}{\rho g}$/m	0.06	0.09	0.12	0.24	0.43	0.75	1.25	2.02	3.17	4.82	7.14	10.33

三、水泵安装高程的确定

码 5-3 案例讲解:水泵安装高程计算

水泵的安装高程是指满足水泵不发生气蚀的水泵基准面高程,根据与水泵工作点对应的吸水性能参数,以及进水池的最低水位确定。不同结构形式水泵的基准面见图 5-2。

(一)用允许吸上真空高度计算

我国离心泵的安装高度一般用允许吸上真空高度计算。

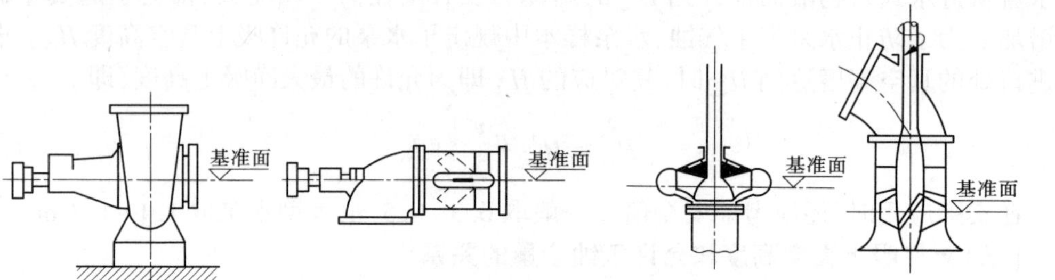

图 5-2 水泵的基准面

1. 计算安装高度

水泵的安装高度根据水泵气蚀参数计算确定,由式(5-8)得:

$$H_{ss} = H_{sa} - \frac{v_1^2}{2g} - h_s \tag{5-11}$$

2. 适用条件

在计算水泵的安装高度时,必须注意水泵制造厂样本中所给的 H_{sa} 是在下列条件下的允许吸上真空高度:

(1)水泵的转速是设计转速;

(2)大气压强水头(一个标准大气压强);

(3)水的温度在 20 ℃以下。

3. 公式修正

如果实际情况与这些条件不符,则应进行下述修正。

1)对海拔和水温的修正

各地大气压的数值取决于各地的海拔(见表 5-1),而水的饱和汽化压力是依水的温度而定的(见表 5-2)。所以,在大气压强水头不等于 10.33 m 与水温超过 20 ℃的情况下,允许吸上真空高度应由下式修正:

$$H'_{sa} = H_{sa} - 10.09 + \frac{p_a}{\rho g} - \frac{p_e}{\rho g} \tag{5-12}$$

式中 $\frac{p_a}{\rho g}$——水泵安装地点的大气压力水头(见表5-1)；

$\frac{p_e}{\rho g}$——工作水温下的饱和汽化压力水头(见表5-2)。

2)对转速的修正

$$H''_{sa} = 10.09 - (10.09 - H'_{sa})\left(\frac{n'}{n}\right)^2 \tag{5-13}$$

式中 n'、n——修正前后的转速，r/min。

(二)用允许气蚀余量计算

1.计算安装高度

轴流泵的吸水性能是由气蚀余量来表示的。

$$H_{ss} = \frac{P_a}{\rho g} - \frac{P_e}{\rho g} - (NPSH)_r - h_s \tag{5-14}$$

在标准状况下，$\frac{P_a}{\rho g} - \frac{p_e}{\rho g} = 10.09$ m，则

$$H_{ss} = 10.09 - (NPSH)_r - h_s \tag{5-15}$$

2.适用条件

水泵的转速是设计转速。

3.公式修正

$$(NPSH)'_r = (NPSH)_r\left(\frac{n'}{n}\right)^2 \tag{5-16}$$

根据式(5-11)和式(5-15)算出的安装高度若为正值，表示该泵可以安装在水面以上，如卧式离心泵。但是若将立式轴流泵叶轮安装在水面以上，水泵启动前就要事先排气。因此，为了便于启动，常将叶轮中心线淹没于水下0.5~1.0 m。若安装高度为负值，表示该水泵必须安装在水面以下，其数值即表示叶轮中心必须淹没在水下的最小深度，如果其值不足0.5 m，应当采用0.5~1.0 m。

(三)水泵安装高程的确定

水泵的安装高程，取水源设计最高水位加上相对应的安装高度，与水源设计最低水位加上相对应的安装高度两者的最小值：

$$Z = \min(Z_{max} + H_{ssmax}, Z_{min} + H_{ssmin}) \tag{5-17}$$

任务二 泵房结构形式确定

泵房结构形式有很多，按泵房能否移动分为固定式泵房与移动式泵房两大类。固定式泵房按基础结构分为分基型、干室型、湿室型与块基型四种，移动式泵房根据移动方式

的不同有囤船式与缆车式两种。影响泵房结构形式的因素很多,主要影响因素有:水泵与动力机的类型、容量的大小与传动方式,进水池水位的变化幅度的大小,泵站站址处的地形与地质条件等。

固定式泵房的房屋与内部的机电设备是固定的,不随进水池水位的变化而改变位置。中小型泵站中多数采用分基型、干室型、湿室型固定式泵房,其结构形式与适用情况各不相同。固定式泵房的结构特点与适用条件分述如下。

码5-4　微课:泵房结构形式选择

一、分基型泵房

分基型泵房的结构与单层工业厂房相似,主要特点是水泵机组的基础与泵房的基础分开建造。泵房的地板与室外地面高于进水池水位,泵房无水下结构,所以泵房结构简单,材料来源广,施工容易,工程造价低。进水池与泵房分开,泵房的地板较高,通风、采光与防潮都比较好,有利于机组的运行与维护。分基型泵房适用于以下情况:

(1)进水池水位变幅小于水泵的有效吸程 $H_{效吸}$,$H_{效吸}$ 等于水泵的允许吸水高度减去泵轴到泵房地板的高度,见图5-3;

(2)安装中小型卧式离心泵和混流泵机组;

(3)泵房处的地质条件较好,地下水位较低。

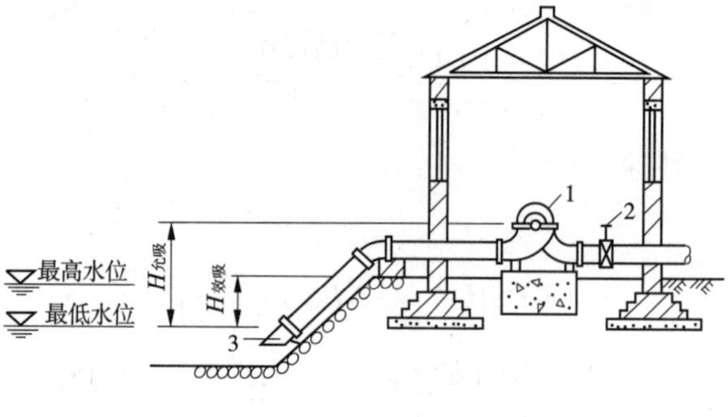

1—水泵;2—闸阀;3—平削管

图5-3　护坡式分基型泵房

分基型泵房进水侧岸坡可采用以下两种形式:①如地质条件较好,可将进水侧岸坡做成护坡,见图5-3;②如地质条件较差,可将进水侧做成挡土墙,以增加泵房的稳定性,见图5-4。

泵房与进水池之间应有一段水平距离,作为检修进水池、进水管与拦污栅等的工作便道,而且对泵房的稳定与施工等也有利。

二、干室型泵房

当水源水位变幅超过水泵的有效吸程,站址处的地下水位又较高时,宜采用干室型泵房。为防止洪水淹没泵房和地下水渗入泵房,将泵房的底板与洪水位以下泵房的侧墙浇筑成钢筋混凝土整体结构,使泵房底部形成一个防水的地下干室。水泵机组安装在干室

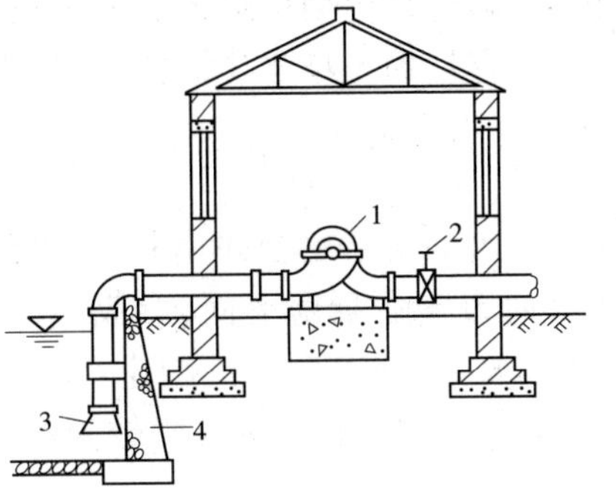

1—水泵；2—闸阀；3—进水喇叭管；4—挡土墙

图 5-4　挡土墙式分基型泵房

内，所以称为干室型泵房，见图 5-5。

干室型泵房的结构特点是，有地上和地下两层结构，地上结构和分基型泵房基本相同，地下结构为不能进水的干室，主机组安装在干室内，其基础与干室底板用钢筋混凝土浇筑成整体。为了避免水进入泵房，地下干室挡水墙的顶部高程应高于进水侧最高水位，底板高程按最低水位和水泵吸水性能确定。另外，与分基型泵房相比，其结构复杂，工程量较大，泵房的通风、采光条件也较差。干室型泵房适用于以下情况：

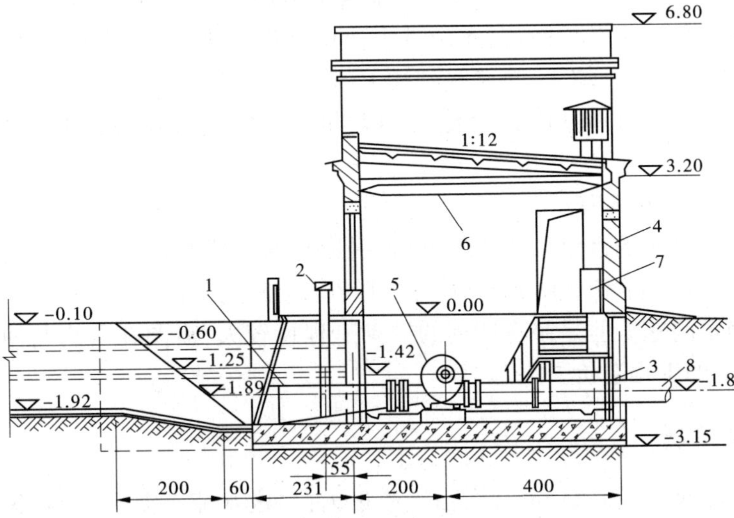

1—进水管；2—检修闸门；3—地下干室；4—地上结构；5—双吸水泵；6—吊车；7—控制柜；8—出水管

图 5-5　干室型泵房　（单位：高程，m；尺寸，cm）

(1)进水池水位变幅大于水泵有效吸程；

(2)卧式或立式离心泵与混流泵机组；

(3)泵房的地基承载力较小；

(4)地下水位较高。

干室型泵房的平面形状常采用矩形和圆形，矩形干室型泵房适用于水泵台数较多的情况,圆形干室型泵房适用于水源水位变幅较大(如 8~10 m)、机组台数较少的情况。圆形干室型泵房受力条件好,节省建材,但当地下干室较深时,需增设通风设备。

三、湿室型泵房

湿室型泵房结构的特点是进水池与泵房合并建造,泵房分上下两层,上层安装电动机与配电设备等,为电机层;进水池布置在泵房下面,形成一个湿室,安装水泵,为水泵层。湿室型泵房的优点是:湿室内有水,有利于泵房的稳定;水泵直接从湿室吸水,吸水管路短,水头损失小;缺点是泵体淹没于水下,维修保养比较困难。湿室型泵房适用于以下情况:

(1)进水池水位变幅较大;

(2)适合安装口径在 900 mm 以下的立式轴流泵和导叶式混流泵;

(3)站址处地下水位较高。

湿室型泵房按其下部结构形式不同又可分为墩墙式、排架式、箱式等多种形式,较常用的是墩墙式和排架式。

(一)墩墙式湿室型泵房

墩墙式湿室型泵房下部除进水侧外,其余三面建有挡土墙,每台水泵之间用隔墩分开,形成单独的进水室,支承水泵和电机的井字梁直接搁置在隔墩和边墙上,故称其为墩墙式湿室型泵房。图 5-6 是一个安装立式轴流泵的墩墙型泵房,其结构与设备如图所示。墩墙式湿室型泵房的吸水条件较好,每个进水池单独设检修闸门,检修方便;泵房结构简单、施工容易。但由于墙外填土,泵房受到较大的土压力,为满足抗滑稳定,有时需增大泵房重量,导致工程量增加,地基应力加大。所以,墩墙式湿室型泵房适用于地基条件较好的地段。

(二)排架式湿室型泵房

排架式湿室型泵房的水泵层为钢筋混凝土排架,四面都可以进水,用交通桥与地面联系(见图 5-7)。排架式湿室型泵房结构轻,材料省,地基应力小,四面环水,不须考虑泵房的抗浮与抗滑稳定问题。但是泵房四周的护砌工程量较大,需要在泵房与河岸之间架设引桥,增加了相应的工程造价。

四、块基型泵房

安装大型轴流泵或混流泵的泵站,由于流量大,对进水流态要求较高,为了给水泵提供良好的进水条件,需采用进水流道。同时为了增强泵房的稳定性,将机组基础、泵房底板和进水流道三者整体浇筑在一起,在泵房下部形成一个大体积的钢筋混凝土块状结构,故称为块基型泵房。

对于安装立式机组的块基型泵房自下而上分为进水流道层、水泵层、联轴器层(检修层)和电机层。主机组、辅助设备、电气设备均安装在水泵层以上,泵房高度和跨度较大,结构复杂,设备较多。

块基型泵房根据其与堤防的关系、进水流道形式、水泵结构形式、出水流道及断流方式等又可分为多种形式,其主要形式有堤身式和堤后式两种,堤身式块基型泵房的结构形

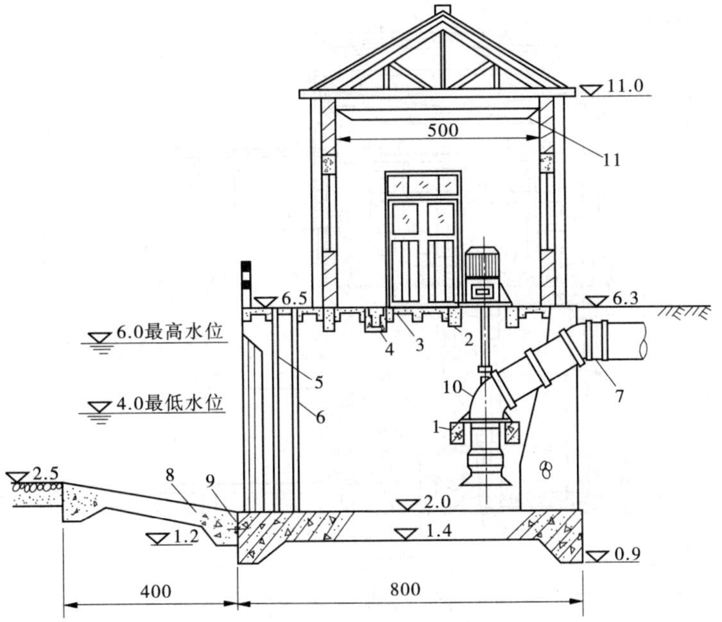

1—水泵梁;2—电机梁;3—电机层楼板;4—电缆沟;5—拦污栅槽;6—检修闸门槽;7—柔性接头;
8—防渗铺盖;9—水平止水;10—立式轴流泵;11—吊车

图 5-6　墩墙式湿室型泵房　(单位:高程,m;尺寸,cm)

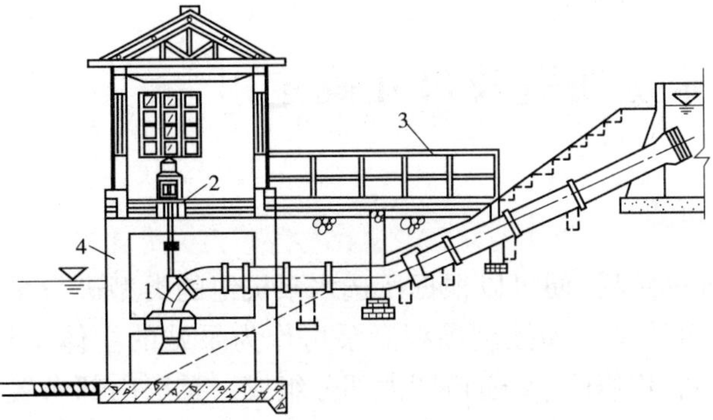

1—轴流泵;2—电动机;3—交通桥;4—排架

图 5-7　排架式湿室型泵房

式如图 5-8 所示。

块基型泵房适用于口径大于 1 200 mm 的大型机组。泵房重量大,抗浮、抗滑和结构整体性均好,适于各种地基。尤其是枢纽布置需要泵房直接抵挡外河水位时,采用该形式最为合理。

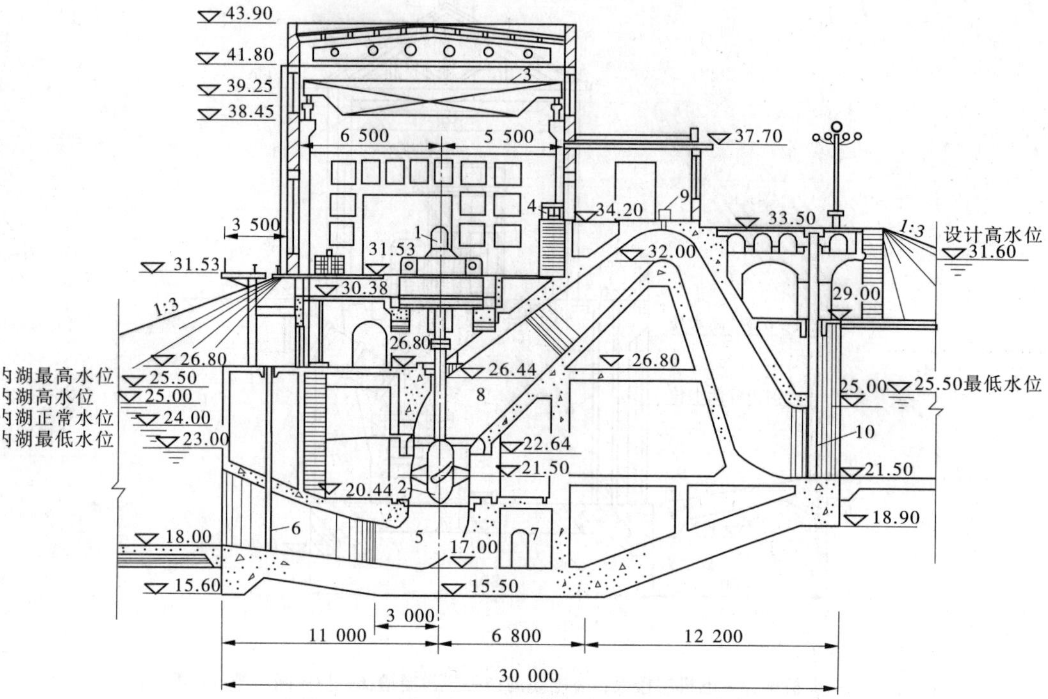

1—600 kW 主电动机;2—2 800 mm 主水泵;3—桥式吊车;4—高压开关柜;5—进水流道;
6—检修闸门;7—排水廊道;8—出水流道;9—真空破坏阀;10—备用防洪闸门

图 5-8　堤身式块基型泵房　(单位:高程,m;尺寸,mm)

任务三　泵房布置及尺寸确定

一、泵房内部布置

码 5-5　微课:泵房内部布置

泵房的结构形式确定后,便可以根据所选水泵机组的类型进行泵房的内部布置,确定泵房的尺寸和控制高程。泵房作为泵站的主体工程,通常由主泵房、配电间、检修间、交通道四大部分组成。泵房内部布置就是对主机组、辅助设备、检修间、控制室等进行统筹安排,以满足机组的正常启动、运行、停机与检修等要求。主机组由水泵、动力机与传动设备组成,辅助设备有充水、起重、配电、检修、排水、通风等设备。

泵房布置的要求如下:

(1)主机组的布置,在满足安装、运行、检修的前提下,尽量做到布置整齐、紧凑,减小泵房尺寸,简化泵房结构。

(2)辅助设备的布置,在满足主机组工作和辅助设备自身工作条件下,尽量布置在泵房的空地上,充分利用泵房空间,不增加泵房尺寸,并避免交叉干扰。

(3)满足泵房通风、采光和采暖的要求,并符合防潮、防火、防噪声、节能、劳动安全与工业卫生等技术规定。

(4)满足内外交通运输要求。

(5)注意建筑造型,做到布置合理、适用美观,能为运行人员提供安全、便利、舒适的工作条件,且与周围环境相协调。

(一)主机组的布置

主机组的布置形式是泵房尺寸大小的决定因素,常有以下三种布置形式。

1.一列式布置

主机组布置在同一条直线上,沿泵房的纵向布置成一列,主机组的轴线平行泵房的纵轴线,见图5-9(a)。一列式布置简单、整齐,泵房的跨度较小;当机组数量较多时,泵房的长度较大,水泵站的前池与进水池的宽度也会相应加大,增加土方工程量。适合于水泵台数较少的双吸离心泵或中开式多级离心泵,立式机组的泵站。

2.平行单列式布置

各机组的轴线平行,沿泵房的纵向布置成一排,见图5-9(b)。这种布置形式适合泵房有多台单吸离心泵机组的情况,泵房的长度和进水池的宽度较小,但泵房的跨度较大。

3.双列交错式布置

主机组布置成两列,两行主机组的轴线平行于泵房的纵轴线,动力机和水泵的位置是相互交错布置的,见图5-9(c)。这种布置形式适合泵房内有多台双吸离心泵的情况,可以缩短泵房的长度,但增加了泵房的跨度,同时机组的运行管理也不方便。采用此种布置形式应注意对水泵进行调向,购买水泵应向供货单位明确提出要求。

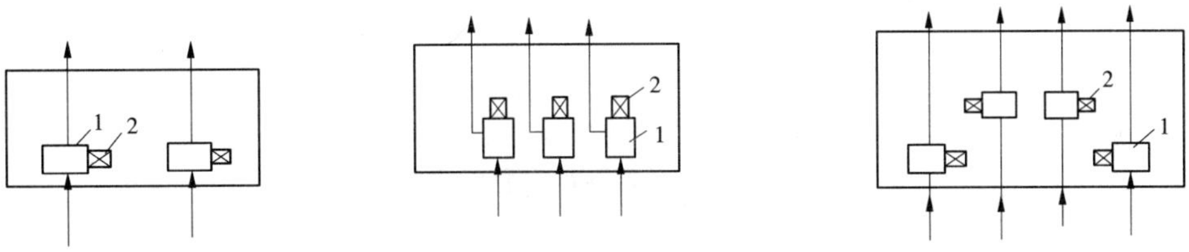

(a)一列式　(b)平行单列式(单吸式离心泵、混流泵)　(c)双列交错式

1—水泵;2—电动机

图5-9 主机组布置形式

(二)辅助设备布置

1.配电设备及配电间布置

配电设备是由仪表、开关、保护装置与母线等组成的配电柜或配电箱,每台主机组一般应配置一套。配电柜的布置形式常采用两种,即分散布置和集中布置。分散布置是把配电柜布置在主机组一旁的空地下,不增加泵房的尺寸,便于对主机组操作控制;集中布置是把配电柜都集中起来布置在主泵房的一端或一侧。一端布置是在泵房进线一端建配电间,是机组台数较少的泵站常采用的布置形式,见图5-10。其优点是不增加泵房的跨度,也不影响泵房的通风与照明;但是机组数量较多时电缆太长,管理人员也不便监视远处机组的运行情况。一侧布置是把配电柜集中布置在泵房一侧的配电间,一般以出水侧居多。优点是便于监视泵房内全部主机的运行情况;但是配电柜要占用一定的空间,会增

大泵房的跨度,也影响泵房的通风与采光。配电柜布置所需的面积,即配电间的面积,应根据配电柜的数量、尺寸,必要的操作空间与安全运行空间来确定。配电柜的类型很多,不同规格尺寸差别较大,维护方式也不相同。有的可靠墙设置,有的则不能靠墙设置,应根据要求布置。配电柜前应有一定的安全操作空间,通常为 1.5~2.0 m。

为防止电气设备受潮损坏,配电间的地板高程应高于主泵房的地板高程,常与泵房内的交通道布置在同一高程上。配电间与主泵房之间是否设置隔墙,应根据设备布置情况与运行管理要求来确定。如果设置隔墙,应在隔墙设一个交通门,另外,配电间还要设一个向外面开启的便门,作为事故时的安全门。

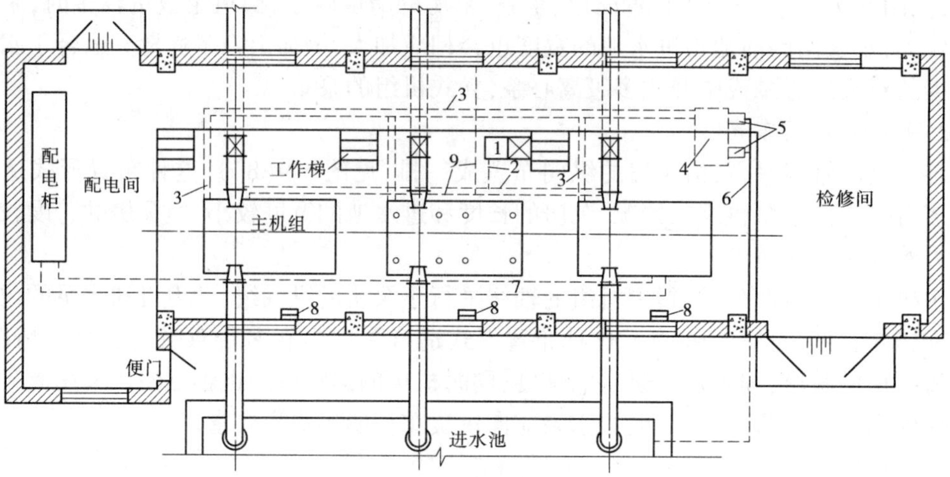

1—真空泵;2—抽气管;3—排水沟;4—集水池;5—排水泵;
6—排水泵出水管;7—电缆沟;8—启动器;9—供水管

图 5-10　单层泵房布置示意图

2. 检修间的布置

检修间经常布置于泵房大门的一端,便于运输设备,见图 5-10。检修间的平面尺寸主要根据机组的安装、检修要求确定,其面积大小应满足一台机组安装或解体大修的要求,应能同时安放电动机转子联轴、上机架、水泵叶轮或主轴等大部件,并有工作通道和操作需要的场地。为便于吊车运行,其跨度还应与主泵房相同。为方便载重汽车驶入检修间运输设备,检修间的尺寸应满足汽车顺利进出。检修间与主泵房之间不设隔墙,以方便设备搬运。检修间地板高程应略高于室外地面,既防止室外雨水流入,又不影响车辆行走。小型泵房内一般不设专门的检修间,而是利用两机组之间的空地来检修机组。

检修间的尺寸还应考虑以下要求:

(1)应留有运输最重部件汽车能进入泵房的空间,其长度可取 1.0~1.5 倍机组段长度;

(2)卧式机组应满足设备进入泵房的要求,但不宜小于 5.0 m;

(3)当泵房是多层结构时,各层楼板均应设置吊物孔,以吊运下部设备到检修间。吊物孔的尺寸应按吊运的最大部件或设备外形尺寸各边加 0.2 m 的安全距离确定。

3. 充水设备布置

安装高程高于进水池水位的水泵,启动前必须先充水才能启动水泵。小型水泵采用人工灌水方法启动,口径大于 300 mm,或台数较多时要用真空泵充水启动。真空泵与其他设备组成一个真空泵抽气充水系统,其位置应合理布置,否则会影响主机组的运行。为不增加泵房尺寸,常把真空泵抽气充水系统布置在墙角处或主机组进水管道间的空地上。

4. 交通道的布置

泵房内的交通道应沿泵房的长度方向布置,贯通整个水泵房,便于管理人员通行、巡视与搬运设备等。交通道的宽度应不小于 1.5 m,通道顶高程可依具体情况而定。分基型泵房的交通道常设在泵房的出水侧靠墙处,通道顶高于管顶,并留有一定的检修空间。有的泵房内的交通道兼作闸阀的操作平台,通道顶高程还要考虑闸阀的操作要求。交通道与主泵房地板之间应设踏步,以方便管理人员行走。

5. 排水设备布置

排水设备是用于排除泵房内的积水的,常采用明沟排水。沿泵房的纵向设置主排水沟,沟底以 2%左右的斜坡通向排出口;再设若干条辅助排水沟,通向需排水的设备处,组成一个简单的排水系统。主排水沟出口处水位高于进水池水位时,排水系统自流排水;如进水池水位较高,不能自排,应在排水出口处建集水井,用排水泵抽排。

6. 起重设备布置

起重设备是安装与检修机组等较重设备时起吊、搬运用的,有多种形式、多种规格。泵房内最重设备重量如不超过 10 kN,可不设固定起吊设备,用三脚架装手动葫芦起吊设备。若泵房内设备较多,且起重量不超过 50 kN,可设带葫芦的手动(或电动)单轨滑车,见图 5-11。工字钢固定在泵房屋顶的承重构件上(屋面大梁或屋架下弦),滑车沿钢轨做直线运行。

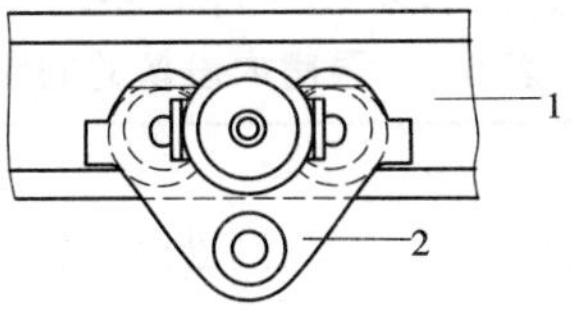

1—工字钢;2—手动单轨滑车

图 5-11 手动单轨滑车

7. 通风设备的布置

水泵站的泵房大多位于坡脚处,地势低,通风条件较差。泵房通风不良,容易造成室内湿度大,温度高,使机组效率下降,设备老化过快,使用寿命短,不利于运行管理人员的身心健康。所以,要处理好泵房的通风问题,对深度较大的干室型泵房,更应处理好通风问题。

泵房的通风方式有自然通风和机械通风,有条件的尽可能采用自然通风。在泵房两侧墙的中部,设高低两层通风窗,窗口总面积应不小于室内地面面积的25%。上下两层窗的距离应大一些,以利于提高通风效果。自然通风是利用热压通风和风压通风,有风时靠风压通风,泵房的一侧进风,一侧出风;无风时靠热压通风,下层窗进风,上层窗出风。如果自然通风无法满足泵房通风散热的要求,需采用机械通风,利用风扇(或风机)通风换气。

二、泵房尺寸确定

泵房的尺寸包括泵房的长度、跨度(宽度)和高度,是根据泵房内部设备的布置、泵房的结构形式等确定的,泵房的尺寸应符合建筑模数M_0的要求,即应为建筑模数的整数倍。

码5-6　微课:泵房平面尺寸确定

(一)卧式机组泵房平面尺寸

1. 泵房的平面尺寸

1)泵房的长度

泵房的长度是指泵房两山墙轴线间的距离L,如图5-12(b)所示。

泵房的长度根据机组或机组基础的长度、机组间距和检修间长度确定。L可由下式计算:

$$L = n(l_0 + l_1) + L_1 + L_2 \tag{5-18}$$

式中　L——泵房的长度,m;

n——主机组的台数;

L_1、L_2——配电间与检修间的开间,m;

l_0——主机组(机组基础)的尺寸,m;

l_1——两主机组(机组基础)间的距离,m,可查阅表5-3。

沿泵房的纵轴方向,泵房立柱的中心距L_0称为柱距或开间。水泵的进水管与出水管应从两立柱中部穿过,避开侧墙立柱,以免影响泵体的整体结构与稳定性。

表5-3　泵房内设备的间距

设备布置情况	最小距离/m
两机组基础之间的距离 (1)电动机功率大于50 kW (2)电动机功率小于50 kW	 1.2 0.8
机组顶端至墙壁的距离或相邻两机组的间距 (1)电动机功率大于50 kW (2)电动机功率小于50 kW	 应保证泵轴或电动机转子检修时可拆卸,且不小于1.2 要求同上,且不小于0.8

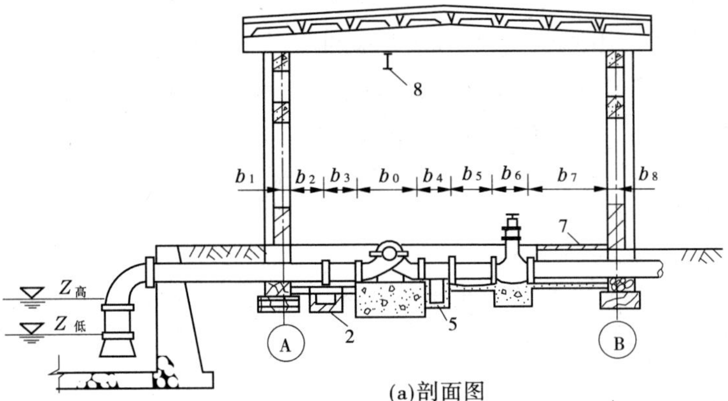

(a)剖面图

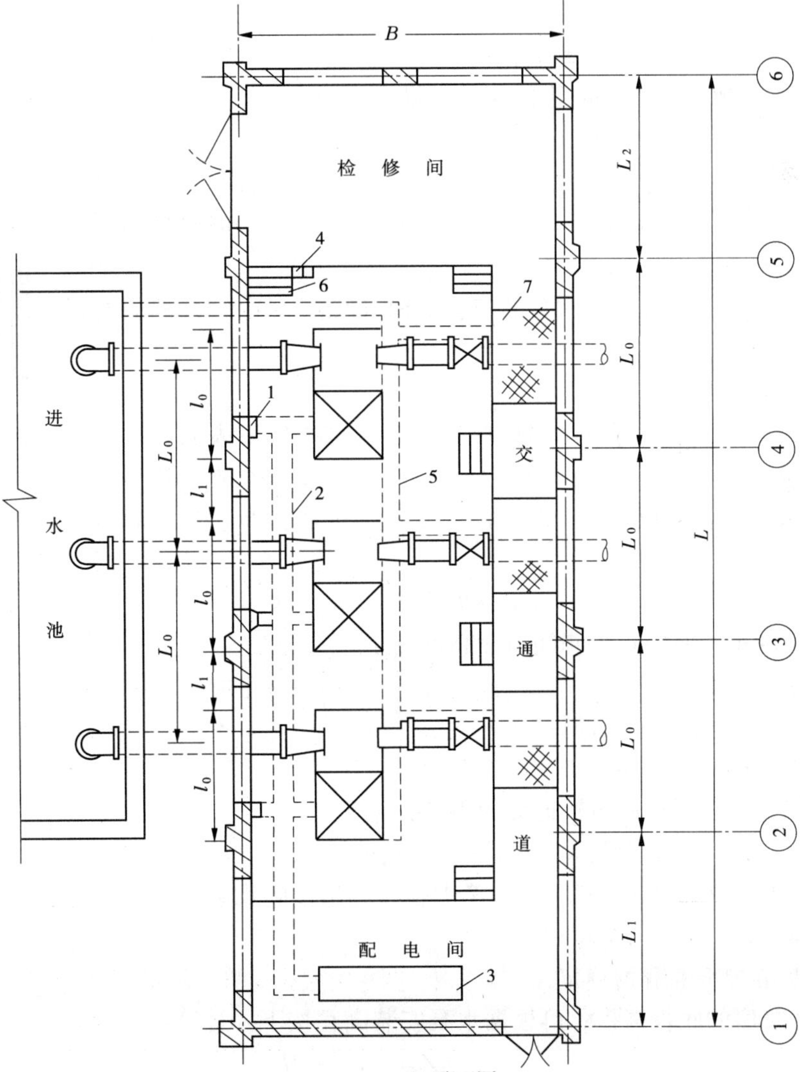

(b)平面图

1—主机组;2—电缆沟;3—配电柜;4—真空泵;5—排水沟;6—踏步;7—花纹钢盖板;8—单轨吊车

图 5-12 分基型泵房内部布置图

2)泵房的跨度

泵房的跨度是指泵房进、出水侧墙(或柱)轴线间的尺寸。跨度的大小由水泵、管道、附件的长度,设备安装、检修空间与操作空间等来确定。图 5-12(a)中泵房的跨度 B 是轴线 A 与 B 之间的距离,可由下式计算:

$$B = b_0 + b_1 + b_2 + b_3 + b_4 + b_5 + b_6 + b_7 + b_8 \tag{5-19}$$

式中 B——泵房的跨度,m;

b_1、b_8——轴线以内墙的厚度,m;

b_2——装拆水管所需的空间,常不小于 0.3 m;

b_3——偏心渐缩管的长度, m;

b_0——机组在宽度方向的尺寸,m,可由水泵样本查得;

b_4——渐扩管的长度,m;

b_5——水平接管的长度,m;

b_6——闸阀的长度,m,由闸阀产品样本查得;

b_7——交通道的宽度,m。

如果水泵出水管上设有逆止阀,一般应设在泵房外面。若逆止阀装在泵房内,则泵房的宽度应计入逆止阀的长度。

2. 泵房的高度

泵房高度方向的尺寸由水泵的安装高程、设备尺寸,安装、检修与吊运要求等来确定。

码 5-7　微课:泵房高度计算

1)泵房高度的确定

泵房的高度是指泵房检修间地坪到屋盖承重构件下表面的垂直距离,如图 5-13 所示。对设有吊车的泵房,应考虑载重汽车驶入检修间的要求,泵房高度应同时满足起吊机组最大部件和泵房墙壁开窗通风要求。计算式为

$$H = h_1 + h_2 + h_3 + h_4 + h_5 + h_6 \tag{5-20}$$

式中 h_1——车厢底板距检修间地面高度,m;

h_2——垫块高度,m;

h_3——最大设备(或部件)的高度,m;

h_4——捆扎长度,m;

h_5——吊车钩至吊车轨道面的距离,m;

h_6——吊车轨道面至大梁下缘的距离,m。

小型泵房一般不专设吊车,但应考虑临时起吊设施及通风采光的要求,一般泵房的高度不小于 4 m。

2)泵房各部分高程的确定

(1)主泵房的底板高程。可根据水泵安装高程按下式计算:

$$Z_{底} = Z_{泵} - H_1 - H_2 \tag{5-21}$$

式中 $Z_{底}$——主泵房的底板高程,m;

$Z_{泵}$——水泵的安装高程,m;

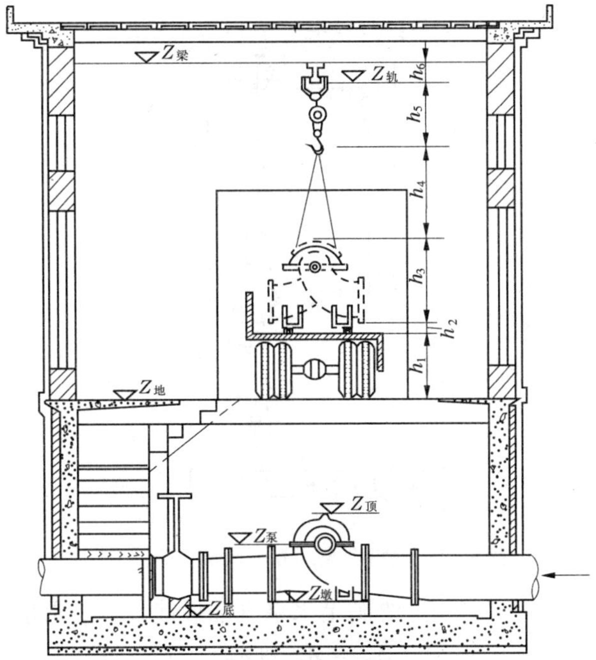

图 5-13 干室型泵房高度示意图

H_1——水泵轴线到机组底座的高度,m,可由水泵样本查得;

H_2——机组底座到主泵房底板的高度,通常取 0.1~0.3 m。

(2)检修间地面高程。应高于泵房外地面,既防止雨水倒灌,又要便于车辆通行,还要考虑到洪水的影响,地面高程高于设计供水位 0.3~0.5 m。

(3)配电间地面高程。应高一些,比主泵房地板及室外地面高。往往与检修间地面高程、交通道道顶高程统一考虑,三者采用同一高程。

(4)屋面大梁下缘的高程。检修间地面高程加上式(5-20)中 h_1 至 h_5 的距离,便得到吊车轨道面的高程 $Z_{轨}$,由 $Z_{轨}$ 加上轨道高度便得到屋面大梁下缘的高程 $Z_{梁}$。

(二)立式机组泵房尺寸

安装立式机组的泵房(如湿室型和块基型)的平面尺寸通常是根据其进水结构(如进水建筑物和进水流道)而确定的。立式离心泵采用干室型泵房时,其尺寸确定可参照前述的卧式机组泵房尺寸。中小型立式轴流泵多采用湿室型泵房,如图 5-14 所示。

1. 泵房的平面尺寸确定

湿室型泵房分上下两层,上层为电机层,下层为水泵层,泵房的平面尺寸要同时满足上下层设备布置、安装、检修与运行管理的要求。水泵层的平面尺寸要根据水泵的吸水条件和水工建筑物的结构形式来确定,电机层的尺寸要由主机组与辅助设备的布置来确定,上下两层的尺寸往往不一致,应选取较大尺寸。为节省工程量,也可以采用下宽上窄的布置形式,电机层宽度小于水泵层宽度。

2. 泵房的高程与高度确定

湿室型泵房控制高程与高度确定方法如下:

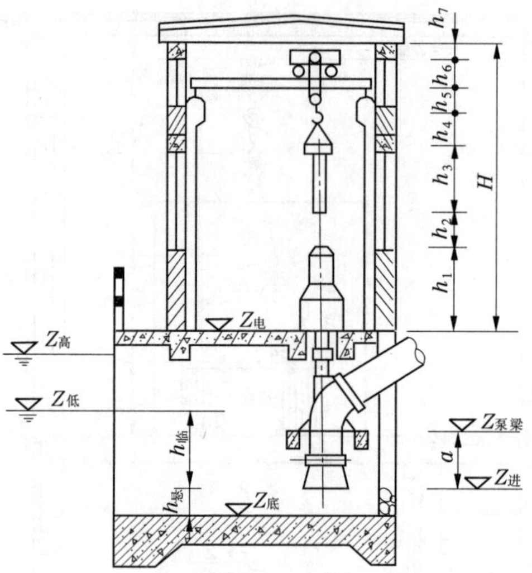

图 5-14　湿室型泵房高程与高度示意图

(1)水泵进水管口高程 $Z_{进}$。$Z_{进}$要满足水泵气蚀性能要求,即满足下式

$$Z_{进}=Z_{低}-h_{临} \tag{5-22}$$

式中　$Z_{低}$——进水池最低运行水位,m;

$h_{临}$——进水管口的临界淹没深度,m。

(2)泵房的底板高程 $Z_{底}$。

$$Z_{底}=Z_{进}-h_{悬} \tag{5-23}$$

式中　$h_{悬}$——进水管口的悬空高度,m。

(3)水泵梁梁顶高程 $Z_{泵梁}$。

$$Z_{泵梁}=Z_{进}+a \tag{5-24}$$

式中　a——水泵进水管口到水泵梁梁顶的高度,m,可由水泵样本查得。

(4)电机层楼面高程 $Z_{电}$。$Z_{电}$应高于进水池设计洪水位 0.5~1.0 m,还应高出室外地面 0.2~0.5 m。水泵的安装高程已确定,泵轴与传动轴的长度有一定的要求,不能取任意长度,所以电机层楼面高程的确定还需考虑电动机与水泵的连接问题。

(5)泵房的高度 H。泵房的高度 H 是指从电机层楼面到泵房屋面大梁下沿的高度。可由下式计算:

$$H=h_1+h_2+h_3+h_4+h_5+h_6+h_7 \tag{5-25}$$

式中　h_1——电机顶端到电机层楼面高度,m;

h_2——起吊设备底部到电机顶端的安全运行空间,通常取 0.3~0.5 m;

h_3——泵房内最高设备的高度,m;

h_4——起吊绳索的最小高度,m;

h_5——吊钩最高位到吊车轨顶的高度,m;

h_6——吊车轨顶到吊车最高点的高度,m;

h_7——吊车最高点到屋面大梁底的安全运行高度,通常不小于 0.3 m。

任务四 泵房稳定分析与结构设计

一、泵房的整体稳定分析

码 5-8 微课：泵房稳定分析

在完成泵房内部布置及尺寸初步拟订后，为了论证泵房在不同的情况下都能保证自身的整体稳定，还必须进行泵房整体稳定分析，它包括抗滑稳定计算及地基应力校核等内容。

根据水力计算和设备布置初步拟订泵房尺寸之后，对于堤身式湿室型和块基型泵房还需进行抗渗、抗滑校核；分基型泵房只需进行基础的基底压力验算；干室型泵房除进行上述稳定计算外，还需进行抗浮稳定验算。如果不能满足要求，则必须对泵房内的设备布置或其尺寸进行调整，对地基进行处理，直到满足稳定要求后才能进行泵房有关构件的结构计算。

泵房在各种不利荷载组合的情况下，都应保证整体稳定。首先是地基的稳定，泵房基底压力不应超过地基土的允许承载力，以免地基产生过大的沉陷或不均匀沉陷，或深层滑动，在渗透水流作用下，应保证地基的渗透稳定，不产生管涌和流土现象。对泵房本身，应保证抗滑稳定和抗浮稳定。由于稳定计算时已控制了泵房地基应力不均匀系数，故一般不需要做泵房的抗倾稳定验算。

（一）泵房的荷载组合

在整体稳定分析之前，首先要选择可能出现的最不利荷载组合，矩形干室型和墩墙式湿室型泵房、箱式湿室型泵房整体稳定分析时，通常按下列几种荷载组合情况进行计算：

（1）完建期。土建工程和设备安装已完成，但尚未投入运行，进、出水侧均无水，但岸墩及后墙已回填土，泵房承受建筑物和设备的自重，如果出水侧建有挡土墙，泵房还承受侧向土压力。完建期可能产生最大基底压力。

（2）正常运行期。进、出水建筑物均为设计水位，泵房除承受完建期的各种荷载外，还承受过水部分的水重，以及设计水位情况下的浮托力、渗透压力和侧向水压力。对于堤身式排水泵房，进、出水侧水位指相应于泵站抽排设计流量时的水位；对于堤后式泵房来说，进水侧水位为设计内水位，而出水侧水位由该地区地下水的埋藏深度确定。取水泵站的矩形干室型泵房无水荷载（以下同）。

（3）非常运行期。进、出水侧均取最高水位。

（4）检修期。泵站应在低水位时进行检修。进水建筑物清淤时，需将建筑物内的水抽干，墩墙式湿室型和箱式湿室型泵房检修水泵时，可逐孔检修，只抽空一孔进水建筑物的水。稳定计算时应根据具体情况确定检修期泵房的荷载。墩墙式湿室型和箱式湿室型泵房采用出水建筑物与泵房合建在一起的布置形式时，还应考虑出水建筑物与泵房之间的止水失效、渗径长度减小的不利情况。此时，应按进、出水建筑物均为设计水位、止水失效的情况进行校核。对于堤身式泵房，尤其需进行校核。此时进、出水侧水位取与正常运行期相同。计算中作用的主要荷载有泵房自重、水压力、浪压力、渗透压力、浮托力等，地震力的考虑由建筑物等级及地震力的大小而定，前述荷载均可归纳为水平和垂直两个方向的力。

(二)抗滑稳定分析

1. 表层抗滑稳定分析

对于修建在软土地基上的泵站,由于地基承载力较小,在同时承受水平及垂直荷载情况下,泵房基础可能发生表面滑动和深层圆弧滑动两种破坏形式。如果泵房底板所受的平均地基应力小于或等于临界垂直荷载,则地基将发生表面滑动,否则,将按深层圆弧滑动问题处理。若为表面滑动,可以采用下式进行抗滑稳定计算:

$$K_c = \frac{f(\sum G)}{\sum H} \geqslant [K_c] \tag{5-26}$$

码 5-9　泵站设计标准:抗滑稳定安全系数

式中　K_c——抗滑稳定安全系数;

$[K_c]$——允许的抗滑稳定安全系数,按照地基类别、荷载组合和泵站建筑物级别查《泵站设计标准》(GB 50265—2022)取用;

$\sum G$——作用于泵房基础底面以上的全部竖向荷载总和,kN;

$\sum H$——作用于泵房基础底面以上的全部水平荷载之和,kN;

f——泵房基础底面与地基土之间的摩擦系数,表 5-4 所列 f 值适用于非岩基情况。

表 5-4　基础底面与地基土之间的摩擦系数

地基类别	软塑	黏土		壤土	砂壤土、砂土
		中等	坚硬		
摩擦系数	0. 20~0. 25	0. 25~0. 35	0. 35~0. 45	0. 25~0. 40	0. 35~0. 40

当底板分缝时,可按任一跨间的基础底作为一个计算单元进行计算,各跨间之间考虑沉陷缝间力的传递作用。如果计算后发现不满足抗滑稳定的要求,在不专门增加泵房重量的前提下,可采取下列措施予以调整,重新计算:

(1)降低后墙及岸墩的填土高度,减少边载作用;

(2)控制回填土高度,尽量避免选用饱和黏土回填,根据当地材料情况,可以优先选用粗粒土料或石料,以增大土壤的内摩擦角;

(3)在填土侧加筑排水设施,控制地下水位,达到降低后墙及岸墩渗水压力的作用。

(4)设置齿坎或在泵房出水侧加设或加长阻滑板。

设置齿坎:

$$K_c = \frac{f(\sum G) + A_0 C}{\sum H} \geqslant [K_c] \tag{5-27}$$

式中　A_0——齿坎内侧面积,m^2;

C——地基土的内凝聚力,kPa。

设置阻滑板或铺盖:

$$K_c = \frac{f(G_1 + \sum G) + A_0 C}{\sum H} \geqslant [K_c] \tag{5-28}$$

式中　G_1——阻滑板自重及阻滑板或铺盖上的水重，kN。

2. 深层抗滑稳定分析

$$K'_G = \frac{\sigma_A}{\sigma_{SR}} \geqslant [K'_G] \tag{5-29}$$

式中　σ_A、σ_{SR}——软弱夹层表面处地基附加应力、自重应力，kPa；

K'_G——深层抗滑安全系数；

$[K'_G]$——深层抗滑安全系数允许值，黏土地基取 0.20，砂土地基取 0.25。

（三）抗浮稳定分析

由于干室内不允许进水，在高水位时浮力很大，必须进行抗浮稳定校核。抗浮稳定校核可选择泵房土建施工完毕，机组未安装，四周未回填土，泵房四周水位达设计最高洪水位时。此时抗浮力为泵房土建部分自重，有屋面系统、砖墙、水下墙及底板等，各部分自重的方向朝下，浮托力为泵房淹没于水下部分同体积的水的重量，方向朝上。抗浮稳定程度的安全系数为抗浮力与浮托力之比，必须大于等于允许的抗浮安全系数，根据水工建筑物的要求取 1.1~1.2。如果不满足抗浮稳定要求，可考虑增加泵房的自重或将底板适当伸出并回填土以利用其上的水重及土重，从而加大泵房的抗浮能力。

$$K_f = \frac{\sum V}{\sum U} \geqslant [K_f] \tag{5-30}$$

码 5-10　泵站设计标准：抗浮稳定安全系数

式中　K_f——抗浮稳定安全系数；

$[K_f]$——抗浮稳定安全系数允许值，取 1.10~1.20，根据建筑物的等级而定；

$\sum V$——作用于泵房基础底面以上的全部重力，kN；

$\sum U$——作用于泵房基础底面上的扬压力，kN。

（四）抗渗稳定分析

对于堤身式湿室型和块基型泵房及干室型泵房，由于泵房本身直接承受因进、出水侧水位差而造成的水平推力及渗透压力和浮托力，所以泵房顺水流方向的长度除满足机组本身有关的要求外，还要考虑泵房稳定及渗径长度所需要的地下轮廓尺寸，特别是在平原湖区软土地基上修建大型排水站，更要十分重视。为了满足一定渗径长度的要求，主要是依靠泵房地板长度，以及利用出口处的防渗板，并且在渗流溢出处设置反滤层及铺盖等措施，以防止管涌和流土产生，避免基土渗透变形，确保泵房的整体稳定。地下轮廓线（或称渗径）是从水流的入渗点开始，沿建筑物的不透水地下轮廓到渗流的逸出点。

1. 分析方法

抗渗稳定分析为了保证地基土的渗透稳定性，泵房及其连接建筑物不透水部分的地下轮廓线长度必须大于不产生渗透变形所需的渗径长度。中小型泵站设计中，常用勃莱法或莱茵法计算最小渗径长度。

1)勃莱法

$$L = \sum L_H + \sum L_V \geqslant C_B H \tag{5-31}$$

式中 C_B——勃莱系数,见表 5-5;

L_H、L_V——水平、铅直防渗长度,m;

H——作用水头,m。

2)莱茵法

$$L = \frac{1}{3}\sum L_H + \sum L_V \geqslant C_L H \tag{5-32}$$

式中 C_L——莱茵系数,见表 5-5。

表 5-5 勃莱系数和莱因系数

土壤类别		勃莱系数		莱因系数	
		无反滤层	有反滤层	无反滤层	有反滤层
淤泥		12.0	8.0		
砂	极细粒			8.5	6.0
	细粒	9~10	6.0	7.0	4.9
	中粒	8.0	4~5	6.0	4.2
	粗粒	8.0	4~5	5.0	3.5
砾石		7.0	3.5~4.0	3.5	2.5
黄土		7~8	3.5~4.0		
黏壤土		6~7	3.0~3.5		
黏土	中密			2.0	1.5
	密实			1.8	1.5
	极密实			1.6	1.5

2. 防渗措施

如果实际的地下轮廓线长度小于计算所得的渗径长度,则必须采取工程措施,加大地下轮廓线,使渗流路线增长。布置防渗措施的原则是上挡下排。一种措施是使地下轮廓线水平伸展,即在紧靠泵房底板的进水侧增设不透水的防渗铺盖;另一种措施是垂直延伸,在泵房底板上设齿坎,在底板下打板桩。另外,在出水侧布置反滤层。

(1)水平防渗设备(防渗板或铺盖)。要求在长期使用下不透水,并能适应泵房及地基的变形。按建筑材料的不同有黏土、红土、混凝土、沥青混凝土等防渗板或铺盖。其长度一般为泵房最大水头的 1~2 倍。

(2)反滤层构造。反滤层是由粒径不同的无黏性砂砾组成,粒径自下而上逐渐加大,一般采用三层,每层厚度 0.10~0.30 m。如自下而上为细砂(粒径 d=0.05~2 mm)、中砂(粒径 d=0.5~10 mm)、细石(d=1~2.5 mm)、碎石(d=6~12 mm),反滤层长度一般取 5~10 m,其上部设置铺盖,铺盖上有 ϕ5 的排水孔,呈梅花形布置。

(五)地基稳定分析

1. 分析方法

为了保证地基的整体稳定,在各种荷载组合情况下,泵房基础底部对地基的压力(基底压力或地基反力)应符合要求,地基应力不均匀系数(最大基底压力与最小基底压力的比值)不应大于规定的允许值。泵房的基底压力,可按偏心受压公式计算。干室型泵房地基应力的校核工况,是指泵房土建施工完毕、机组已经安装,进水建筑物水位为设计最低水位时的工况。在机组台数较少的情况下,以整个泵房为计算单元,当机组台数较多,可沿泵房长度方向,泵房底板分块,取一台机组与相邻两台机组的中线之间范围作为计算单元。

1)最大地基应力

$$R_{max} = \frac{\sum Y}{BL}\left(1 + \frac{6e}{B}\right) \leqslant [R] \tag{5-33}$$

式中 $\sum Y$——作用在泵房上的所有竖向荷载,kN;

B——泵房底板在偏心方向的宽度,m;

L——泵房底板长度,m;

e——泵房上的所有荷载向底板中心简化的偏心距,m;

$[R]$——地基承载力,kPa。

2)最小地基应力

$$R_{min} = \frac{\sum Y}{BL}\left(1 - \frac{6e}{B}\right) > 0 \tag{5-34}$$

3)地基应力不均匀系数

在进行地基稳定计算时,除校核地基承载能力外,还要校核地基应力不均匀的分布程度,地基过大的不均匀沉陷,可能导致泵房倾斜,影响机组正常运行,或拉裂沉陷缝的止水,影响防渗,应避免发生过大的不均匀沉陷,所以必须将泵房基底压力的不均匀系数 η 限制在一定的范围内。

$$\eta = \frac{R_{max}}{R_{min}} \leqslant [\eta] \tag{5-35}$$

式中 $[\eta]$——地基应力不均匀系数允许值,见表5-6。

表5-6 不同地基土的地基应力不均匀系数允许值

土质	黏土地基	中密实砂土地基	坚硬砂土地基	新鲜岩石地基
η	1.5~2.0	2.0~2.5	2.5~3.0	□

若计算所得的 η 值不能满足要求,则可调整泵房内部布置,或改变泵房结构和尺寸或采取工程措施,减小站后土压力和水压力,使基底压力的分布尽量均匀。

必须指出的是,R_{max} 及 R_{min} 相差过多是不利的,特别是在软土地基上会造成基础的倾斜;对于基础底面和基土脱离也是不允许的,即在一般情况下必须保证基础底面均为压力。

如果地基资料齐全,对于重要的大型排水站来说,还需要进行地基的变形计算,计算地基的最大沉降量,校核其变形是否满足设计要求,以确定沉降量,保证地基的变形完成后,建筑物的标高接近于设计标高。

2. 常用的地基处理措施

当在设计中出现不能满足地基稳定要求时,可以针对具体情况采取下述措施:

(1)将底板向进水侧或出水侧方向延长,利用改变基础宽度的办法,减小偏心程度。

(2)用减轻(挖空)或增加(填砂或放水)某一侧及某一部位的重量的方法,使地基应力分布尽量均匀。

(3)改变底板的底部形状,如做成齿墙状或反拱、反连拱状,或者根据需要将部分底板做成向进水侧或出水侧方向倾斜,以达到降低进口或出口处挡土墙高度的目的,对泵房的稳定有利。

(4)进行必要的地基处理,如换砂基或打板桩及加做阻滑板等。

采取上述措施后,都会不同程度地改变垂直力或水平力的数值,因此应重新校核地基反力。

泵房的整体稳定分析计算是一项烦琐而又十分重要的工作,泵房满足稳定要求后,才能进行各部位的结构计算,稳定计算过程中往往要调整数次方能满足要求。为了使得泵房在各种荷载组合作用下均能达到自身的稳定,首先要做到泵房的本身荷载尽量对称,防止偏心过大,否则难以调整或土建投资过高。

二、泵房的结构设计

泵房满足稳定要求后,才能进行各部位的结构设计。泵房是由基础、墙体、楼板层、屋盖、门窗几大部分所组成的建筑物,不同结构形式形成不同类型的泵房。下面介绍分基型、干室型、湿室型三种常见泵房的主要构件的结构设计。

(一)分基型泵房

机组的基础是用来固定水泵和电动机的相对位置,承受机组重量及其运转时的振动力,故基础应有足够的强度和刚度。卧式机组基础多为墩式,立式机组基础多为梁式。

1. 基础的尺寸

在确定基础平面尺寸时,应满足水泵样本中水泵安装尺寸的要求,且螺孔中心离基础边缘的距离 b 应不小于 200 mm,螺栓的埋置深度 h_2 参照表 5-7 确定,螺栓的保护层厚度 t 不小于 150~200 mm。为防止积水、便于安装,基础的最低顶面应比室内地坪高 h_1 = 100~300 mm,如图 5-15 所示。

表 5-7　螺栓最小埋深

螺栓直径/mm	末端有弯钩的螺栓埋深 h_2/cm	螺栓直径/mm	末端有弯钩的螺栓埋深 h_2/cm
<20	40	32~36	60
24~30	50	40~50	70~80

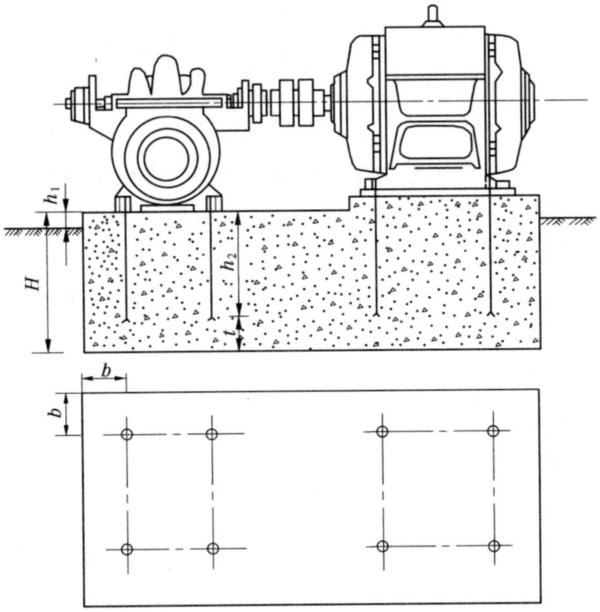

图 5-15 卧式机组基础(不带底座)

小型机组带有底座时,底座边缘至基础边缘距离应大于 100 mm。对于电动水泵机组,其墩基的重量应大于机组总重量的 3 倍;对于柴油机水泵机组,其墩基的重量应大于机组总重量的 5 倍。

2. 地基应力校核

机组基础除受到静力作用外,还受到动力作用,振动过大会影响机组正常运转、工作人员的健康,还会引起地基附加沉陷,引起泵房损坏,故基础设计时应使基础应力满足地基允许承载力的要求。因实际上很难估计地基受动力影响的效果,常按静荷载下的地基允许承载力[R]乘以振动折减系数 ψ 计算。

地基应力应满足下列条件:

$$p = G/F$$
$$p \leqslant \psi[R] \tag{5-36}$$

式中 p——基础底面应力,kPa;

G——基础和机组重力,kN;

F——基础底面面积,m^2;

ψ——振动折减系数,可按 0.8~1.0 选用,高扬程机组的基础可采用小值,低扬程机组的块基型整体式基础可采用大值;

[R]——在静荷载作用下的地基允许承载力,kPa。

地基应力还应满足式(5-33)~式(5-35)的要求。

(二)干室型泵房

干室型泵房水上部分同分基型泵房,水下部分一般由墙、底板、楼梯组成。下面分别讨论其墙体和底板的结构设计。

1. 墙体

干室型泵房水下墙体既承受泵房地面以上部分墙体传来的垂直力、弯矩、剪力,又承受墙侧的土压力和水压力。其计算方法视上部墙体形式不同而不同,当其与上部墙体的刚度比值不大于 5 时,两者视为一个整体,按变截面的排架进行计算。当刚度比值大于 5 时,下部墙体不受上部墙体变形影响,两者可分开计算,荷载组合情况有:

(1)地下室墙体已建成,且已回填土,地下水位为最高设计水位时,按上端自由、下端固定的悬臂梁计算,如图 5-16(a)所示。

(2)泵房已建成,室外未回填土,按偏心受压构件计算,如图 5-16(b)所示。

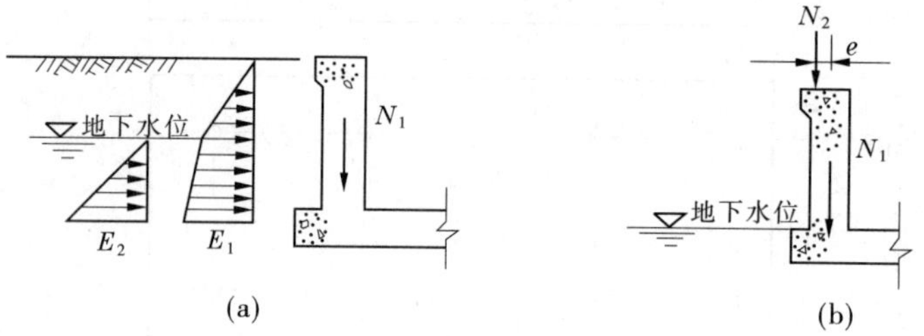

E_1—土压力;E_2—水压力;N_1—自重;N_2—上部垂直力;e—上部垂直力的偏心距

图 5-16　干室型泵房地下墙体荷载组合

墙体常用钢筋混凝土材料,其厚度和配筋按上面两种荷载组合中最大应力确定。当上部荷载较小、地下水位较低时,也可采用砖墙结构,但墙厚应不小于 490 mm,并设有防潮设施。

2. 底板

干室型泵房底板即泵房的基础,直接承受各种荷载作用。

(1)主要荷载有:①底板自重;②泵房上部屋面、砖墙、下部墙体荷载;③泵房内设备重;④土压力、水压力及地面活荷载对下部墙体底部产生的弯矩传至底板;⑤扬压力;⑥风荷载;⑦地基反力。

(2)计算方法:常用倒置梁法,当矩形底板长宽比大于 2 时,沿泵房进出水方向取单宽(1 m)板条视为以墙为支撑的倒置梁计算简图,如图 5-17 所示。

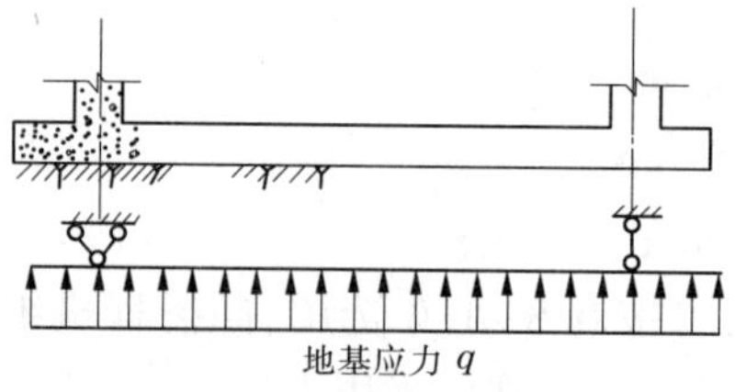

图 5-17　底板计算简图

底板所受荷载 q 的计算公式(5-37)如下:

$$q = q_{均} + q_{扬} - q_{自} \tag{5-37}$$

式中　$q_{均}$——地基平均应力,kN/m;

$q_{扬}$——底板承受的扬压力,kN/m;

$q_{自}$——底板自重，kN/m。

倒置梁法计算简便、精度差，中小型泵房可用此法。

由于干室型泵房地下墙体和底板经常受到水压力作用，故不允许出现裂缝，计算应进行抗裂验算。

（三）湿室型泵房

电机层楼板以上的墙体及屋盖同分基型泵房，其楼板常采用钢筋混凝土梁板结构。

1. 楼板

墩墙式湿室型泵房，电机层楼板为墩墙上的预制板，如图5-18所示，排架式湿室型泵房电机层楼板与排架柱整体浇筑，常用整浇板。楼板所受荷载有：

（1）板自重 q_1。

（2）活荷载，包括人群荷载 q_2（均布）和设备安装检修荷载 P（按一台最重的设备重量作为集中荷载）。

设计荷载组合采用 q_1+q_2，校核荷载组合采用 q_2+P。

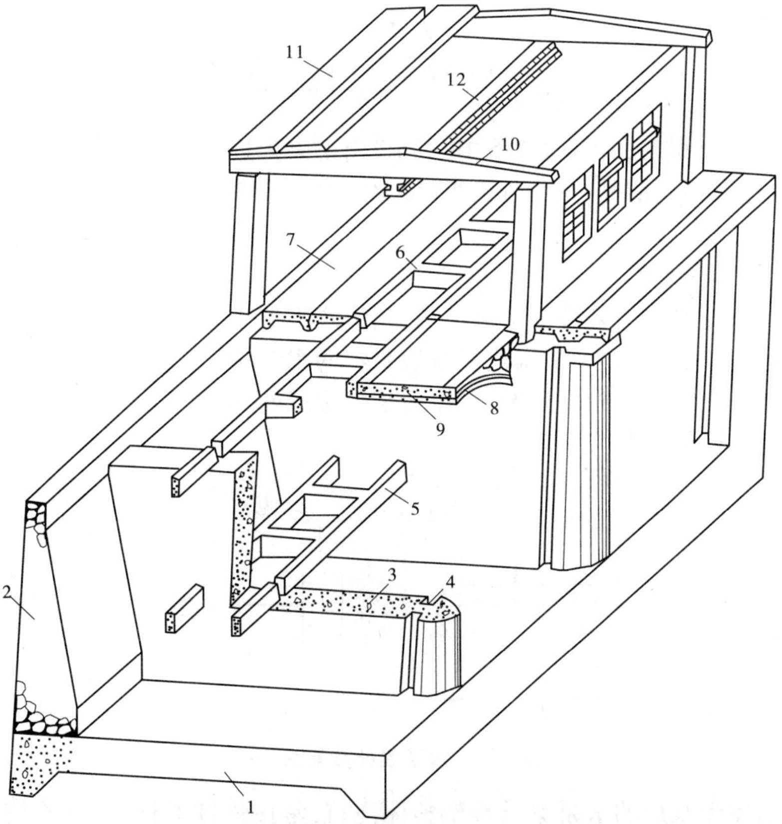

1—底板；2—后墙；3—隔墩；4—闸门槽；5—水泵梁；6—电机梁；7—电机层槽形楼板；8—电机层拱形楼板；9—填料和面层；10—屋盖大梁；11—屋面板；12—工字形钢轨

图5-18 墩墙式湿室型泵房结构示意图

2. 电机梁

电机梁为支撑电动机的支撑结构,它是由主、次梁组成的井字梁系结构,主梁之间、次梁之间间距由电动机底座尺寸而定。

主梁上承受的荷载有:

(1)主梁自重 q_1,kN/m,静荷载;

(2)电机层楼板重 q_2,kN/m,静荷载;

(3)电机层楼板上的活荷载 q_3,kN/m,静荷载;

(4)电动机定子和底座的重量 P_1,kN,静荷载,无资料时 $P_1=60\%G_{电动机}$;

(5)电动机转子重量 P_2,kN,动荷载,无资料时 $P_2=40\%G_{电动机}$;

(6)水泵泵轴和叶轮重 P_3,kN,动荷载;

(7)作用在水泵叶轮上的轴向水压力 P_4,kN;

(8)另外电机梁还承受机组正常运行时产生的正常扭矩 M_Z 与短路停机时所产生短路扭矩 M_D,$P_电<500$ kW 可不考虑。

为简化计算,将上述动荷载乘以动力系数 μ(1.2~1.8)后按静荷载计算,则

$$q = q_1 + q_2 + q_3 \tag{5-38}$$

$$P = \frac{P_1 + \mu(P_2 + P_3 + P_4)}{2} \tag{5-39}$$

当主梁为简支梁时,计算如图5-19所示;当主梁为连续梁时,应选用最不利情况:一些跨机组已运行,另一些跨机组尚未安装。

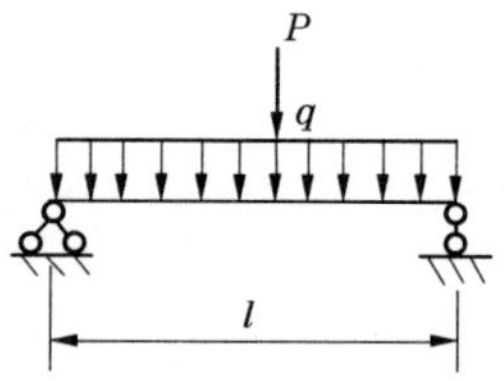

图 5-19　电机梁计算简图

3. 水泵梁

水泵梁为支撑泵壳等部件的支撑结构,其形式类似于电机梁,亦为井字梁系结构。墩墙式湿室型泵房的水泵梁为单跨梁,根据梁、墩墙的刚度情况,可按两端固定或两端简支计算,计算简图如图5-20所示。

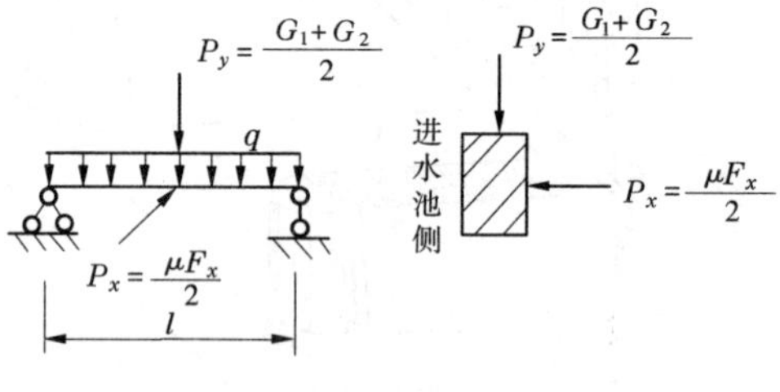

图 5-20　水泵梁计算简图(一)

排架式湿室型泵房的水泵梁与排架整体浇筑,常按连续梁计算,计算简图如图5-21所示。

作用荷载主要有:

(1)水泵梁自重,均布静荷载 q,kN/m;

(2)泵体重,包括喇叭段、导叶体、弯管等 G_1,kN;

(3)出水弯管至后墙之间水管重及管中水重,由水泵梁所承担的部分荷载 G_2;

(4)倒流水冲击力,水泵事故停机时,水倒流对水泵弯管管壁产生冲击力,如图 5-22 所示,事故停机时,作用在一根主梁上的水平冲击力 P_x 为

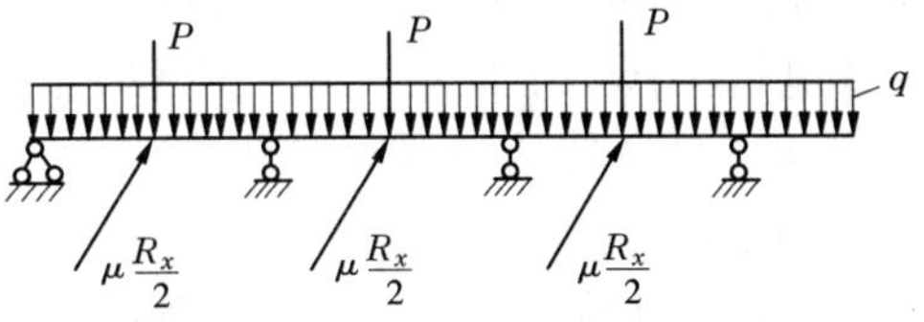

图 5-21 水泵梁计算简图(二)

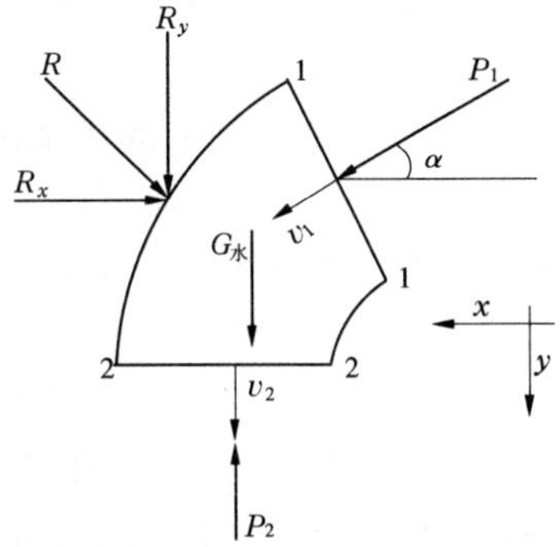

图 5-22 出水弯管内水体受力简图

$$P_x = \mu\frac{F_x}{2} = \mu\frac{R_x}{2} \tag{5-40}$$

$$R_x = P_1\cos\alpha + \frac{\gamma Q}{g}v_1\cos\alpha \tag{5-41}$$

式中 μ——动荷系数,$\mu=2.0$;

R_x——泵壳对水体作用力的水平分力,kN;

F_x——水体对泵壳作用力的水平分力,kN,与 R_x 为反作用力;

P_1——1—1 断面处水压力,kN, $P_1 = \frac{\pi D^2}{4}\gamma\left(h_1 - \frac{v_1^2}{2g} - h_{损}\right)$,D 为出水弯管直径,m,h_1 为出水池最高水位与 1—1 断面中心高程之差,m,$h_{损}$ 为压力水管出口到 1—1 断面的水力损失,m;

γ——水的容重,kN/m^3;

α——出水管出口中心线与水平线间夹角,(°);

v_1——1—1 断面处水体倒流流速,m/s;

Q——水泵倒流流量,一般按轴流泵额定流量的 1.2~1.6 倍估算,m^3/s。

均布荷载各自承担,集中荷载每根梁承受一半。

4. 墩墙及排架

墩墙为墩墙式湿室型泵房的承重和围护构件,排架则为排架式湿室型泵房的承重构件。

1)墩墙

墩墙包括边墩、中墩、后墙三部分,起围护承重、防渗、挡水(土)作用。边墩为重力挡土墙的结构形式,中墩类似于水闸的闸墩,后墙的结构形式常用平板式或拱式,其结构计

算方法随墙的高宽比不同而异:平板式后墙高宽比大于 2 时,按连续梁计算;高宽比小于 2 时,视后墙、边墩、中墩以及底板的联结情况分别按三边固定、一边自由或三边简支、一边自由的双向板计算;拱式后墙一般采用等截面圆弧拱,按无铰圆弧拱进行计算,拱脚支撑于边墙和中墩上,用混凝土封固。

2)排架

排架式湿室型泵房的下部排架由立柱、上下横梁、底板组成一个刚性结构,为简化计算,按平面结构计算。顺水流方向为横排架,垂直水流方向为纵排架。

(1)横排架。如图 5-23 所示,计算单元取一跨,作用荷载有:①上横梁自重及电机层楼板传来的均布静荷载 $q_{上}$;②下横梁自重 $q_{下}$;③电机梁传给上横梁的集中荷载 $P_{电}$;④水泵梁传给下横梁的集中荷载 $P_{泵}$;⑤上部墙柱(进、出水侧)传给上横梁的集中力 $P_{支}$ 及弯矩 M_1、M_2;⑥水平风力 $P_{风}$ 及弯矩 $M_{风}$(考虑左、右吹两种情况)。

(2)纵排架。如图 5-24 所示,常取出水侧纵排架为计算单元,为一双层多跨刚架,作用荷载有:①均布荷载 $q_{上}$,$q_{上}=q_1+q_2+q_4$,q_1 为上纵梁自重,q_2 为上纵梁电机层楼板自重,q_4 为上纵梁上部砖墙及屋面系统荷载;②电机层楼板均布活荷载 q_3;③下纵梁自重 $q_{下}$;④集中荷载 P,出水管及管中水重由纵梁支撑部分;⑤水平风力 $P_{风}$ 及弯矩 $M_{风}$(图中假设为右吹)。

注意:计算简图中 q_3 及 P 的作用位置应考虑最不利荷载组合。

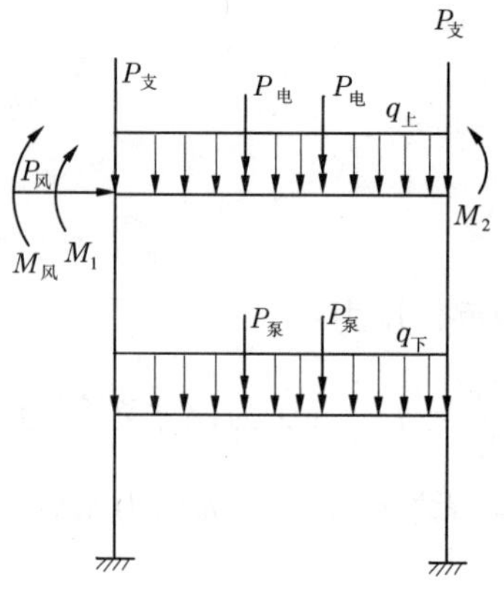

图 5-23　横排架计算简图

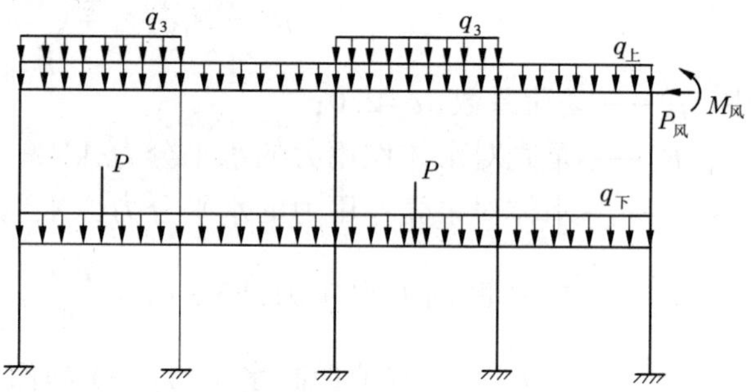

图 5-24　纵排架计算简图

5. 底板

不同泵房结构及不同地基条件决定了湿室型泵房的底板结构形式不同。软土地基时,墩墙式湿室型泵房常采用带齿坎的等厚平底板或板梁式平底板;硬土或承载力大的地基上,可用条形基础。排架式湿室型泵房,底板常用带齿坎的等厚平底板或板梁式平底板,硬土基、岩基上用独立基础。

1)墩墙式湿室型泵房带齿坎等厚平底板计算

为简化计算,常近似地认为地基反力在垂直水流方向上是均匀分布的,把底板按平面问题处理。由于边墩、中墩的刚度在顺水流方向较大,故底板的弯曲变形主要产生在垂直水流方向上,可在垂直于水流方向上截取具有代表性的单宽板条按连续梁设计,常用方法为倒置梁法。

取整个底板或相邻两沉陷缝之间的底板为计算单元,垂直水流方向取单宽板条,视为以边墩和中墩为支点的连续梁,取几个时期中荷载组合最大值为均布荷载 q,如图 5-25 所示。

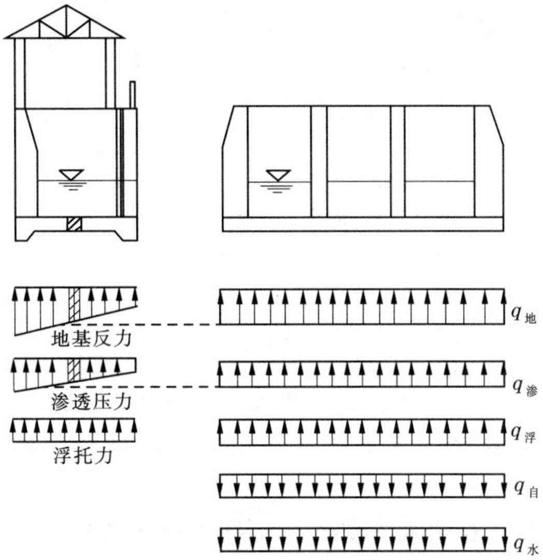

图 5-25 底板荷载

$$q = q_{地} + q_{渗} + q_{浮} + q_{自} + q_{水} \tag{5-42}$$

式中 $q_{地}$——单宽板条上承受的地基反力,kN/m;

$q_{渗}$——单宽板条上承受的渗透压力,kN/m;

$q_{浮}$——单宽板条上承受的浮托力,kN/m;

$q_{自}$——单宽板条上的自重,kN/m;

$q_{水}$——单宽板条上承受的水重,kN/m。

2)排架式泵房底板计算

为简化计算,可简化为平面问题。

(1)带齿坎的等厚底板。作用在底板上的设计荷载 q 可参照墩墙式计算方法,把底板无齿坎部分看作两端为弹性固结于齿坎的单向板,再将底板迎水面和背水面的齿坎部分作为以排架立柱为支点的连续梁计算。

(2)板梁式平底板。其结构形式一般有两种,如图 5-26 所示。作用在平底板上的设计荷载的计算方法同倒置梁。当底板采用图 5-26(a)所示的结构形式时,板的部分可按承受均布荷载的连续板(以梁为支点)计算,梁的部分可按承受均布荷载以柱为支点的简支梁计算。当底板采用图 5-26(b)所示的结构形式时,板按次梁为支点的连续板计算,次梁按受底板传来的均布荷载连续梁计算,主梁按受次梁传来的集中荷载的简支梁计算。

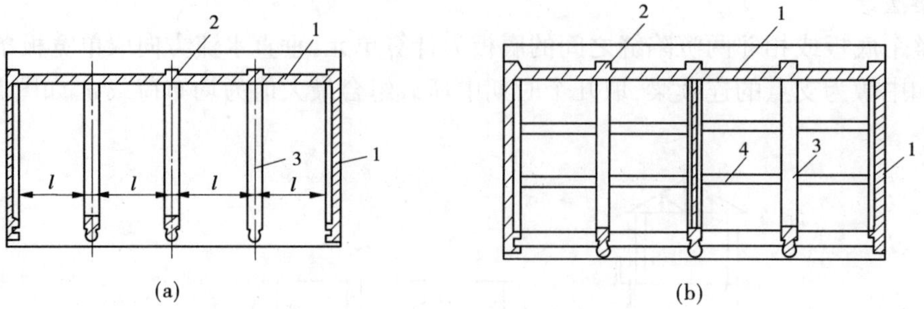

1—挡土墙;2—排架立柱;3—主梁;4—次梁

图 5-26 板梁式平底板结构图

能力训练

5-1 水泵气蚀现象的实质是什么?它对水泵的运转有什么危害?

5-2 影响水泵吸水高度的因素有哪些?如何确定水泵的安装高程?

5-3 固定式泵房有哪几种基本类型?试比较各种泵房的特点及适用条件?

5-4 立式机组泵房水泵层地板高程、电动机层地板高程以及吊车梁上轨顶高程分别如何确定?

5-5 泵房整体稳定分析通常应考虑的计算工况有哪些?简要说明各自的计算方法。

5-6 湿室型泵房的电机梁与水泵梁在结构计算中有哪些异同点?

码 5-11 题库训练

项目六　进出水建筑物设计

【学习目标】　通过学习引渠、前池、进水池和出水池的作用、类型、结构特点和确定方法，能够确定各进、出水建筑物的平面和立面尺寸，具备初步设计泵站进水建筑物和出水建筑物的能力。

【学习任务】　掌握进水建筑物的种类和作用，根据枢纽布置需要确定进水建筑物和结构形式。掌握引渠、前池和进水池的设计方法，能够设计引渠、前池和进水池的平面尺寸和立面高程。掌握出水建筑物的种类和作用，能够根据工程条件选择适宜的出水建筑物，并正确设计出水建筑物的平面尺寸和立面高程。

码 6-1　思政导引

泵站进、出水建筑物包括：进水涵闸，引（排）水渠（暗管、涵洞），前池，进水池，进、出水管，出水池（压力水箱及泄水涵洞），分水闸（防洪闸）等。进、出水建筑物的布置形式和尺寸直接影响水泵性能、装置效率、工程造价以及运行管理等。下面只介绍引渠、前池、进水池、出水管道、出水池和压力水箱的布置与设计。

任务一　进水建筑物设计

一、引渠与前池设计

（一）引渠

泵站的泵房远离水源时，应设计引渠（岸边式泵站可设涵洞），以便将水源的水流均匀地引至前池和进水池。

1. 引渠的要求

（1）有足够的输水能力，以满足泵站的引水流量。

（2）渠线宜顺直。如需设弯道，则土渠弯道半径应大于 5 倍渠道水面宽，石渠及衬砌渠弯道半径宜大于 3 倍渠道水面宽，弯道终点与前池进口之间应有大于 8 倍渠道水面宽的直段长度。

（3）要有拦污、沉沙、冲沙（对于多泥沙河流）、拦冰（对于寒冷地区）等设施，防止污物、有害泥沙、冰块进入前池。

(4)渠线宜避开地质构造复杂、渗透性强和有崩塌可能的地段,渠身宜设在挖方地基上,少占耕地,保证引渠安全稳定,且节省工程投资。

(5)应为前池、进水池提供良好的水流条件,渠中流速要小于不冲流速而大于不淤流速,以防止冲刷和淤积。

2. 引渠的类型

泵站的引渠,分为自动调节引渠和非自动调节引渠。

1)自动调节引渠

引渠的渠顶高程沿程不变,且高于渠内可能出现的最高水位,通常引渠较短,底坡平缓。引渠进口一般不设控制建筑物,它具有一定的调节容积,渠道沿线不会发生漫溢现象,可以适应泵站在不同流量时的工作需要,如图6-1所示。其缺点是挖方量大,泵房应有防洪设施。

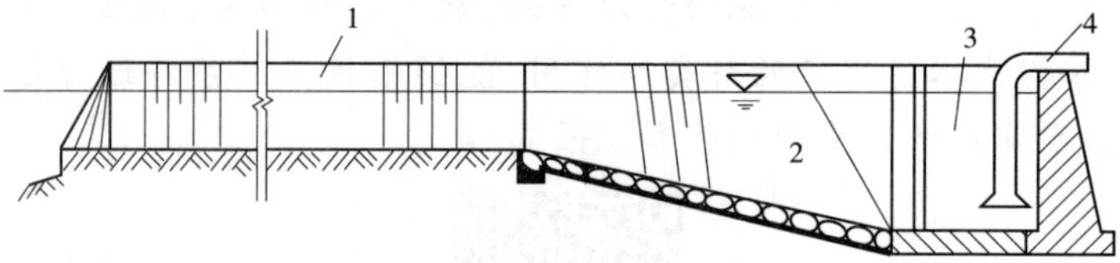

1—引渠;2—前池;3—进水池;4—进水管

图6-1　自动调节引渠

2)非自动调节引渠

当引渠较长,且泵站附近的渠道处于半挖半填的地段时,应采用非自动调节引渠。如果采用自动调节渠道,则挖方量较大,经济上不合理。

非自动调节引渠的渠顶沿程具有一定的坡降,一般和渠底坡降相同。当渠中通过设计流量时,水面平行渠底,如果水泵的抽水流量减少,引渠中就会出现壅水,可能发生漫顶的危险。因此,需在引渠的末端设置侧向溢流堰或在引渠的进口处设置控制闸。

3. 引渠的断面设计

引渠采用泵站最大流量为设计流量,按明渠均匀流进行断面设计,用不冲流速和不淤流速进行校核,经技术经济比较后确定出最佳方案。

(二)前池

1. 前池的作用

在有引渠的泵站中,前池是引水渠和进水池之间的连接建筑物。前池的底部在平面上呈梯形,其短边等于引渠底宽,长边等于进水池宽度。纵剖面为一逐渐下降的斜坡与进水池池底衔接。它的作用是:平顺地扩散水流,将引渠的水流均匀地输送给进水池,为水泵提供良好的吸水条件;当水泵流量改变时,前池的容积起一定的调节作用,从而减小前池和引渠的水位波动。

码6-2　微课:前池设计

2. 前池的形式

(1)按水流方向,可分为正向进水前池和侧向进水前池两种形式。所谓正向进水,是指前池的来水方向和进水池的进水方向一致,如图6-2所示。侧向进水是两者的水流方向成正交或斜交,如图 6-3 所示。

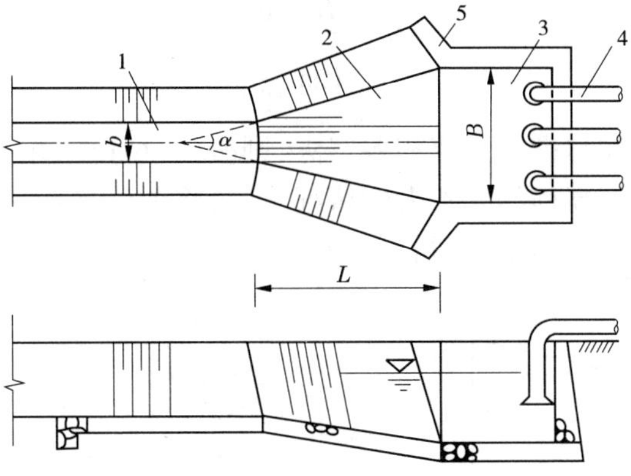

1—引渠;2—前池;3—进水池;4—进水管;5—翼墙

图 6-2 正向进水前池

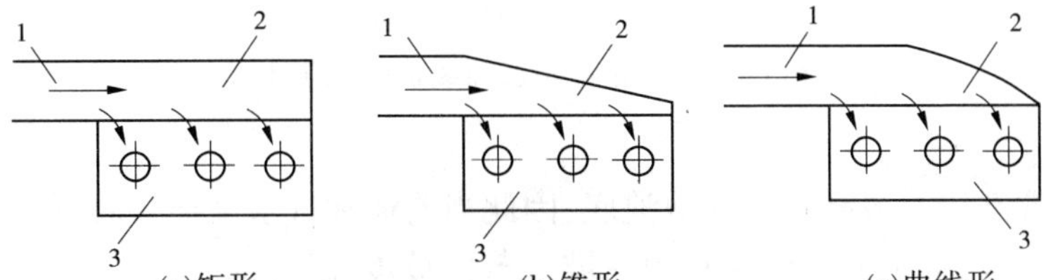

1—引渠;2—前池;3—进水池

图 6-3 侧向进水前池

正向进水前池形式简单,施工方便,池中水流比较平稳,流速也比较均匀,工程中应尽可能采用正向进水前池。但有时当机组台数较多致使前池尺寸加大、工程投资增加或由于地形条件的限制使总体布置困难时,可采用侧向进水前池。侧向进水前池流态比较紊乱,水流条件较差,由于流向的改变造成流速分布不均匀,容易形成回流和漩涡,出现死水区和回流区,影响水泵吸水;当设计不良时,会使最里面的水泵进水条件恶化,甚至无法吸水。因此,在实际工程中较少采用。当必须侧向进水时,池中宜设置导流设施(导流栅、导流墩、导流墙等),必要时通过模型试验验证。

(2)按前池中有无隔墩,可分为有隔墩和无隔墩两种形式。

3. 正向进水前池尺寸的确定

1)前池扩散角

前池的扩散角是影响前池尺寸及池中水流流态的主要因素。水流在边界条件一定的情况下,有它的天然扩散角,亦即不发生脱壁回流的临界扩散角。如果前池扩散角 α 等于小于水流的扩散角,则前池内不会产生脱壁回流。但 α 过小,将使前池长度加大,从而增加工程量。因此,前池扩散角等于水流扩散角时最为经济合理。根据有关试验和工程实践,前池扩散角 α 应小于 40°,一般采用 20°~40°。

2)前池长度

在引水渠末端底宽 b 与进水池宽度 B 已知的条件下,根据已选定的扩散角 α 可以用

下式计算前池长度 L：

$$L = \frac{B - b}{2\tan\dfrac{\alpha}{2}} \tag{6-1}$$

如果引水渠末端底宽与进水池宽相差很大,则按式(6-1)求出的 L 值较长,在引渠末端底部高程与进水池底部高程相差不大的情况下,可将前池平面做成折线扩散型或曲线扩散型,以缩短池长,节省工程量,如图 6-4 所示。

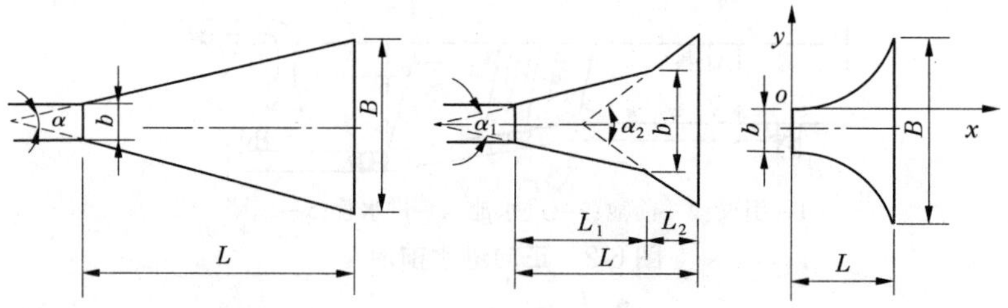

图 6-4　折线扩散型及曲线扩散型前池

3)前池底坡

引水渠末端高程一般高于进水池池底,因此当前池和进水池连接时,前池除进行平面扩散外,往往有一向进水池方向倾斜的纵坡。若此坡度太陡,则水流会产生纵向回流,水泵吸水管阻力增大;若太缓则会增加工程量,适宜的前池底坡 i 不宜大于 0.25,一般应在 0.2~0.25 的范围内选取。当 i 不超过 0.2~0.25 时,为了节省工程量,可以将前池底部前段做成水平,靠近进水池的后段做成斜坡,并使此斜坡 i 为 0.2~0.25。

4)前池构造

对于地基较好的前池,一般采用 M5 砂浆砌石或干砌石护底、护坡。砌石厚度通常为 30~50 cm。当地基条件较差时,对堤后式泵房或地下水位较高的地区,为防止渗透变形,必要时可在前池底部加做反滤层等防渗措施,以确保泵站的安全。对寒冷地区开敞式前池的边墙,宜采用直立式挡土墙,因为它的厚度较大,整体性好,抗冻胀性能较好。如果采用护坡衬砌,则应采取防冻胀措施。

二、进水池设计

进水池是为水泵或进水管直接吸水的建筑物,其主要作用是为水泵提供良好的吸水条件,在水泵机组检修时截断水流,水泵运行时拦截水中污物。试验和观测表明,进水池中水流流态对水泵进水性能具有显著影响。如果池中水流紊乱,出现漩涡,空气进入水泵,不仅会减少水泵出水量,降低水泵的效率,甚至引起水泵气蚀;由于漩涡时有时无且方向随时改变,还会引起水泵机组产生噪声、振动而无法工作。进水池中水流流态除取决于前池的来水外,还和进水池几何形状、尺寸、吸水管在池中的相对位置等因素直接有关。

码 6-3　微课:进水池设计

进行进水池设计时,进水池的形式和尺寸应满足水泵吸水性能好,能量损失小,水泵装置效率高，机组运行安全，安装、管理、维修方便和工程造价低的要求，合理选择进水池形式，正确确定进水池尺寸。

（一）进水池平面形状的选择

选择进水池平面形状应满足水力条件良好，同时要综合考虑工程造价及方便施工。目前使用较多的进水池有矩形、多边形、半圆形和平面对称蜗形，如图 6-5 所示。不同形式的进水池有不同的流态。矩形进水池两角和水泵（或进水管）的后侧易产生漩涡，受前池流态影响，池中易产生回流；多边形进水池基本消除了两角处的漩涡，但仍可能产生回流；半圆形进水池与矩形相比，没有两角漩涡，但如果泵吸水口安装于半圆的圆心处，易产生漩涡和回流；平面对称蜗形水流条件好，漩涡和回流不易产生，可以获得满意的进水流态。试验观测表明，在进水池各同名尺寸均取相同值的情况下，平面对称蜗形进水池的泵站装置效率较矩形进水池提高 2%~4%，但由于其施工复杂，中小型泵站中很少采用。矩形、多边形进水池施工方便。半圆形进水池后壁受力条件好，可做成拱形挡土墙，节省建筑材料。为了改善水流条件，在采用这些形式的进水池时，要采取相应的消除漩涡和回流的措施。

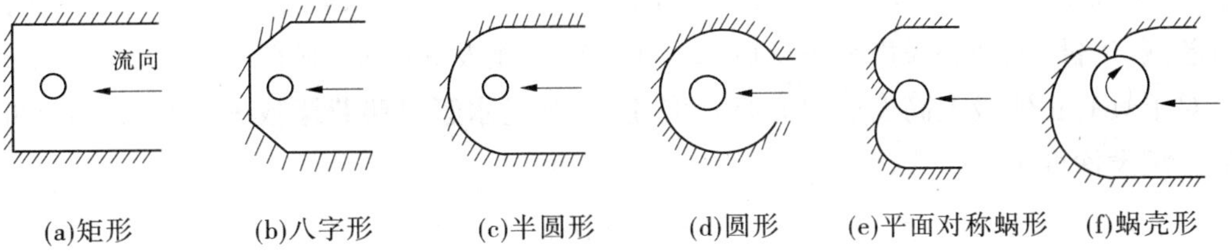

图 6-5 进水池平面形状

（二）进水池尺寸的确定

1. 悬空高度 $h_{悬}$

悬空高度是指进水管口至池底的垂直距离。若悬空高度过大，会增加池深和工程量，同时还会造成如图 6-6(b) 所示的单面进水的情况，使管口流速和压力分布不均匀，水泵效率下降；有时还会形成附壁漩涡，使水泵产生振动和噪声。若悬空高度过小，进入喇叭口的流线过于弯曲，增加进口水力损失，水泵效率下降，并会产生附底漩涡；同时悬空高度过小会使池底冲刷，严重的会将池底砌石的砂浆吸起。

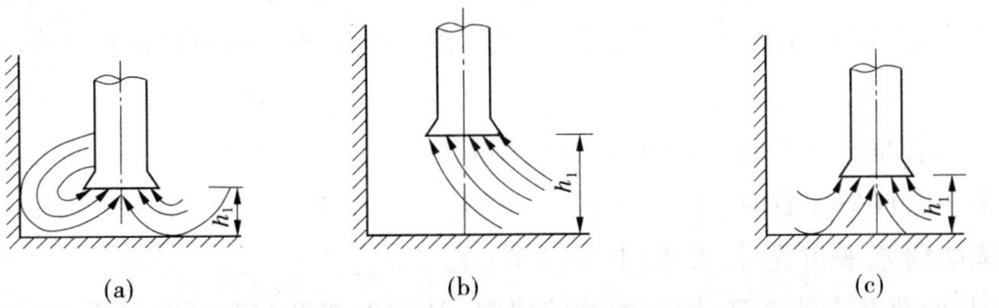

图 6-6 不同悬空高度进口流线形状

据试验资料，当 $h_{悬}$ 在 $(0.3\sim0.8)D_{进}$ 范围内变化时，泵站装置效率基本不变；$h_{悬}$ 降到 $0.2D_{进}$ 时，泵站装置效率开始有变化。对于离心泵或小口径轴流泵、混流泵，在泵站设

计中,悬空高度(喇叭口中心悬空高度)一般建议为

$$
\begin{aligned}
&\text{喇叭管垂直布置时} \quad h_{悬}=(0.6\sim 0.8)D_{进}\\
&\text{喇叭管倾斜布置时} \quad h_{悬}=(0.8\sim 1.0)D_{进}\\
&\text{喇叭管水平布置时} \quad h_{悬}=(1.0\sim 1.25)D_{进}
\end{aligned}
\tag{6-2}
$$

其中

$$D_{进}=(1.3\sim 1.5)D_1 \tag{6-3}$$

式中 $D_{进}$——进水喇叭口直径;

D_1——对于卧式泵为进水管直径,对于立式泵为叶轮直径。

对于小管径取公式中较大的倍数,对于大管径取公式中较小的倍数。

对于立式轴流泵还要考虑安装检修的需要,$h_{悬}$ 不宜小于 0.5 m。对于任何管径的 $h_{悬}$ 均不得小于 0.3 m,以防砂石及杂物吸入,损坏水泵。

2. 淹没深度 $h_{淹}$

淹没深度是指进水管口在进水池水面以下的深度,它对水泵进水性能具有决定性的影响,如果确定不当,池中将形成漩涡,甚至产生进气现象,使水泵效率下降,还可能引起机组超载、气蚀、振动和噪声等不良后果。正确确定淹没深度 $h_{淹}$ 显得十分重要。

对于具有正值吸上高度的离心泵及混流泵,当进水管口弗劳德数 Fr 在 0.3~1.8 时,其临界淹没深度可按下式计算:

$$h_{临淹}=K_s D_{进} \tag{6-4}$$

其中

$$K_s=0.64(Fr+0.65T/D_{进}+0.75) \tag{6-5}$$

式中 $h_{临淹}$——进水管口临界淹没深度,m;

K_s——淹没系数;

$D_{进}$——进水管口直径,m;

T——进水管口到后墙距离,m;

Fr——弗劳德数,$Fr=\dfrac{v_{进}}{\sqrt{gD_{进}}}$。

进水管若直立安装,$h_{临淹}$不小于 0.5 m;若水平安装,则管口上缘 $h_{临淹}$不小于 0.4 m。

《泵站设计标准》(GB 50265—2022)规定,离心泵喇叭口的淹没深度还应满足以下要求:

(1)喇叭管垂直布置时,大于(1.0~1.25)$D_{进}$。

(2)喇叭管倾斜布置时,大于(1.5~1.8)$D_{进}$。

(3)喇叭管水平布置时,大于(1.8~2.0)$D_{进}$。

对于中小型立式轴流泵,据有关试验资料,其临界淹没深度可根据后壁距来确定:

(1)当后壁距 $T=(0\sim 0.25)D_{进}$ 时,$h_{临淹}=0.8D_{进}$。

(2)当后壁距 $T=0.5D_{进}$ 时,$h_{临淹}=(1.0\sim 1.1)D_{进}$。

淹没水深还应满足水泵气蚀余量和淹没下导轴承的要求。

3. 后壁距 T

后壁距不仅关系到泵站装置效率，还关系到进水池内有害漩涡和回流的形成，见图 6-7。按照消除水面漩涡的要求，$T=0$ 时效果最好。但对于立式泵，T 值过小，会使进口流速和压力分布不均匀，导致水泵效率下降。另外，考虑到安装检修的方便，建议采用：

$$T=(0.3\sim0.5)D_{进} \tag{6-6}$$

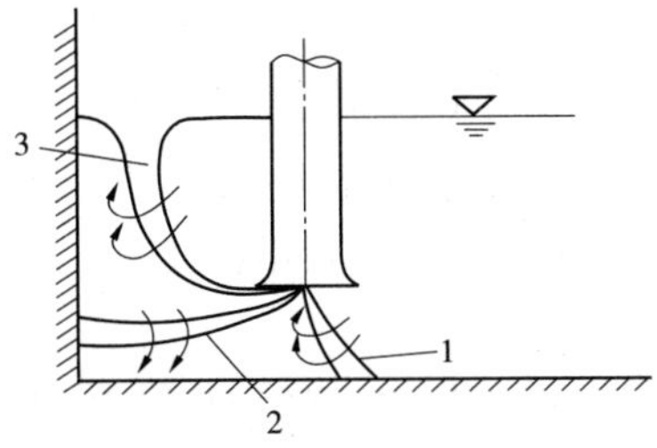

1—附底漩涡；2—附壁漩涡；3—水面漩涡

图 6-7 不同的漩涡形态

4. 进水池池宽及池长的确定

进水池池宽过大，除增加工程量外，还会使进水池导向作用变差，易产生漩涡；宽度过小，流速加大，管口阻力损失增加，边壁拐角易产生漩涡。进水池长度过长，有利于池中流速的调整均匀，但会增加工程量；池长过短，进水池的有效容积小，水泵启动时，进水池水位急速下降，由于淹没深度不足，造成启动困难，甚至无法启动。进水池池宽、池长可按下列方法确定。

1) 池宽 B

进水池平面尺寸如图 6-8 所示。

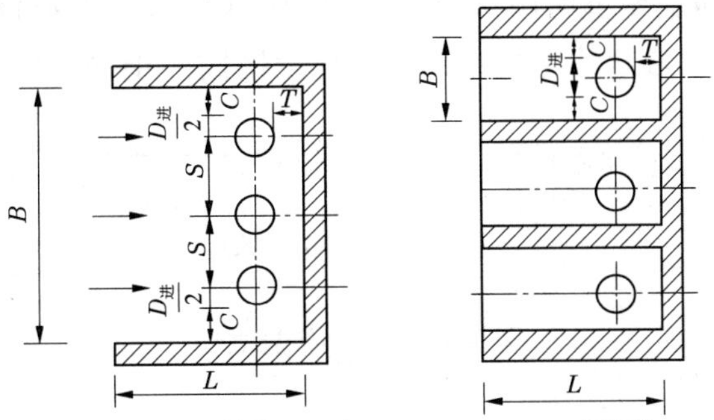

(a)无隔墩　(b)有隔墩

图 6-8 进水池平面图

(1) 边距 C。

池中只有单泵时：

$$C=D_{进} \tag{6-7}$$

对于多台泵共用一池时：

$$\left.\begin{aligned} &当 D_{进}<1\text{ m 时} && C=D_{进} \\ &当 D_{进}>1\text{ m 时} && C=(0.5\sim1.0)D_{进} \end{aligned}\right\} \tag{6-8}$$

(2) 间距 S。

$$S\geqslant(2\sim2.5)D_{进} \tag{6-9}$$

(3) 池宽 B。

对于池中只有单台泵时：

$$B=(2\sim3)D_{进} \tag{6-10}$$

对于多台泵共用一池时：

$$B=(n-1)S+D_{进}+2C \tag{6-11}$$

式中 n——水泵台数。

2)池长 L

进水池长度一般根据单位时间内进水池的有效容积是总流量的多少倍来计算,即

$$L=K\frac{Q}{Bh} \tag{6-12}$$

式中 L——池长,m;

h——在设计水位时的进水池水深,m;

Q——泵站总流量,m^3/s;

K——秒换水系数,一般取30~50。

对于轴流泵站,K 取大值;离心泵站,K 取小值。需要指出的是,在任何情况下进水池长度应保证进水管中心至进水池入口有 $4D_{进}$ 的距离。所以,进水池最小长度还应满足:

$$L=4.5D_{进}+T \tag{6-13}$$

(三)消除漩涡的措施

当管口淹没深度 $h_{淹}$ 不足而出现漩涡时,可在进水管上加盖板或采取其他措施,如图6-9所示。另外,也可在进水池中不同部位加设挡板,如图6-10所示。

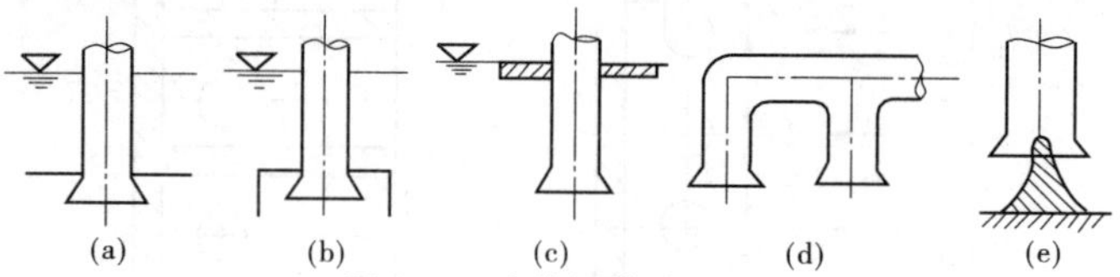

图6-9　防漩涡措施之一

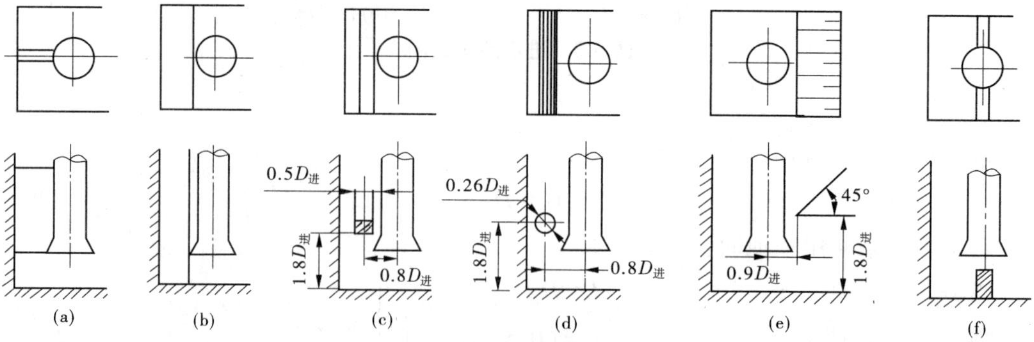

图6-10　防漩涡措施之二

(四)进水池构造

建在泵房前的进水池,池边墙可为直立式或斜坡式。直立边墙可采用M5砂浆块石砌筑。斜坡式用M5砂浆块石护坡。护坡厚30 cm,护底厚30~50 cm。喇叭口附近护底

厚应不小于 50~70 cm。其顶部浇筑厚度不小于 10 cm 的混凝土，以保护下层浆砌石。进水池翼墙平面布置采用曲线或直线，收缩角可采用 15°~30°。对于建在泵房下的进水池，结构与泵房统一考虑。

任务二　出水建筑物设计

一、出水池与压力水箱设计

出水池和压力水箱都是泵站的出水建筑物，两者结构形式不同，前者是开敞式，后者是封闭式。出水池是一座连接压力管路和排灌干渠的扩散型水池，主要起消能稳流的作用，把压力水管射出的水流平顺而均匀地引入干渠中，以免冲刷渠道。压力水箱多用于排水泵站中，它位于压力管路和压力涵管之间，并把各管路的来水汇集起来，再由排水压力涵管输送到承泄区。

码 6-4　微课：出水池设计

（一）出水池

1. 出水池的类型

1）根据水流方向分类

按出水和输水方向不同分为正向、侧向和多向出水池，其中以正向出水的水流条件最好，工程中经常采用，如图 6-11 所示。

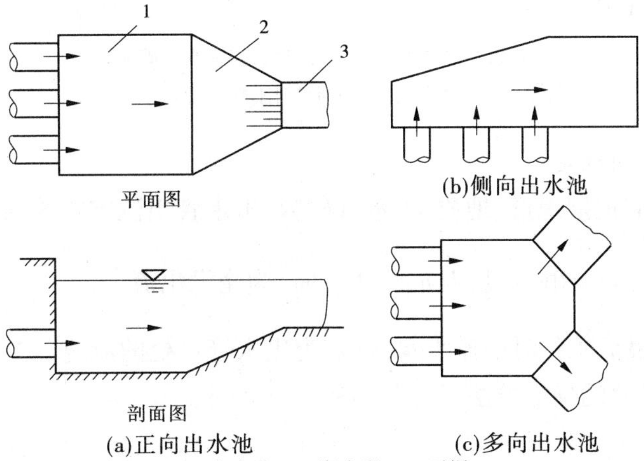

1—出水池；2—渐变段；3—干渠

图 6-11　出水池平面形式

2）根据出水管出流方式分类

按出水管是否淹没可分为自由出流和淹没出流，如图 6-12 所示。自由出流，出水管口高于出水池水位，停泵后池中水不会向出水管倒流，但它浪费扬程，只用在临时性的小型抽水装置中。淹没出流可以充分利用水泵的扬程，其消能效果也好，为防止停泵后出水池中水流向出水管倒流,必须采用一定断流方式进行断流。

码 6-5　微课:出水管出流方式

3)根据断流方式分类

(1)拍门式。在出水管口安装拍门,用以防止池水倒灌。为减少水泵正常运行时出水管口的水头损失,常在拍门上装平衡锤。为减轻水泵停机拍门关闭时出水管内形成的负压,在靠近拍门的出水管道上设有通气孔,如图 6-12(b)所示。

(2)虹吸式。出水管与出水池之间用虹吸管连接。在虹吸管顶部设置真空破坏阀,停机时,阀门自动打开,破坏真空,从而截断水流,如图 6-12(c)所示。

(3)溢流堰式。出水池内设溢流堰,防止停机时池水向出水管倒灌。其缺点是溢流堰使池中水位抬高,加大了水泵扬程,如图 6-12(d)所示。

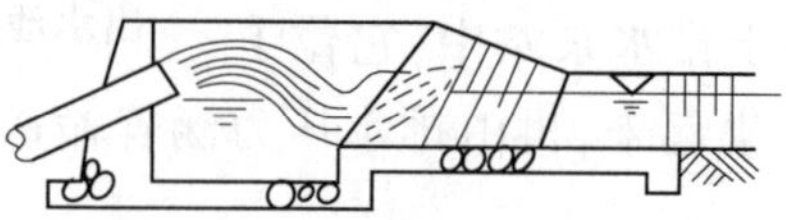

(a)自由出流

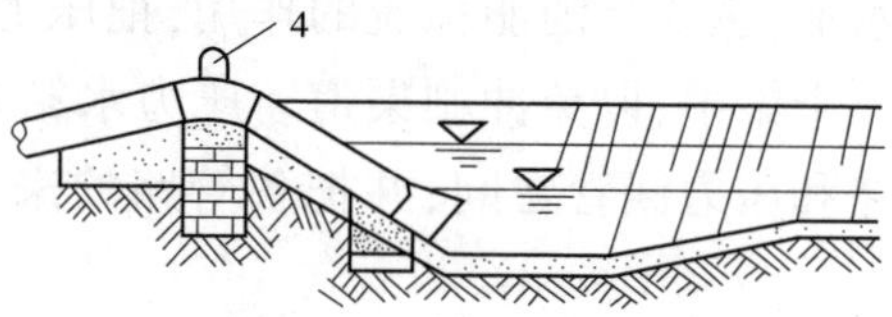

(c)虹吸式淹没出流

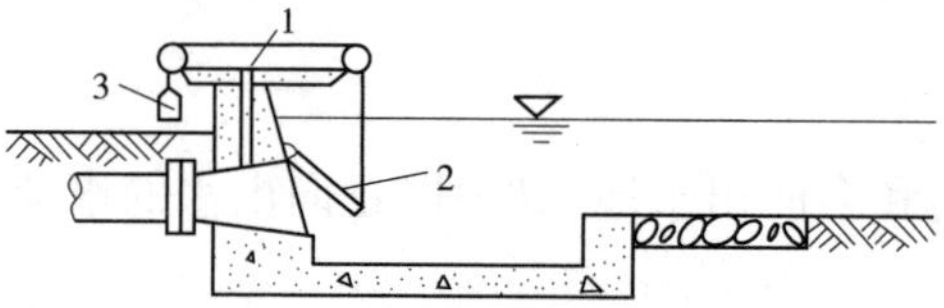

(b)拍门式淹没出流

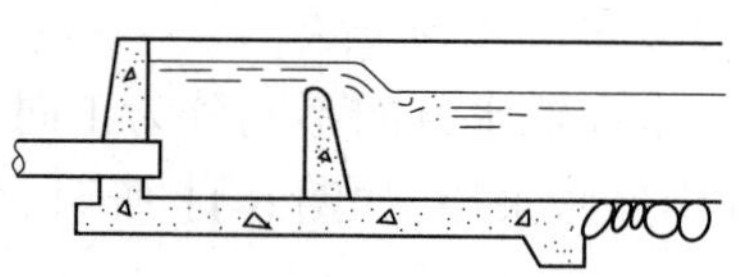

(d)溢流堰式淹没出流

1—通气孔;2—拍门;3—平衡锤;4—真空破坏阀

图 6-12　出水管出流方式

2. 出水池尺寸的确定

出水池尺寸,应根据地形、地质、出水管根数、出水管出流方式等因素确定。

当 $h_{淹}<2\dfrac{v_0^2}{2g}$ 时,为自由出流;当 $h_{淹}\geqslant 2\dfrac{v_0^2}{2g}$ 时,为淹没出流。

$h_{淹}$ 为出水池最低水位时的淹没水深,v_0 为出水管口处的流速。下面介绍正向出水池淹没出流各部分尺寸的确定方法,见图 6-13。

1)出水池长度 L_k

(1)水平淹没出流。当出水管末端为水平布置时,在淹没出流条件下,池内上部分形成表面旋滚。为了使旋滚在池内消散,其必需的池长即 L_k 可按下式计算:

$$L_k = K h_{淹大}^{0.5} \tag{6-14}$$

式中　L_k——出水池长度,m;

$h_{淹大}$——管口上缘的最大淹没水深,m;

K——试验系数。

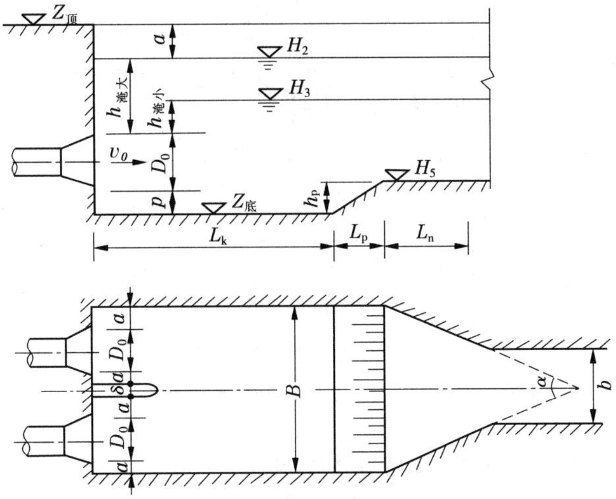

图 6-13　出水池尺寸计算简图

$$K = 7 - \left(\frac{h_p}{D_0} - 0.5\right) \times \frac{2.4}{1 + \frac{0.5}{m^2}} \tag{6-15}$$

式中　h_p——台坎高度，m；

m——台坎坡度，$m = \frac{h_p}{L_p}$，L_p 为斜坡水平长度，m；

D_0——出水管口直径，m。

当管口出流速度较小时，式(6-14)较为准确，但当 $v_0 \geq 1.5$ m/s 时，误差较大，可按下式计算：

$$L_k = K\left(h_{淹大} + \frac{v_0^2}{2g}\right) \tag{6-16}$$

式中　v_0——出水管口平均流速，m/s；

其他符号意义同前。

当无台坎($m=0$)或 $h_p \leq 0.5D_0$ 时

$$L_k = 7\left(h_{淹大} + \frac{v_0^2}{2g}\right) \tag{6-17}$$

当台坎垂直时，$L_p=0$，则

$$L_k = \left(8.2 - 2.4\frac{h_p}{D_0}\right)\left(h_{淹大} + \frac{v_0^2}{2g}\right) \tag{6-18}$$

(2)倾斜淹没出流。当出水管末端为倾斜布置时(见图 6-14)，如果出水池池底和干渠渠底同高则为无台坎布置，这时，池长可按下式计算：

$$L_k = 3.5(2.7 - h_{淹大}) - 0.2\alpha \tag{6-19}$$

式中　α——出水管的上倾角；

其他符号意义同前。

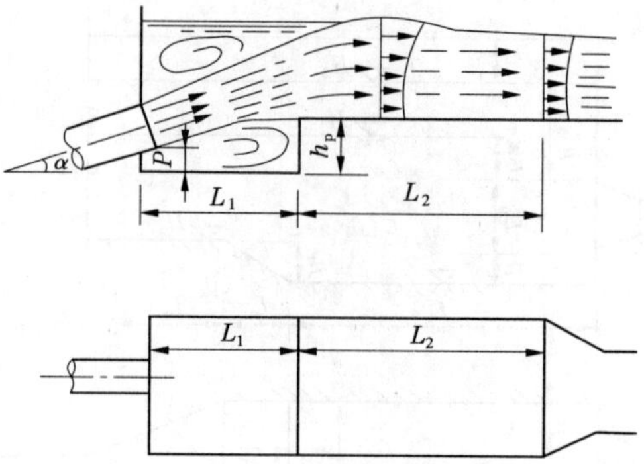

图 6-14　倾斜淹没出流

对于有台坎的倾斜淹没出流,池长计算公式为

$$L_k = L_1 + L_2 \tag{6-20}$$

L_1 为池长的前部,出水管流出的主流由于受底部漩涡的挤压,基本上不产生扩散。为了将底部漩涡限制在池坎内,这时

$$L_1 = \frac{h_p - p}{\tan\alpha} \tag{6-21}$$

L_2 为坎后水流流速调整需要的长度,它随 h_p 的减小而增长,可按下式计算:

$$L_2 = 2(3D_0 - h_p) \tag{6-22}$$

式(6-19)~式(6-22)适用于 $\alpha = 15° \sim 45°$的情况,当 $\alpha < 15°$时,按水平出流计算。

2)出水池宽度 B

$$B = (n - 1)\delta + n(D_0 + 2a) \tag{6-23}$$

式中　B——出水池宽度,m;

n——出水管数目;

δ——隔墩厚度,m;

D_0——出水管口直径,m;

a——出水管至隔墩或距池壁的距离,$a = 0.5D_0$,m。

3)管口上缘最小淹没深度 $h_{淹小}$

$$h_{淹小} = 2\frac{v_o^2}{2g} \tag{6-24}$$

式中　$h_{淹小}$——管口上缘最小淹没深度,m;

v_0——出水管口流速,m/s。

4)出水池底板高程 $Z_{底}$

$$Z_{底} = Z_{低} - (h_{淹小} + D_0 + P) \tag{6-25}$$

式中　$Z_{底}$——出水池底板高程,m;

$Z_{低}$——出水池最低运行水位,m;

P——出水管口下缘距池底的垂直距离,m,为防止管口淤塞和边缘安装维修,一般采用 $P = 0.1 \sim 0.3$ m。

5) 出水池墙顶高程 $Z_{顶}$

$$Z_{顶} = Z_{高} + a \tag{6-26}$$

式中 $Z_{顶}$——出水池墙顶高程,m;

$Z_{高}$——出水池最高水位,m;

a——安全超高,m,参照表 6-1。

表 6-1 安全超高值

泵站流量/(m^3/s)	<1	1~6	>6
a/m	0.4	0.5	0.6

6) 出水池与渠道的衔接

出水池宽度一般大于渠道底宽,为使水流平顺地进入渠道,出水池与渠道之间应设渐变段,如图 6-13 所示。渐变段的收缩角 α 宜小于 40°,渐变段长度可按下式计算:

$$l_n = \frac{B - b}{2\tan\frac{\alpha}{2}} \tag{6-27}$$

式中 l_n——渐变段长,m;

b——渠道底宽,m;

其他符号意义同前。

为防止水流冲刷渠道,靠近渐变段渠道应该护砌,护砌长度可取渠中最大水深的 4~5 倍。

3. 出水池构造

出水池的位置一般位于泵房的陡坡顶部。如果出水池遭受破坏,可能危及泵站安全。因此,在出水池位置选择和建筑物设计时,要特别重视地基稳定和建筑物的安全问题。

出水池位置应结合管线和泵房位置进行选择。要求地形条件好,地面高程适宜,地基坚实稳定,渗透性小,且工程量少。出水池应尽可能修建在挖方上,如因地形条件限制,必须修建在填方上,填土应碾压密实。

对于地基条件较好的出水池,可采用浆砌石结构;地基条件差或北方地区可采用钢筋混凝土结构。建在填方上时,将出水池做成整体式结构,加大基础埋置深度,或用块石垫层,还要注意做好防渗与排水设施。

(二) 压力水箱

压力水箱是一种封闭式的出水池,箱内水流一般无自由水面。

1. 压力水箱的类型

(1) 按出流方向分,有正向出水与侧向出水两种。

(2) 按平面形状分,有梯形和长方形两种。

(3) 按水箱结构分,有隔墩和无隔墩两种。

试验表明,正向出水、平面形状为梯形、有隔墩的压力水箱水流条件较好。

2. 压力水箱的结构及尺寸的确定

1) 压力水箱的结构形式

压力水箱式的出水建筑物,一般由压力水箱、压力涵管和防洪闸等组成。水箱可与泵房分建,由支架支撑,支架基础应建于挖方上,如图6-15所示。合建式水箱一般简支于泵房后墙上,以防两基础产生不均匀沉陷,导致水箱的破坏。

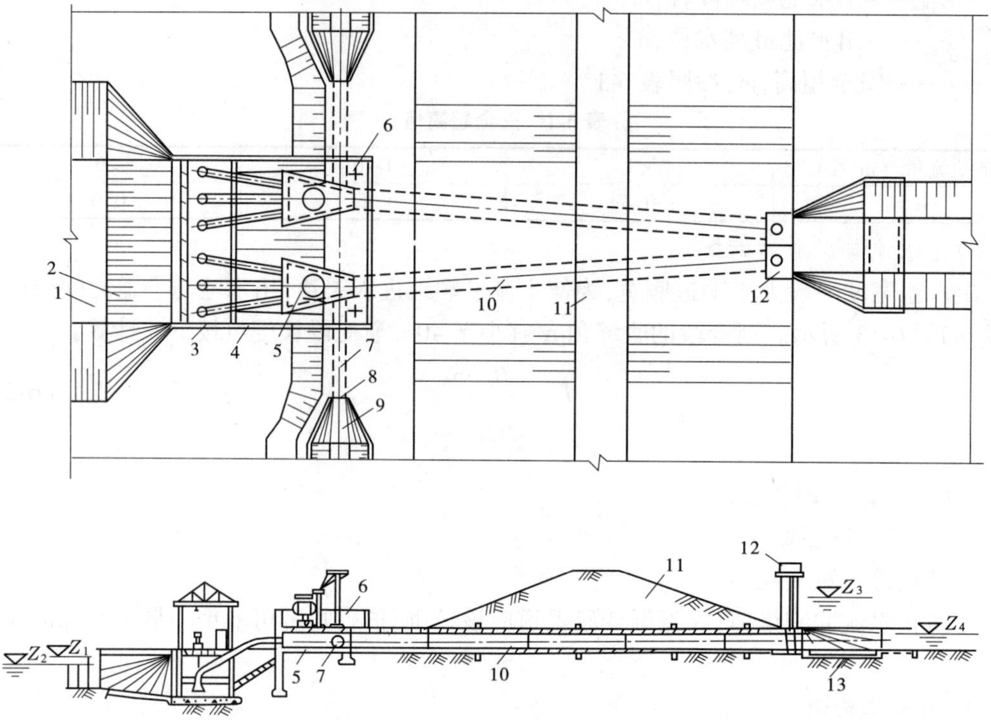

1—引渠;2—前池;3—泵房;4—挡土墙;5—压力水箱;6—变电站;7—灌溉涵管;8—灌溉闸;9—灌溉干渠;10—压力涵洞;11—防洪堤;12—防洪闸;13—消力池

图6-15　正向压力水箱布置

2)压力水箱的尺寸确定

压力水箱为钢筋混凝土整体结构,其容积不宜过大。一般采用3~4台水泵合用一个水箱,如图6-16所示。水箱断面取决于箱内的设计流速,一般取1.5~2.5 m/s,同时考虑工作人员进入水箱内检修所需要的尺寸。水箱进口净宽可按下式计算:

$$B = n(D_0 + 2a) + (n - 1)\delta \tag{6-28}$$

式中　B——水箱进口净宽,m;

n——出水管数目;

D_0——出水管口直径,m;

a——出水管边缘至隔墩或箱壁的距离,一般可取0.25~0.3 m;

δ——隔墩厚,一般可取0.2~0.3 m。

压力水箱与压力涵管相连,涵管一般采用矩形截面,水箱出口宽度b与涵管相等。水箱收缩角α一般采用30°~45°,因此压力水箱长度L为

$$L = \frac{B - b}{2\tan\dfrac{\alpha}{2}} \tag{6-29}$$

水箱壁厚一般为0.3~0.4 m。为检修方便，水箱顶部设有进人孔，一般为0.6~1 m的正方形。盖板由钢板制成，并用螺母固定在埋设于箱壁的螺栓上，盖板和箱壁间有2~3 mm厚的橡皮止水。

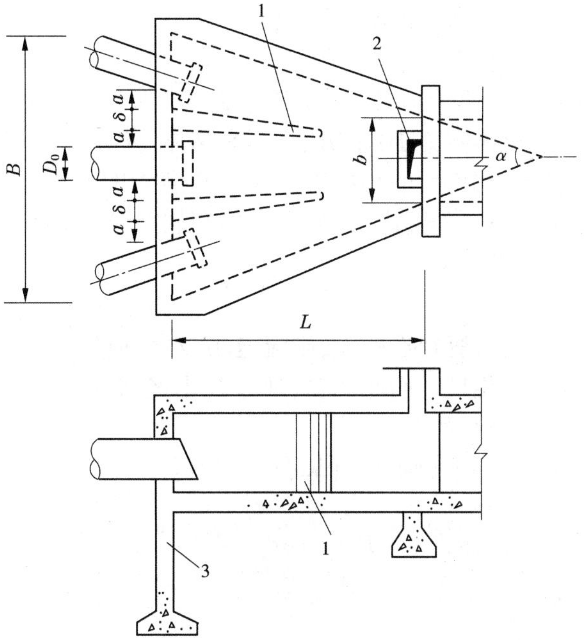

1—隔墩；2—进人孔；3—支架

图6-16 压力水箱尺寸

二、出水管道设计

从水泵至出水池之间的一段有压管道称为出水管道。出水管道的长度、数量和管径的大小及其铺设对泵站的总投资影响较大。特别是高扬程泵站，出水管往往很长，在泵站总投资中比重很大，而且影响到泵站的运行费用。因此，正确合理地设计出水管道显得尤为重要。

出水管道应有足够的强度、刚度和稳定性，密封性能好。管道的布置应使水力损失小，投资省，施工及运行管理应方便，运行安全可靠，有必要的安全装置，能适应水泵不同工况下的安全运行。

(一)出水管道的管材与经济管径

1. 管材

出水管道一般有钢管、预应力钢筋混凝土管、预制钢筋混凝土管、现浇钢筋混凝土管和塑料管等。目前，泵站的出水管道大多采用钢管和预应力钢筋混凝土管(国家有标准产品)。

1)钢管

钢管具有强度高、管壁薄、接头简单和运输方便等优点；但它易生锈、使用期限短、造价高。一般泵站，从水泵出口到一号镇墩处的出水管道，因附件多，为了安装上的方便，均采用钢管。在一些高扬程泵站中,为了承受较大的设计压力,出水管道也多采用钢管。

2)预应力钢筋混凝土管

预应力钢筋混凝土管和钢管相比,具有节省钢材、使用年限长、输水性能好等优点;和现浇钢筋混凝土相比,又具有安装简便、施工期限短等优点。泵站设计中,在设计压力允许的情况下,尽量选用预应力钢筋混凝土管。

3)塑料管

塑料管价格低、重量轻,便于运输、储存和安装,有利于加快施工进度和降低施工费用,便于维修;内壁光滑,流体阻力小;耐腐蚀、不易堵塞、不结垢、外形美观、无不良气味。目前,一些流量和水头压力都不大的小型机泵和喷滴灌管网的水泵出水管路较多采用塑料管。随着化学建材生产技术的提高,新型优质的塑料管道逐步代替原有的金属或其他管材是必然的趋势。

2. 经济管径

当管长及流量一定时,若管径选的大,则流速小,水力损失小,但所需管材多,造价高;若管径选的小,则情况正好相反。因此,需要通过技术经济比较,确定经济管径。初设阶段,可利用经验公式确定,介绍如下。

(1)根据扬程、流量确定经济管径,计算公式如下:

$$D = \sqrt[7]{\frac{5.2Q_{max}^3}{H_{净}}} \tag{6-30}$$

式中 D——经济管径,m;

Q_{max}——管内最大流量,m^3/s;

$H_{净}$——泵站净扬程,m。

式(6-30)所确定的管径,对高扬程泵站较为适合,对低扬程泵站偏大。

(2)根据经济流速确定经济管径,按下式计算:

$$D = 1.13\sqrt{\frac{Q}{v_{经}}} \tag{6-31}$$

式中 D——经济管径,m;

Q——管路的多年平均流量,m^3/s;

$v_{经}$——出水管道经济流速,一般当净扬程在 50 m 以下取 1.5~2.0 m/s,净扬程为 50~100 m 时可取 2.0~2.5 m/s。

(3)简便计算公式。为计算方便也可采用下式确定经济管径:

$$\left.\begin{aligned} &当 Q<120\ m^3/h 时 \quad D=13\sqrt{Q} \\ &当 Q>120\ m^3/h 时 \quad D=11.5\sqrt{Q} \end{aligned}\right\} \tag{6-32}$$

式中 D——经济管径,mm;

Q——水管设计流量,m^3/h。

(二)出水管道的管线选择与布置

1. 管线选择

出水管道的管线选择,对泵站的安全运行及工程投资均有较大影响,通常须根据地形地质条件,结合泵站总体布置要求,经方案比较后确定,选线原则如下:

(1)管线应尽量垂直于等高线布置,以利管坡稳定,缩短管道长度。管线铺设角应小于土的内摩擦角,管坡一般采用1∶2.5~1∶3.0。

(2)管线应短而直,应尽可能减少拐弯,以减小水头损失。但当地形坡度有较大变化时,管线应变坡布置,转弯角宜小于60°,转弯半径宜大于2倍管径。

(3)出水管道应避开地质不良地段,不能避开时,应采取安全可靠的工程措施。

(4)铺设在填方上的管道,填方应压实处理,并做好排水设施。管道跨越山洪沟道时,应考虑排洪措施,设置排洪建筑物。

(5)管道在平面和立面上均须转弯且其位置相近时,宜合并成一个空间转弯角,管顶线宜布置在最低压力坡度线(发生水锤时,管内最低压力分布线)以下。当出水管道线路较长时,应在管线最高处设置排(补)气阀。

2.布置方式

(1)单泵单管平行布置(见图6-17)。该布置方式管线短而直,水力损失小,管路附件少,安装方便。但机组台数多,出水池宽度大。适用于机组台数少、直径大的压力水管。

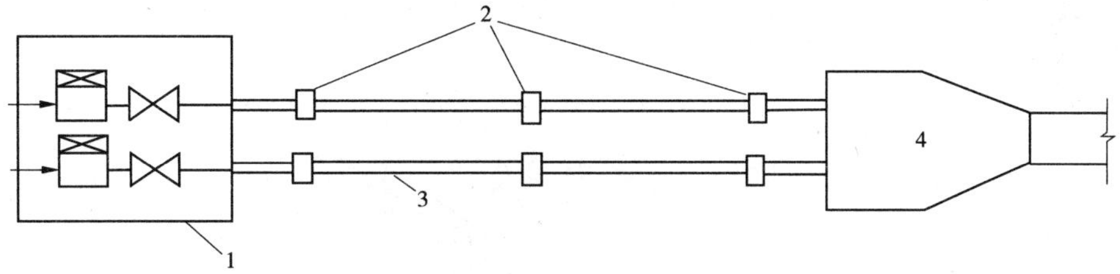

1—泵房;2—镇墩;3—管道;4—出水池

图6-17　单泵单管平行布置

(2)单泵单管收缩布置(见图6-18)。该布置方式镇墩可以合建,出水池宽度可以缩短,可节省工程投资。适用机组台数较多的情况。

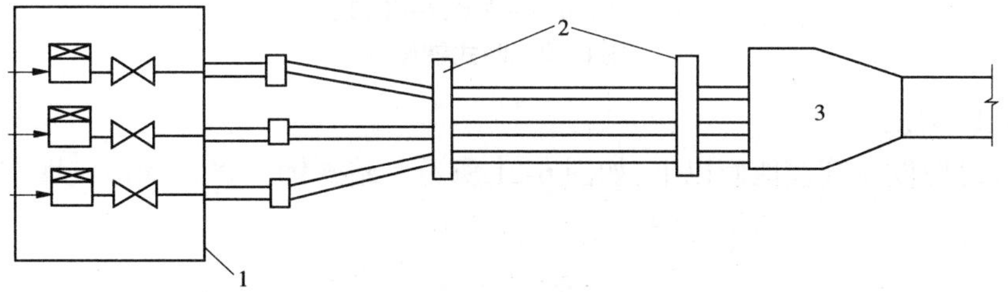

1—泵房;2—联合镇墩;3—出水池

图6-18　单泵单管收缩布置

(3)多泵并联布置(见图6-19)。当泵站机组台数较多时,为减少占地面积及缩短出水池尺寸,可将两管或数管并联布置。但这种布置方式管道附件增多,总管出故障后对泵站工作影响较大。

3.出水管道的铺设

1)铺设方式

压力水管的铺设方式有明式和暗式两类。

(1)明式铺设。

出水管道露天铺设于管线地基上,如图6-20所示。铺设时管间净距不应小于0.8 m,

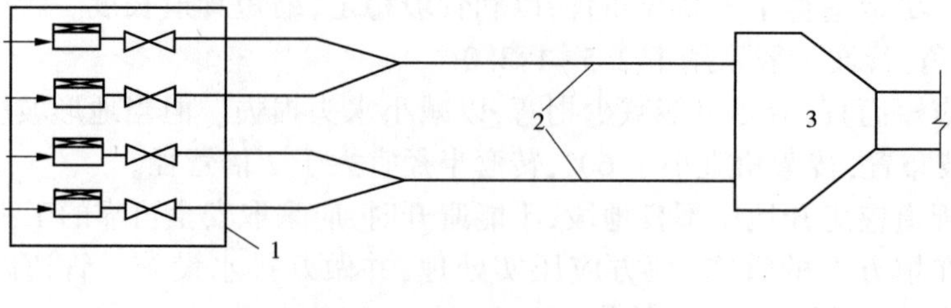

1—泵房;2—并联管;3—出水池

图6-19 多泵并联布置

钢管底部应高出管道槽地面0.6 m,预应力钢筋混凝土管承插口底部应高出管道槽地面0.3 m;管槽应有排水设施,坡面应护砌,当管槽纵向坡度较陡时,应设人行阶梯便道,其宽度不宜小于1.0 m;当管径大于或等于1.0 m且管道较长时,应设检查孔,每条管道的检查孔不宜少于2个。明式铺设水管检修养护方便,但管内无水期间,水管受温度变化影响较大,并需要经常性维护。

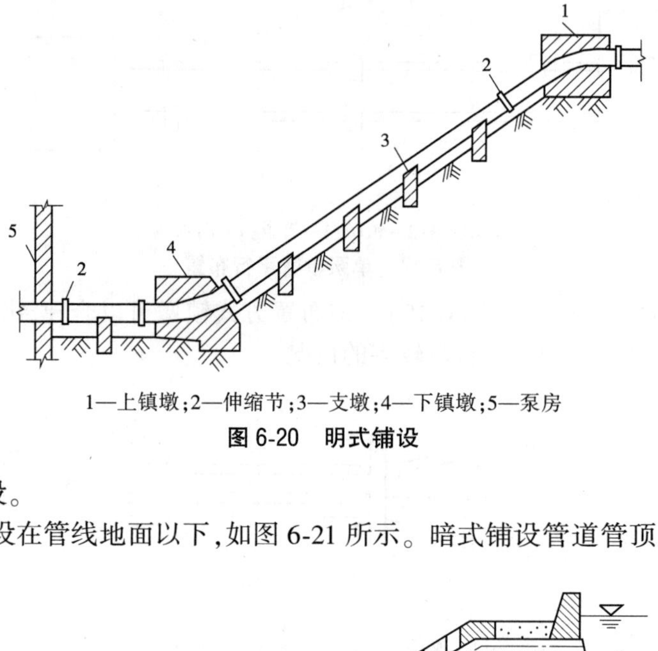

1—上镇墩;2—伸缩节;3—支墩;4—下镇墩;5—泵房

图6-20 明式铺设

(2)暗式铺设。

出水管道埋设在管线地面以下,如图6-21所示。暗式铺设管道管顶应埋在最大冻土

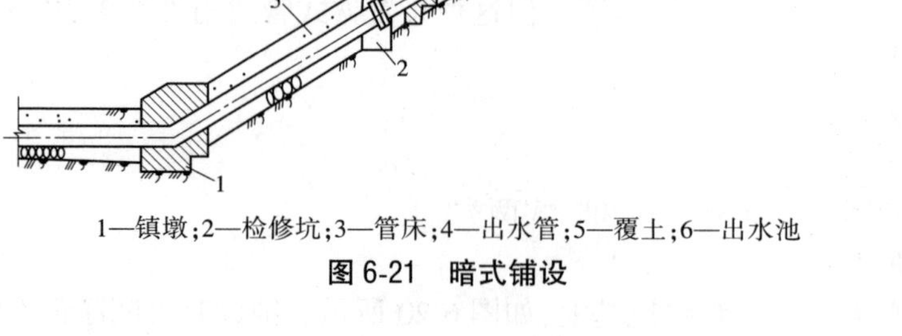

1—镇墩;2—检修坑;3—管床;4—出水管;5—覆土;6—出水池

图6-21 暗式铺设

深度以下；管间净距不应小于 0.8 m；埋入地下的钢管应做防锈处理，当地下水对钢管有侵蚀作用时，应采取防侵蚀措施；管道上回填土顶面应做横向及纵向排水沟；管道应设检查孔，每条管道不宜少于 2 个。该铺设方式管路受气温影响较小，但检修、养护不便。

2）出水管路支承与伸缩节

（1）压力水管的支承。

出水管道的支承一般有支墩和镇墩，如图 6-20 所示。

支墩用来承受水管的法向作用力（垂直于管轴线的作用力），减小水管挠度并防止各管段接头的失效。除伸缩节附近外，支墩应采用等间距布置。预应力钢筋混凝土管道采用连续管座或每节设 2 个支墩。支墩的断面尺寸按构造要求确定。其结构形式如图 6-22 所示。

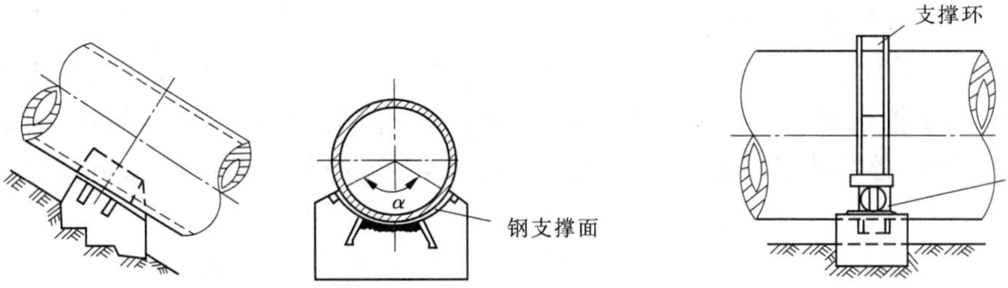

(a)滑动式支墩　　(b)滚动式支墩

图 6-22　支墩的结构形式

镇墩用来对水管进行固定，不使它发生位移，并防止水管在运行时可能产生的振动。在水管转弯处必须设置镇墩，在长直管段也应设置镇墩，其间距不宜超过 100 m。镇墩有封闭和开敞式两种，如图 6-23 所示。一般采用混凝土或钢筋混凝土浇筑而成。

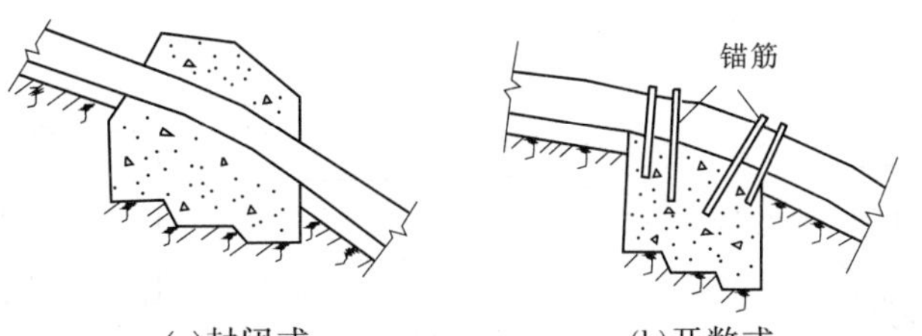

(a)封闭式　　(b)开敞式

图 6-23　管道镇墩示意图

（2）压力水管的伸缩节。

两镇墩之间的管道应设伸缩节，并应布置在上端，当温度变化时，管身可沿管轴线方向自由伸缩，以消除管壁的温度应力，减小作用在镇墩上的轴向力。常用伸缩节的结构见图 6-24。

码 6-6　微课：支墩工作原理

码 6-7　微课：镇墩工作原理

码 6-8　微课：伸缩节工作原理

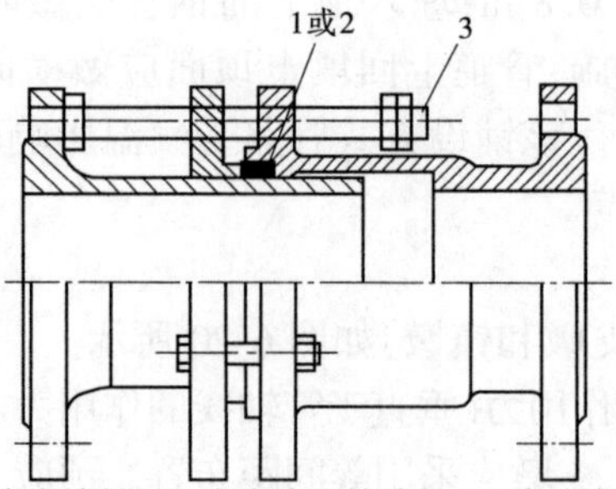

1—橡皮填料;2—大麻或石棉填料;3—拉紧螺栓

图 6-24　伸缩节结构图

(三)压力水管水锤及防护措施

由于压力管道中流速的突然变化,引起管道中水流压力急剧升高或降低的现象称为水锤或水击,通常把水泵启动产生的水锤叫启动水锤;关闭阀门产生的水锤叫关阀水锤;停泵产生的水锤叫停泵水锤。前两种水锤只要按正常程序进行操作,不会危及水泵装置的安全。最危险的是由于突然停电或误操作造成的停泵水锤,往往压力很大。一般可达到正常压力的1.5~4倍,甚至更大,常造成机组损坏,水管开裂等事故。因此,对停泵水锤应采取必要的防护措施。水锤的防护措施有以下几种。

1. 防止降压过大的措施

(1)合理选择出水管路的直径,控制管口流速,使水锤压力值较小。

(2)管线布置在最低压力线以下,避免局部突起、急转弯等,以防止出现过低负压。

(3)在逆止阀的出水侧或在可能形成水柱中断的转折处设置调压水箱,以便在停泵的初始段向管中充水,防止过大降压,如图6-25所示。

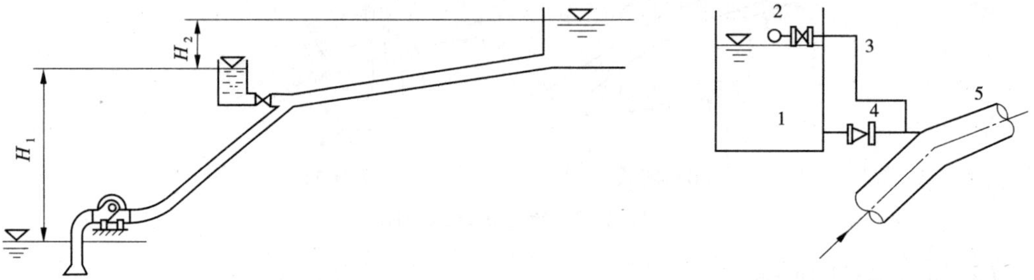

(a)装置图　　(b)水箱构造图

1—水箱;2—浮球;3—进水管;4—逆止阀;5—出水管

图 6-25　调压水箱构造

2. 防止增压过大的措施

(1)装设水锤消除器。水锤消除器是一个具有一定泄水能力的安全阀,它安装在逆止阀的出水侧。正常工作时,阀板与密合圈相密合,消除器处于关闭状态。当停泵后,先是管中压力降低,阀瓣落下,排水口打开;随后管中压力升高,管中一部分高压水由排水口泄走。从而达到减小压力增加,保护管道的目的,如图6-26所示。

(2)安装安全薄膜。在逆止阀出水侧主管道上安装一支管,在其端部用一薄金属片

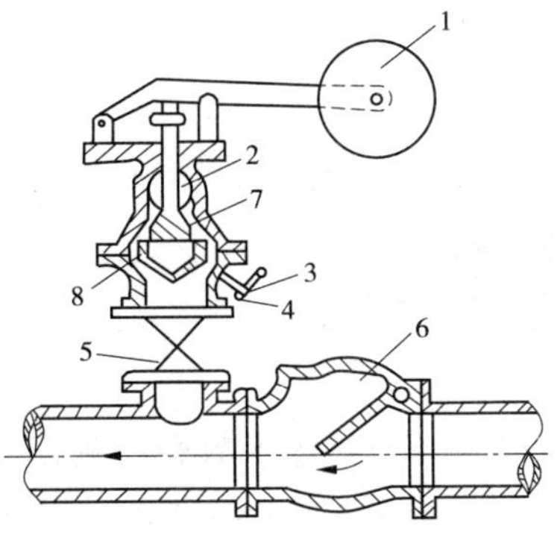

1—重锤;2—排水口;3—三通管;4—放气门;
5—截流闸阀;6—逆止阀;7—阀瓣;8—分水锥

图 6-26 下开式水锤消除器

密封。当管中增压超过预定值时,膜片破裂,放出水流降低管内压力,从而保证设备的安全。

(3)安装缓闭阀。普通逆止阀因阀板关闭的时间短,可能产生直接水击,有很大的水击升压值。缓闭式逆止阀是一种靠缓冲机构使逆止阀的阀板缓慢关闭的泄水式水击防护设备,主要用于防止管路系统的压力上升。

当事故停机时,缓闭阀可按预定的时间和程序自动关闭。缓闭阀有缓闭逆止阀、缓闭蝶阀等形式。

能力训练

6-1 进、出水建筑物包括哪几部分?各自的作用是什么?

6-2 泵站前池和进水池的作用是什么?前池和进水池的布置和尺寸确定应满足哪些要求?

6-3 前池的设计及进水池的设计有哪些内容?

6-4 进水管在池中的相对位置由哪些参数决定?如何确定这些参数?

6-5 出水池有哪几种类型?试比较淹没出流、自由出流与虹吸式出流出水池的优缺点。

6-6 出水池的设计内容有哪些?

6-7 出水管线路可布置为几种形式?各自的优缺点及适用场合是什么?

6-8 出水管的铺设方式有哪两种?

6-9 什么是泵站管路水锤?水锤有什么危害?水锤的防护措施有哪些?

码 6-9 题库训练

项目七　泵站施工

【学习目标】 通过学习泵房施工的基本步骤和一般方法,掌握泵站机组安装和管道安装的基本要求和安装步骤、安装方法;熟悉泵站施工过程中的立模、钢筋绑扎和混凝土浇筑的质量控制标准;掌握特殊季节施工的常用方法和注意事项。

【学习任务】 熟悉泵房施工的基本流程,掌握泵房和进、出水池基础施工的方案和要求。掌握泵房上部结构的施工内容、施工方法和质量控制,掌握特殊季节的施工方法和注意事项。掌握机组与配套设备的安装程序和质量控制方法。

码 7-1　思政导引

泵站施工包括泵房,流道与管道,进、出水建筑物等的施工,其中,泵房施工是主体。泵站建筑所使用的建筑材料多为砖石或钢筋混凝土。泵房施工遵循从下到上的原则,泵房基础施工完毕后,从下至上,直至完成泵房主体结构的施工。泵房主体施工完毕后,再进行附属结构的施工及设备安装。

泵站工程施工具有结构复杂、施工工序多、安全要求高、技术难度大、场地狭窄、工期紧迫等特点。因此,施工中要加强管理,做好充分准备,合理安排施工程序,认真落实施工组织和技术措施,确保施工单位有据可依,控制泵房各项施工的质量,对施工工期较长的泵站,还应做好安全度汛预案。

任务一　施工准备

一、技术准备

码 7-2　微课:施工准备

(1)编制实施性施工组织设计方案报监理工程师、业主批准。

(2)由项目经理、工程技术负责人根据施工组织设计方案、施工图纸的内容和相关规范要求,对施工人员进行技术交底,明确工程的各项工作内容和要求,形成交底记录。

(3)组织全体施工人员进行案例技术培训,熟悉图纸,掌握工程具体的工作内容和施工工艺、质量要求。

(4)设立工地实验室,配备满足施工需要的试验检测仪器和设备,配足配齐试验人员,按合同要求,建立施工技术档案,设专人负责。

二、材料准备

工程施工所需主要材料均由材料设备部门统一安排组织进货。编制材料供应计划,对工程材料等实行质量动态管理,开工前对材料进行取样检测,材料的取样按设计及规范要求进行。对合格的材料组织进场,并按文明施工要求统一堆放。

三、施工机械准备

由公司材料设备部门统一调配工程所有机械。根据施工进度安排编制机械使用计划,合理配置各种机械的进场时间,并在使用前完成机械调试工作,确保机械性能良好,满足施工需求。

四、测量放样

(一)布设施工控制网

开工前根据施工总体布置图、业主提供的水准点及导线控制点,按施工需求布设施工控制网。控制网的坐标系统,宜与规划设计阶段的坐标系统相一致,也可以根据施工需要建立与设计阶段的坐标系统有换算关系的施工坐标系统。施工高程系统必须与设计阶段的高程系统相一致,并应根据需要与就近国家水准点进行联测。

平面控制网的布置以轴线网为宜,如用三角网,泵站轴线宜作为三角网的一个边。平面控制点应选埋于通视良好、有利于扩展、方便放样、地基稳定且能较长期保存的地方。平面控制网建立后,应定期进行复测,若发现控制点有位移迹象,应进行检测,其精度应不低于测设的精度。

施工水准网的布设,应按由高到低逐等控制的原则进行。接测国家水准点时,必须接测两点以上,检测高差符合要求后,才能正式布网。工地水准基点,宜设地面明标与地下暗标各一座,基点位置应设在不受施工影响、地基坚实、便于保存的地点,埋设深度应在冰冻层以下 0.5 m,并浇灌混凝土基础。

(二)推算结构层标高

各结构层的标高在施工前应根据设计图纸推算出来,这样做能大大提高工作效率,可有效避免测量出现错误。看图纸一定要细致,推算的结果要注意复核。要勤测、勤量、勤校核,使施工质量得到保证。

(三)测量放样

测量放样前应先测量原地面高程,并核对已有资料、数据和施工图中的几何尺寸,确认无误后,才可作为放样的依据,严禁凭口头通知或未经批准的草图放样。

平面测量放样应准确放出各个构造物的位置。宜以泵站各轴线控制点直接测放出底板中心线(垂直水流方向)和泵站进、出水流道中心线(顺水流方向),其中误差要求为±2 mm;然后用钢尺直接丈量弹出站墩、门槽、胸墙、岸墙、工作桥等平面立模线和检查控制线,以便进行上部施工。

立模、砌(填)筑高程点放样应采用有闭合条件的几何水准法测设,机泵预埋件的安装高程和泵站上部结构的高程测量,应在泵房底板上建立初始观测基点,采用相对高差进行控制。对软土地基的高程测量应考虑土壤沉降值。

(四)整理内业资料

测量人员在做好导线点及水准点复测的基础上,做好导线点的加密,以准确无误地控制建筑物的各条轴线,并做好内业资料的整理,对数据及结果反复核算,保证建筑物控制点及高程满足设计要求。

五、临时工程

进场后,首先进行场地清理,用挖机挖除原地面杂物、建筑垃圾,人工配合机械平整场地,搭建临时设施(项目经理部、机械停放场硬化处理等),与此同时联系用电、用水,确保道路"水通""电通""路通""场地平整"。

对于河道上修建闸站工程的,还需设置围堰。围堰的设置应满足以下要求:

(1)结构上要求稳定、防渗、抗冲,满足强度要求。

(2)施工上构造简单,便于施工、维修、拆除方便。

(3)布置上使水流平顺,不发生局部冲刷。

(4)围堰接头与岸坡连接处要可靠,避免因集中渗漏等破坏作用引起的围堰失事。

任务二　泵房施工

一、基础施工

(一)基坑排水

基坑开挖前应先根据站区地形、气象、水文、地质条件、排水量大小进行泵房施工区排水系统的施工规划布置,在基坑外围应设置截水沟,并与场外排水系统相适应。

基坑排水包括初期排水与经常性排水。基坑初期排水量由基坑(或围堰)范围内的积水量、抽水过程中围堰及地下渗水量、可能的降水量等组成,应通过计算确定。基坑经常性排水应分别计算渗流量、排水时降水量及施工弃水量,但施工弃水量与降水量不应叠加,应以二者中的数值大者与渗流量之和来确定最大抽水强度,配备相应设备。排水设备能力应与需要抽排的水量相适应,并有一定的备用量。

基坑排水的方法,常用的有集水坑排水法和井点排水法。

1. 集水坑排水法

对于无承压水土层,一般采用集水坑排水法(见图 7-1)。集水坑排水时,集水坑和排水沟应设置在基础底部轮廓线以外一定距离处;立面上,集水坑和排水沟应随基坑开挖而下降,其底部应低于基础底 1.0 m 以下,基坑挖深较大时,应分级设置平台和排水设施。

2. 井点排水法

对于各类砂性土、砂、砂卵石等有承压水的土层,可采用井点排水法(见图 7-2)。采用井点排水,应根据水文地质资料和降低地下水位的要求进行计算,以确定井点数量、位置、井深、抽水量以及抽水设备型号,必要时,可做现场抽水试验确定。井点排水可采用轻型井点和管井轻型井点两类。井点类型的选择根据透水层厚、埋深、渗透系数及所要求降

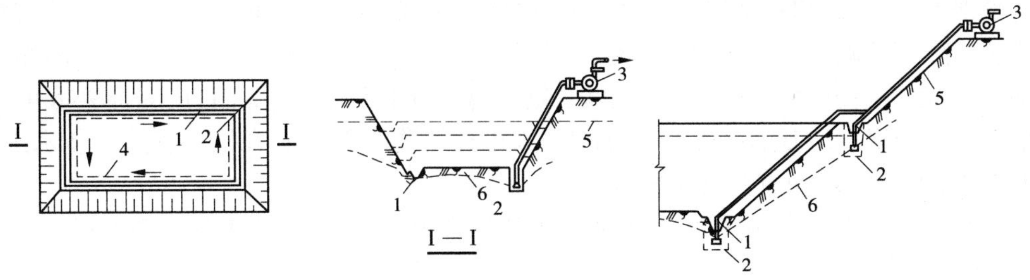

(a)平面图　　(b)剖面图　　(c)分级排水

1—排水沟;2—集水坑;3—水泵;4—基础底部轮廓线;5—开挖面;6—地下水位线

图 7-1　集水坑排水法

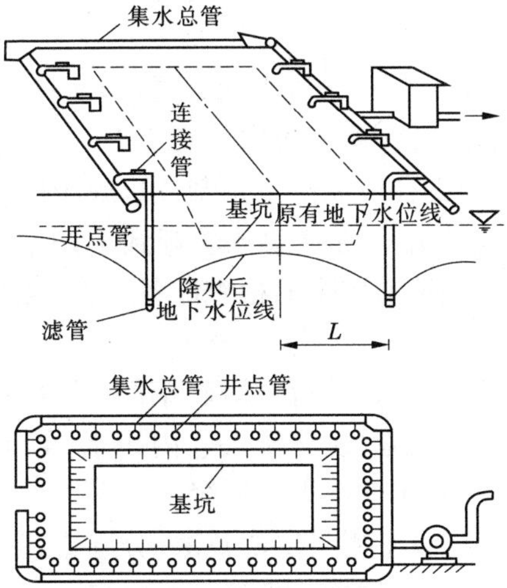

图 7-2　轻型井点排水法

低水位的深度与基坑面积大小等因素,进行分析比较后确定。

井点抽水期间,应按时观测水位和流量,并做好记录。随时监视出水情况,如发现水质浑浊,应分析原因及时处理,必要时,可增设观测井。对轻型井点应观测真空度。同时应注意地下水位降低后对邻近建筑物可能产生的不利影响。应设立沉降观测点进行观测,必要时应采取防护措施。

井点排水结束后,应按设计要求进行填塞。

(二)基坑开挖

在基坑初期排水工作完成后,根据基坑的实际情况,待止水帷幕充分固结后进行基坑的开挖。基坑的开挖断面应满足设计、施工和基坑边坡稳定性的要求。采用水力冲挖应注意下列事项:

(1)保证水源、电源与排泥场地。

(2)挖土应分块分段、先周边后中间、分层进行,每层深度为 2~3 m。

(3)机组应均匀布设,间距宜为 20 m。

(4)泥场的围埂应分层夯实。

根据土质、气候和施工情况，基坑底部应留 0.1～0.3 m 的保护层，待基础施工前再分块依次挖除。基础底面不得欠挖和超挖，若有局部超挖应用混凝土填筑，对于易坍塌土质和部位，开挖后要及时支护。在 0 ℃以下施工时，基础保护层挖除后，应立即采取可靠防冻措施。对于岩石地基的基坑开挖，应按《水工建筑物岩石基础开挖工程施工技术规范》(DL/T 5389—2007)的有关规定执行。

在开挖过程中，还要随时监测可能出现的异常现象，以确保施工的安全进行。

二、泵房底板施工

(一)垫层施工

土基上的泵房底板混凝土施工前，地基面上应先浇一层强度不低于 C10 的素混凝土垫层，厚度为 8～10 cm，面积大于底板的面积。混凝土垫层对底板立模、绑扎钢筋、浇筑混凝土、保护土基起着重要作用。

(二)模板与钢筋施工

模板制作安装的允许偏差，应按有关规定。底板上、下层钢筋骨架网应使用有足够强度和稳定性的柱撑。柱撑可为钢柱或混凝土预制柱。底板应架设与上部结构相连接的插筋，插筋与上部钢筋的接头应错开。所有的扎丝弯到主筋里面，不得伸入混凝土保护层内，更不得抵触模板。混凝土浇筑前应全面检查准备工作，经验收合格后，才能开盘浇筑。

(三)混凝土浇筑

混凝土浇筑过程中，应及时清除黏附在模板、钢筋、止水片和预埋件上的灰浆。混凝土表面泌水过多时，应及时采取措施，设法排去仓内积水，但不得带走灰浆。混凝土表面应抹平、压实、收光，认真养护，防止产生干缩裂缝。

混凝土浇筑仓面不大时，可以采用平层浇筑法，分层连续浇筑；如果浇筑仓面较大，可采用多层阶梯推进法浇筑，上、下两层前后距离不宜小于 1.5 m，同层的接头部位应充分振捣，不得漏振，如图 7-3 所示。在斜面基底上浇筑混凝土时，斜面的坡度角一般为 8°～10°，分层浇筑厚度为 30～50 cm，从低处开始，逐层升高，并采取措施保持水平分层，防止混凝土向低处流动，如图 7-4 所示。

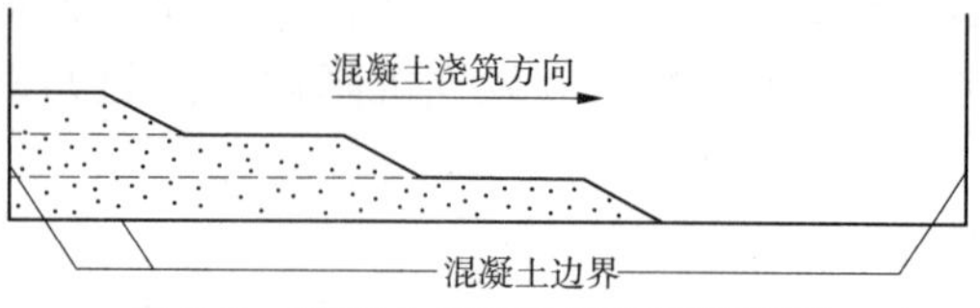

图 7-3　混凝土多层阶梯推进浇筑法

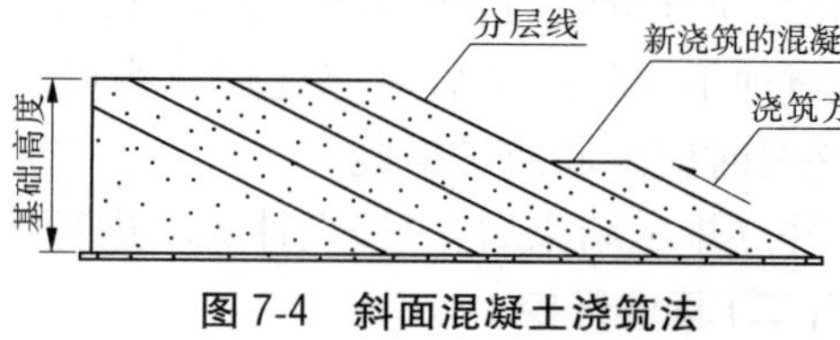

图 7-4　斜面混凝土浇筑法

三、设备基础施工

在泵站施工中，设备基础精度要求高，技术复杂，施工工序多，交叉作业多，工作面有限，因此必须组织严密，工种协调。

码 7-3　微课：设备基础施工

(一)设备基础的施工方案

设备基础施工的先后顺序将影响到结构安装的方法、施工进度和经济效果。设备基础的施工,可以有以下两种方案。

1. 封闭式施工

厂房柱基础和厂房结构先施工,设备基础后施工的方案称为封闭式施工。封闭式施工便于利用厂房内已安装好的桥式起重机对构件进行预制、拼装、运输;利用起重机浇捣设备基础的混凝土;还具有设备基础施工不受气候影响的优点。但部分土方要重复挖填(如靠近柱基处的回填土);设备基础施工时,场地拥挤;开挖土方及浇筑混凝土的施工条件较差。一般当对于设备基础不大、分布密度较小、在结构安装后施工对厂房结构稳定性无影响时,采用封闭式施工方案。有时虽然设备基础较宽较深,但当采用特殊施工方法(如沉井法)时,也可采用封闭式。

2. 开敞式施工

厂房柱基础和设备基础先施工,厂房结构后安装的施工方案称为开敞式施工。

一般当设备基础较大较深,分布密度较大,其挖土范围已与柱基挖土连成一片,或者厂房地区土质不好时,考虑采用开敞式施工方案。这时,如设备基础有碍结构安装、起重机的开行等,可考虑在设备基础内填砂或铺道木,或者在可能条件下先施工地坪以下的设备基础,待厂房结构安装后再施工地坪以上的设备基础。

当起重机的起重臂很长,在厂房两侧开行就能解决全部吊装时,也可采用开敞式。在特殊情况下,如在湿陷性黄土地区采用重锤夯实法进行土壤地基加固,这时就只能采用开敞式施工。

(二)设备基础混凝土的浇筑

1. 浇筑前准备工作

浇筑前准备工作包括混凝土的运输,浇筑方案的制订,现场道路的铺筑,水、电线路的架设,浇捣机具的准备,以及浇筑前的有关质量检查工作等。

设备基础由于体积大,一般需要分层浇筑、分层捣实,同时需使每一处的混凝土在初凝前就被一层新混凝土覆盖并捣实完毕。

选择浇筑方案时,应进行具体分析和比较。当厂房内桥式起重机尚未完成时,可采用履带式起重机吊装或混凝土泵送;当厂房内桥式起重机已安装好,则利用它来浇筑最为方便。

2. 设备基础混凝土的浇筑

设备基础的浇筑高度,一般应比设计标高低4~5 cm,待设备安装完毕后,再进行二次浇筑找平。混凝土的浇筑只能停歇在伸缩缝处或预先拟订的施工缝处,以保证基础的整体性。

在地脚螺栓附近,每层混凝土的顶面都应比周围稍高,使混凝土泌水流向四周,不致沿螺栓下渗,以免影响混凝土与螺栓的内聚力。螺栓四周必须振捣密实,振动器离螺栓表面必须保持约20 cm的距离,并垂直插入,以免碰动地脚螺栓。在浇筑混凝土时,地脚螺栓的丝扣应包好,以免沾上水泥浆或碰坏。

沟道混凝土浇筑时,沟底浇筑可略低于设计标高,以后补平。当混凝土浇筑到沟底时,应立即捣实,防止在浇筑沟侧混凝土时水泥浆下渗,使成沟侧产生蜂窝麻面。

四、泵房上部结构施工

泵房上部混凝土结构施工有现场直接浇筑、预制装配及部分现浇、部分预制等形式。浇筑时应先浇竖向结构,后浇梁、板。

(一)现浇混凝土的施工

1. 混凝土柱的浇筑

混凝土柱浇筑前,柱底基面应先铺 5~10 cm 厚与混凝土内砂浆成分相同的水泥砂浆,再分段分层浇筑混凝土。根据截面大小与是否存在交叉钢筋,混凝土柱的浇筑方法不同。

(1)混凝土柱截面尺寸在 40 cm×40 cm 以内或有交叉箍筋时,采用溜筒下料。在柱模侧面每隔 2 m 开口装上斜溜槽以便混凝土入仓。如箍筋妨碍溜槽安装,则可将箍筋一端解开提起,待混凝土浇至窗口的下口时,卸掉斜溜槽,将箍筋重新绑扎好,用模板封口,柱箍箍紧,继续浇上段混凝土。

(2)对于截面大于 40 cm×40 cm 且无交叉钢筋时,混凝土可由柱模顶直接倒入。浇筑时,以 3.5 m 作为分段高度,分段浇筑,当柱高不超过 3.5 m 时,一次性浇筑。

混凝土下料的过程中,还需要同时对混凝土进行振捣。一般混凝土浇筑由 3~4 人协同操作,其中 2 人负责下料,1 人负责振捣,另 1 人负责开关振捣器。振捣时以混凝土不再塌陷、混凝土表面泛浆、柱模外侧模板拼缝均匀微露砂浆为好;也可用木槌轻击柱侧模判定,如声音沉实,则表示混凝土已振实。

2. 混凝土墙的浇筑

墙体混凝土浇筑前,应先铺 5~10 cm 与混凝土内成分相同的水泥砂浆。为保证外部墙体的垂直度,混凝土墙的浇筑顺序应先边角后中部,先外墙后隔墙,当顶板与墙体整体现浇时,楼顶板端头部分的混凝土应单独浇筑,保证墙体的整体性。高度在 3 m 以内的外墙和隔墙,混凝土可以从墙顶向模板内卸料,卸料时须在墙顶安装料斗缓冲,以防混凝土发生离析。高度大于 3 m 的任何截面墙体,均应每隔 2 m 开洞口,装斜溜槽进料,墙体上有门窗洞口时,应从两侧同时对称进料,以防将门窗洞口模板挤偏。

对于截面尺寸较大的墙体,采用插入式振捣器,振捣方法与混凝土柱相同;对较窄或钢筋密集的混凝土墙,采用在模板外侧悬挂附着式振捣器振捣,振捣深度约为 25 cm。

3. 梁、板混凝土的浇筑

主次梁、板混凝土宜同时浇筑。当梁高大于 1 m 时,可先浇筑主次梁,后浇筑板。凡梁高大于 0.4 m、小于 1 m,应先分层浇筑梁混凝土,当达到底板位置时再与板混凝土同时浇筑。板浇筑时应顺次梁方向进行。浇筑时,从梁的一端开始,先在起头的一小段内浇一层与混凝土成分相同的水泥砂浆,再分层浇筑混凝土,待浇筑至一定距离后,再回头浇第二层,直至浇筑到梁的另一端在梁的同一位置上。浇筑楼板时,可将混凝土料直接卸在楼板上,但应注意不可集中卸在楼板边角或上层钢筋处。

混凝土梁采用插入式振捣器振捣;浇筑梁柱或主次梁结合部位时,由于梁上部的钢筋较密集,普通振捣器无法直接插入振捣,此时可用振捣棒从钢筋空当插入振捣,并辅助人工插捣;楼板混凝土的捣固宜采用平板振捣器振捣。振捣方向应与浇筑方向垂直。

4. 楼层混凝土结构施工缝的设置

(1)墩、墙、柱底端的施工缝应设在底板或基础老混凝土顶面；上端施工缝宜设在楼板或大梁的下面；中部如有与其嵌固连接的楼层板、梁或附墙楼梯等需要分期浇筑时，施工缝的位置及插筋、嵌槽应同设计单位商定。

(2)与板连成整体的大断面梁，宜整体浇筑。如需分期浇筑，施工缝一般设在板底面以下 20~30 mm 处；当板下有梁托时，应在梁托下面。

(3)有主、次梁的楼板，施工缝应设在次梁跨中 1/3 范围内。

(4)单向板施工缝宜平行于板的长边。

(5)其他复杂结构的施工缝位置，应按设计要求留置。

(二)混凝土预制构件的吊装

1. 构件的弹线和编号

构件经检查合格后，安装前应在构件表面弹出中心线，以作为构件安装、对位、校正的依据。对形状复杂的构件，还要标出它的重心和绑扎点的位置。

码 7-4 微课：构件的弹线与编号

(1)柱子要在三个面上弹出安装中心线，如图 7-5 所示。矩形截面柱可按几何中心线弹线；工字形截面柱，为便于观察及避免视差，还应在工字形截面的翼缘部位弹出一条与中心线平行的线。所弹中心线的位置应与柱基杯口面上的安装中心线相吻合。此外，在柱顶与牛腿面上还要弹出屋架及吊车梁的安装中心线。

(2)屋架上弦顶面应弹出几何中心线，并从跨度中央向两端分别弹出天窗架、屋面板的安装位置线，在屋架的两个端头，弹出屋架的纵横安装中心线。

(3)梁的两端及顶面应弹出安装中心线。

在弹线的同时，应按图纸对构件进行编号，号码要写在明显部位。不易辨别上下左右的构件，应在构件上标明记号，以免安装时将方向搞错。

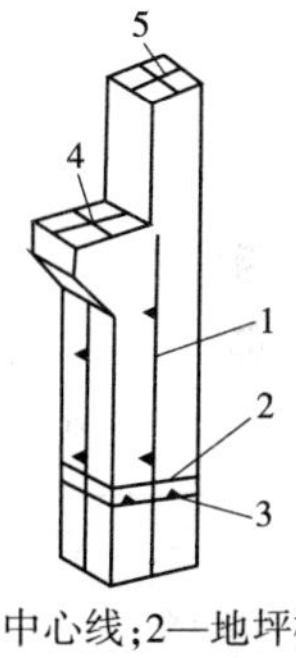

1—柱子中心线；2—地坪标高线；3—基础顶面线；4—吊车梁对位线；5—柱顶中心线

图 7-5 柱子弹线

2. 柱子的安装

柱子安装的施工过程包括基础准备、绑扎、吊升、就位、临时固定、校正、最后固定等工序。

1)基础准备

柱子安装前，应先检查杯口尺寸，并根据柱中轴线在基础顶面弹出十字交叉的安装中心线，如图 7-6(a)所示。在杯内壁测设一水平线，并对杯底标高进行一次抄平与调整，以使柱子安装后其牛腿面标高能符合设计要求。如图 7-6(b)所示，柱基调整时先用尺测出杯底实际标高 H_1(小柱测中间一点，大柱测 4 个角点)，据此计算出柱脚底面至牛腿面应有的长度 l_1，即牛腿面设计标高 H_2 与杯底实际标高 H_1 的差，再与柱实际长度 l_2 相比，即可算出杯底标高调整值 ΔH，用水泥砂浆或细石混凝土将杯底垫至所需高度，同时抹平。

码 7-5 微课：柱子安装

2)绑扎

常用的绑扎方法有斜吊绑扎法、直吊绑扎法及两点绑扎法。

(1)斜吊绑扎法。是吊装时直接把柱子从平卧状态下吊起,吊起后柱子呈倾斜状态,吊钩低于柱顶,如图 7-7 所示。此法适用于吊中小型柱。当构件抗弯能力较大,以及起重杆长度不足时,可采用此法绑扎。

(2)直吊绑扎法。是当柱子的截面抗弯能力不足时,吊装前先要将柱子翻身,然后绑扎起吊,这时要采用直吊绑扎法,吊起后呈直立状态,如图 7-8 所示。采用直吊绑扎法,柱子便于插入杯口,但吊钩需高过柱顶,因此需要较大的起重高度。此法一般适用中小型柱子的绑扎。

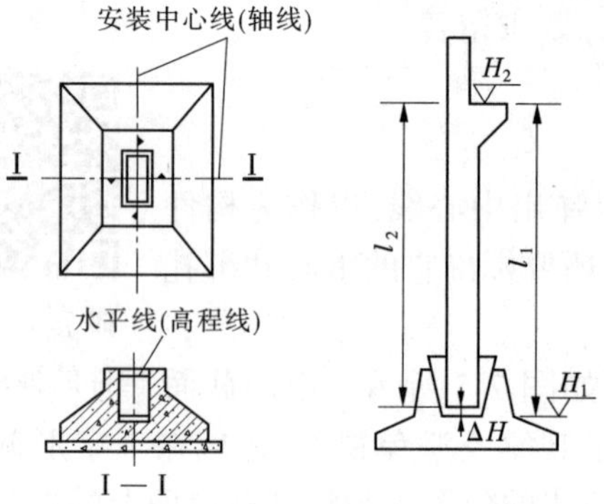

(a)基础弹线　(b)柱基调整

图 7-6　柱子安装

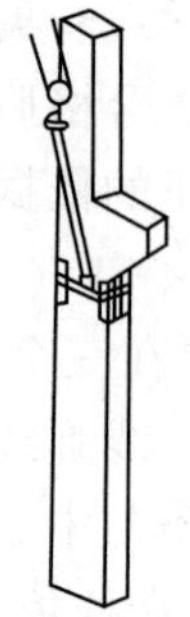

图 7-7　斜吊绑扎法

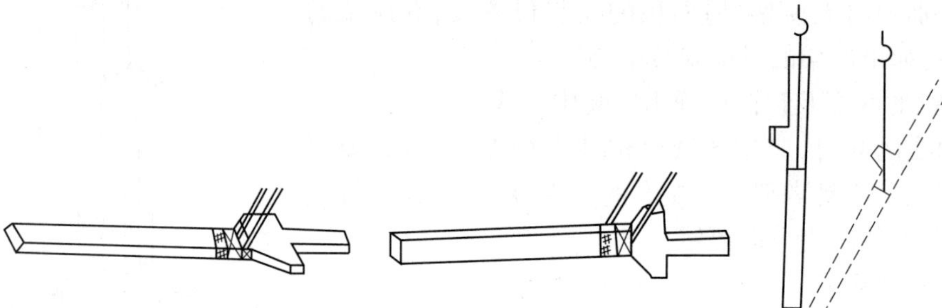

(a)翻身前　(b)翻身后　(c)柱身呈直立状态

图 7-8　直吊绑扎法

(3)两点绑扎法。是当柱身较长,一点绑扎抗弯能力不足时,可用两点绑扎起吊。在确定绑扎点位置时,应使两根吊索的合力作用线高于柱子重心,如图 7-9 所示。这样,柱子在起吊过程中,柱身可自行转为直立状态。

3)吊升

柱子的吊升方法,应根据柱子的重量、长度、起重机的性能和现场条件而定。单机吊装时,一般有旋转法和滑行法两种。

4)就位和固定

柱的就位与临时固定的方法是当柱脚插入杯口后,并不立即降至杯底,而是停在离杯底 30~50 mm 处。此时用八只楔块从柱的四边放入杯口,并用撬棍撬动柱脚,使柱的吊装准线对准杯口上的准线,并使柱基本保持垂直。对位后,将八只楔块略加打紧,放松吊钩,

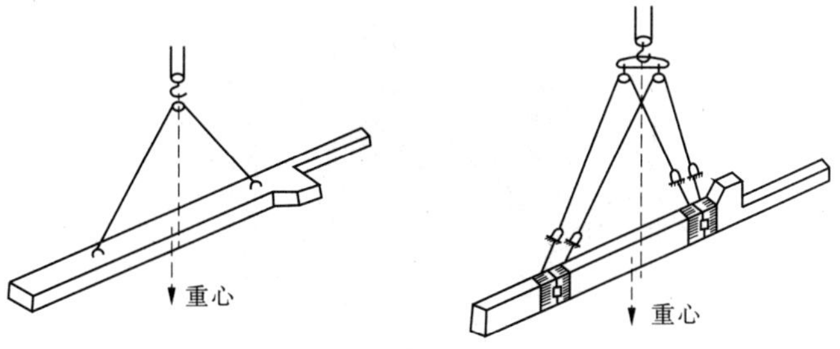

(a)斜吊　　(b)直吊

图 7-9　两点绑扎法

让柱靠自重下沉至杯底，如准线位置符合要求，立即用大锤将楔块打紧，将柱临时固定。然后起重机即可完全放钩，拆除绑扎索具。

柱的位置经过检查校正后，应立即进行最后固定。方法是在柱脚与杯口的空隙中浇筑细石混凝土，所用混凝土的强度等级可比原构件混凝土强度等级提高一级。混凝土的浇筑分两次进行(见图 7-10)。第一次浇筑混凝土至楔块下端，当混凝土强度达到 25%设计强度时，即可拔去楔块，将杯口浇满混凝土并捣实。

3. 吊车梁安装

吊车梁的安装必须在柱子杯口浇筑的混凝土强度达到 70%以后进行。吊车梁一般基本保持水平吊装，就位后，要校正标高、平面位置和垂直度。吊车梁的标高如果误差不大，可在吊装轨道时，在吊车梁上面用水泥砂浆找平。平面位置，可根据吊车梁的定位轴线拉钢丝通线，用撬棍分别拨正。吊车梁的垂直度则可在梁的两端支承面上用斜垫铁纠正。吊车梁校正之后，应立即按设计图纸用电焊最后固定。

码 7-6　微课：吊车梁安装

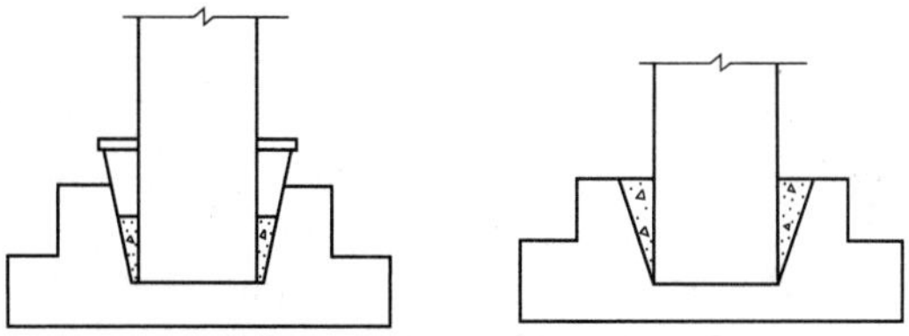

(a)一次浇筑　　(b)二次浇筑

图 7-10　柱子的最后固定

4. 屋架安装

屋架多在施工现场平卧浇筑，在屋架吊装前应当将屋架扶直，就位。钢筋混凝土屋架的侧面刚度较差，扶直时极易扭曲，造成屋架损伤，必须特别注意。扶直屋架时起重机的吊钩应对准屋架中心，吊索应左右对称，吊索与水平面的夹角不小于 45°。屋架起吊后应基本保持平衡。吊至柱顶后，应使屋架的端头轴线与柱顶轴线重合，然后落位并加以临时固定。第一榀屋架的临时固定必须十分可靠，因为它是单片结构，且第二榀屋架的临时固定还要以第一榀屋架作为支撑。第一榀屋架的临时固定，一般是用四根缆风绳从两边把屋架拉牢，如图 7-11 所示。其他各

码 7-7　微课：屋架安装

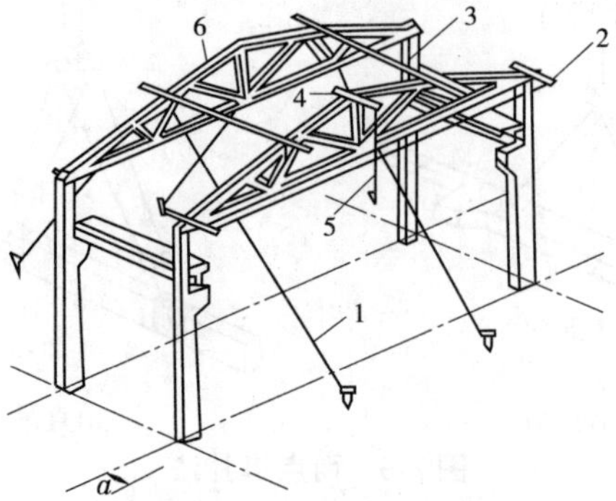

1—缆风绳;2、4—挂线木尺;3—屋架校正器;5—线锤;6—屋架

图 7-11　屋架的临时固定

榀屋架可用工具式支撑固定在前面一榀屋架上,待屋架校正、最后固定,并安装了若干大型屋面板后才能将支撑取下。

码 7-8　微课:屋面板安装

5. 屋面板安装

屋面板的安装一般利用吊环进行。起吊时应使四根吊索拉力相等,使屋面板保持水平,如图 7-12 所示。屋面板安装时,应自两边檐口左右对称地逐块铺向屋脊,避免屋架承半边荷载。屋面板就位后,应立即进行电焊固定。

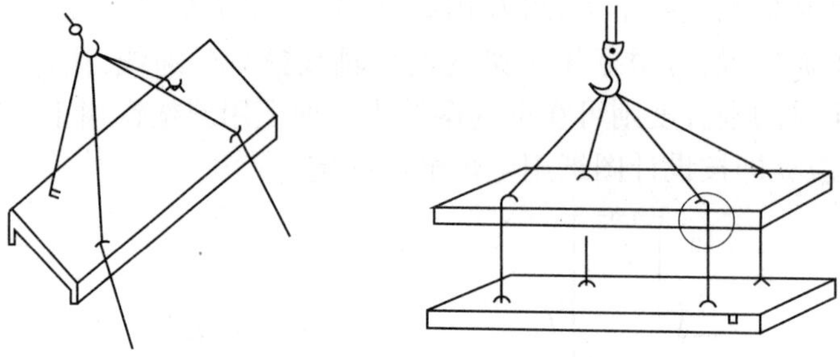

(a)单块吊　　(b)多块吊

图 7-12　屋面板挂钩示意图

任务三　泵站机组安装

水泵机组与管道设备的安装,是一项重要而繁重的工作,安装质量的高低直接影响机组运行的效率、设备的管理与维修,以及使用寿命,因而必须按照安装规程和技术要求认真做好。安装应遵循先水泵,后动力机和传动装置,最后管路和附件的顺序进行。

一、安装基本要求

(一)安装前的准备工作

1. 安装人员的组织

安装前必须配齐技术力量。安装人员必须熟悉安装范围内的有关图纸和资料,学习安装规范及其他有关规程和规定，掌握安装步骤、方法和质量要求。

2. 安装工具和材料的准备

安装用的工具和材料，与机组的型号、大小等有关，要根据具体情况，准备好所需的工具和材料。安装工具包括一般工具、起吊运输工具、量具和专用工具等。现简要介绍如下。

(1)塞尺。是一种检查间隙的量具，如图 7-13 所示。由不同厚度的条形钢片组成，每片的厚度在 0.01～1 mm 之间，其长度有 0.05 m、0.10 m、0.15 m、0.20 m、0.30 m、0.40 m 等几种规格。测量时可一片或数片重叠在一起插入间隙内使用。

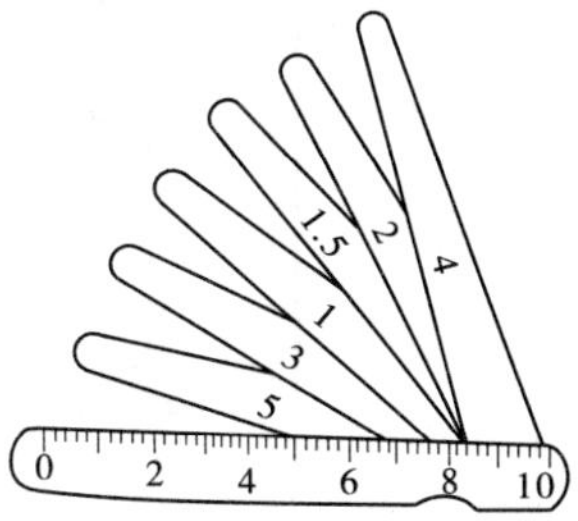

图 7-13 塞尺

(2)千分尺。是一种测量零部件尺寸较精密的量具，它是利用螺旋运动原理，把螺旋的旋转运动变成直线位移来进行测量的一种量具。按其用途不同分为外径千分尺和内径千分尺，如图 7-14 所示。前者用于测量零件的外形尺寸，后者用于测量零件的内尺寸。成套的内径千分尺，一般都带有一套不同长度的接长杆，根据被测物尺寸的大小，选择不同尺寸的接长杆来使用。

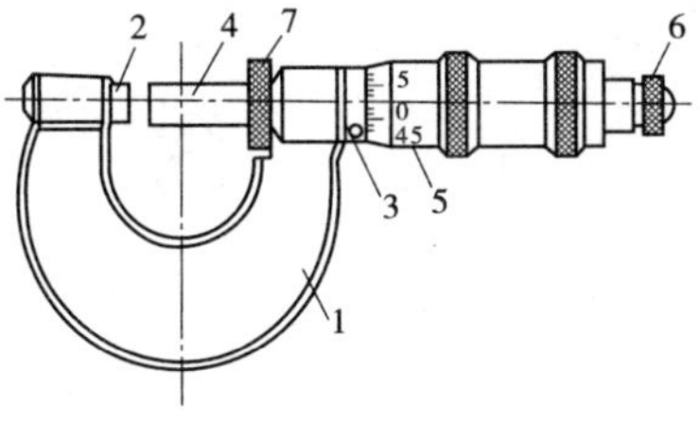

1—弓架；2—固定测站；3—固定套管；4—螺杆测轴；
5—活动刻度套筒；6—棘轮机构；7—定位环

(a)外径千分尺

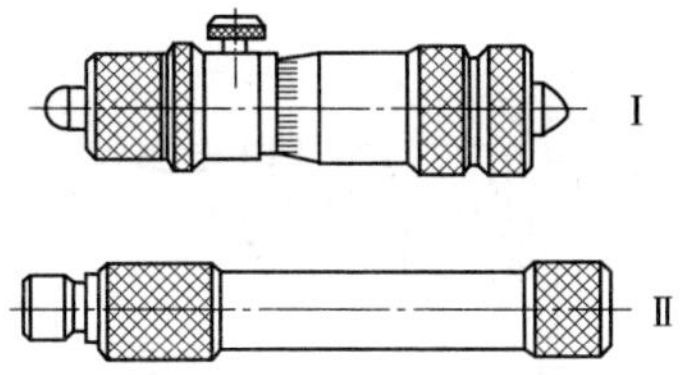

Ⅰ—尺头；Ⅱ—加长杆

(b)内径千分尺

图 7-14 千分尺

(3)百分表。是用于检查各部件之间互相平行、位置及部件表面几何形状正确性的仪表，它是利用齿轮、齿条传动机构，把测头直线移动变为指针的旋转运动。指针可精确地指示测杆所测量的数值，如图 7-15 所示。

(4)方框水平仪。是一种测量水平度和垂直度的精密仪器。它由外表面互相垂直的方形框架、主水准和与主水准垂直的辅助水准组成，如图 7-16 所示。方框水平仪在使用前应进行检验，并采用"调头"重复测量的方法校正误差。

(5)求心器。是用来找正机组中心的专用工具，由卷筒、拖板和转盘等组成，如图 7-17 所示。使用时将钢琴线绕在卷筒上，下端系一重

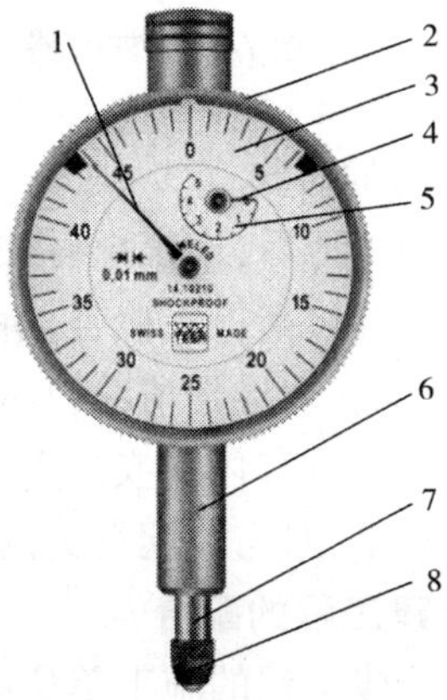

1—指针；2—表圈；3—表盘；4—转数指示盘指针；
5—转数指示盘；6—套筒；7—量杆；8—测量头

图 7-15 百分表

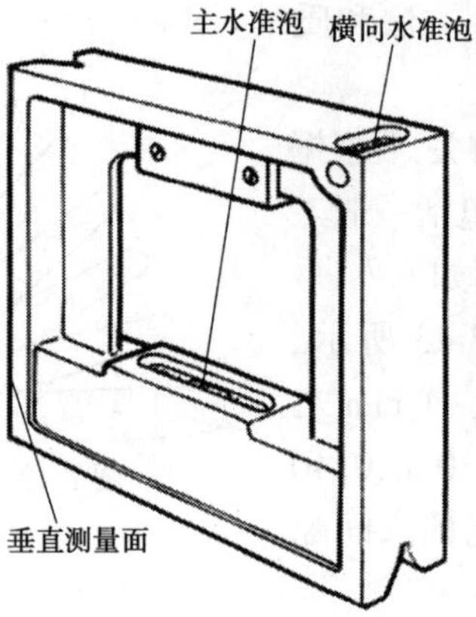

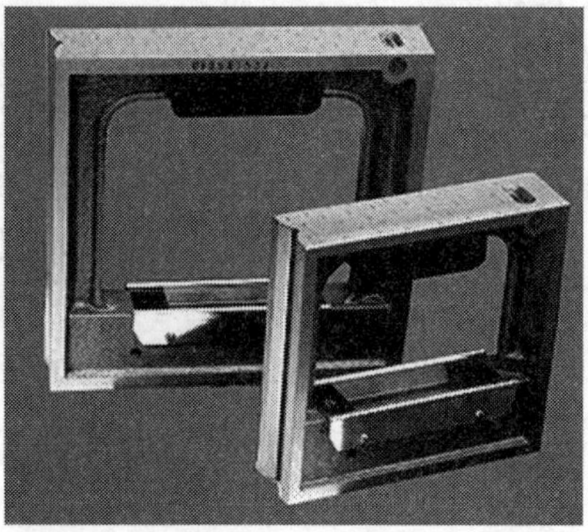

图 7-16　方框水平仪

锤,重锤浸入盛有黏性较大的油桶内。调节转盘将求心器做前后左右微量移动,可调节钢琴线的铅垂位置。

(6)重锤。用一段圆形钢管,外面加焊叶片,中间浇筑混凝土,重 6~15 kg,如图 7-18 所示。

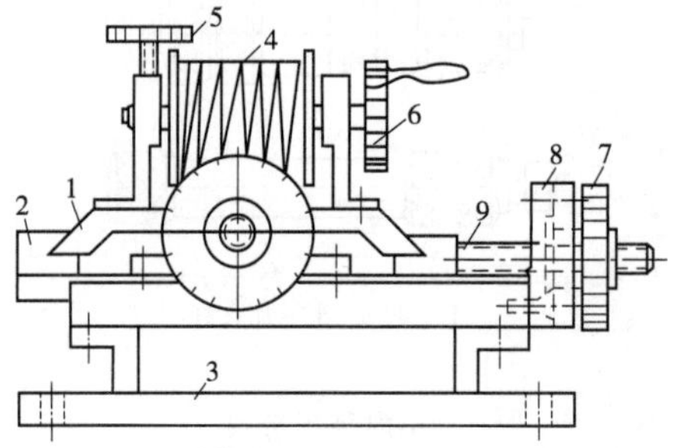

1—上拖板;2—下拖板;3—底座;4—卷筒;5—刹车;
6—摇手;7—调节转盘;8—调节丝杆;9—固定盘

图 7-17　求心器

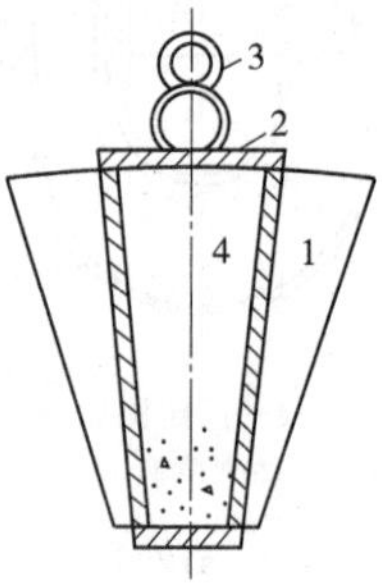

1—叶片;2—钢管;
3—吊环;4—浇筑混凝土

图 7-18　重锤

(二)设备的验收

设备运到工地后,应组织有关人员检查各项技术文件和资料,检验设备质量和规格数量。设备的检验包括外观检查、解体检查和试验检查。一般对出厂有验收合格证,包装完整,外观检查未发现异常情况,只要运输保管符合技术文件规定的情况,可不进行解体检查。若对制造质量有怀疑或由于运输、保管不当等而影响设备质量,则应进行解体检查。为保证安装质量,对与装配有关的主要尺寸及配合公差应进行校核。

(三)土建工程的配合

安装前土建工程的施工单位应提供主要设备基础及建筑物的验收记录、建筑物设备基础上的基准线、基准点和水准标高点等技术资料。为保证安装质量和安装工作的顺利进行,安装前机组基础混凝土应达到设计强度 70%以上。泵房内的沟道和地坪已基本做完,并清理干净。泵房已封顶不漏雨雪,门窗能遮蔽风沙。建筑物装修时不影响安装工作的进行,并保证机电设备不受影响。对设固定起重设备的泵房,还应具备行车安装的技术条件。

(四)主机组基础和预埋件的安装

(1)根据设计图纸要求,在泵房内按机组纵横中心线及基础外形尺寸放样。为保证安装质量,必须控制机组的安装高程和纵横位置误差,机组位置控制关系如图7-19所示。

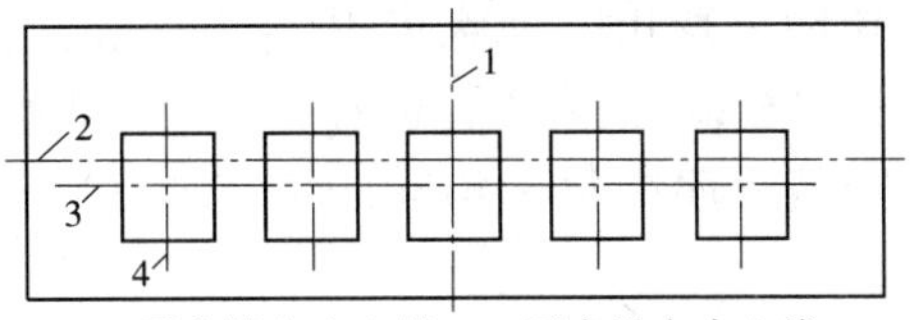

1—泵房横向中心线;2—泵房纵向中心线;
3—机组纵向中心线;4—机组横向中心线

图7-19 泵房机组位置控制图

为便于管道安装,主机组的基础与进、出水管道(流道)的相互位置和空间几何尺寸应符合一次浇筑法立模图的要求。

(2)基础浇筑分一次浇筑和二次浇筑两种方法。前者用于小型水泵,后者用于大中型水泵。一次浇筑法是将地脚螺栓在浇筑前预埋,地脚螺栓上部用横木固定在基础木模上,下部按放样的地脚螺栓间距焊在圆钢上。在浇筑时,一次把它浇入基础内,如图7-20所示。

预埋件的材料和型号必须符合设计要求。二次浇筑法是在浇筑基础时预留出地脚螺栓孔,根据放样位置安放地脚螺栓孔木模或木塞,如图7-21所示。

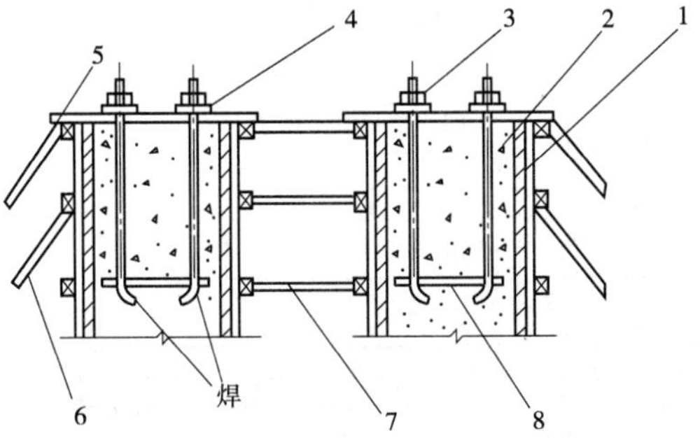

1—木模板;2—地脚螺栓;3—螺母;4—垫片;
5—横木;6、7—支撑;8—固定钢筋(圆钢)

图7-20 一次浇筑法立模图

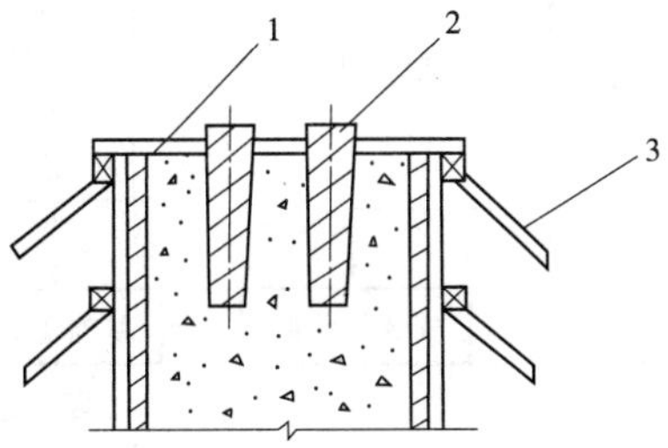

1—木模板;2—木塞;3—支撑

图7-21 二次浇筑法地脚螺栓孔的木塞

在浇筑完毕后,于混凝土初凝后终凝前将木塞拔出。预留孔的中心线对基准线的偏差不大于0.005 m,孔壁铅垂度误差不得大于0.010 m,孔壁力求粗糙,机组安装好后再向预留孔内浇筑混凝土或水泥砂浆。灌浆时应采用下浆法施工,并捣固密实,以保证设备的安装精度。

(3)水泵和电动机底座下面,一般设调整垫铁,用来支承机组重量,调整机组的高程可调水平,并使基础混凝土有足够的承压面。垫铁的材料为钢板或铸铁件,斜垫铁的薄边一般不小于0.010 m,斜边为1/10~1/25,斜垫铁尺寸一般按接触面受力不大于30 000

kN/m^2 来确定。垫铁平面加工粗糙度为 V_5,搭接长度在2/3以上,见图7-22。

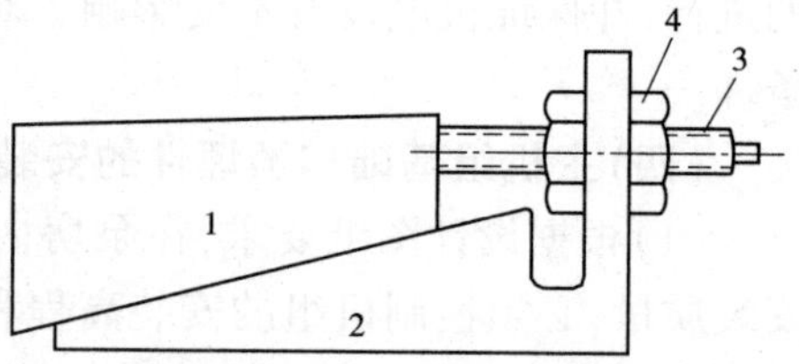

1—上垫铁;2—下垫铁;3—调节螺杆;4—螺母

图7-22 可调垫铁

二、卧式机组安装

水泵就位前应复查安装基础平面和标高位置,包括中心线找正、水平找正和标点找正。卧式机组安装程序如图7-23所示。图中粗线方框表示总安装程序,细线方框表示总的安装程序中每一步骤的安装内容,箭头表示进程。

码7-9 微课:卧式机组安装

(一)中心线找正

中心线找正是找正水泵的纵横中心线。先定好基础顶面上的纵横中心线,然后在水泵进、出口法兰面(双吸式离心泵)和轴中心分别吊垂线,调整水泵位置,使垂线与基础上的纵横中心线相吻合,如图7-24所示。

(二)水平找正

水平找正是找正水泵纵向水平和横向水平,一般用水平仪或吊垂线,用调整垫铁的方

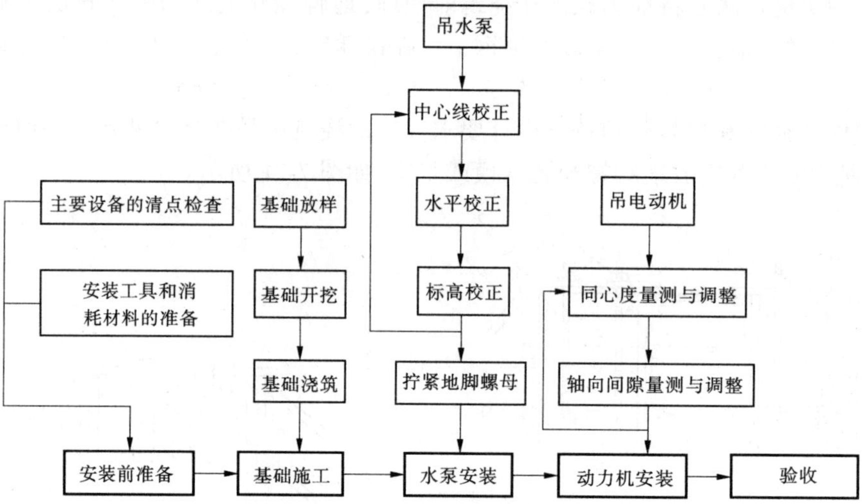

图7-23 卧式机组安装程序

法,使水平仪的气泡居中,或使法兰面至垂线的距离相等或与垂线重合。

单吸离心泵在泵轴和出口法兰面上进行测量,如图7-25所示。

双吸离心泵在水泵进、出口法兰面一侧进行测量,如图7-26(a)所示。另外,可以在泵壳的中开面上,选择可连成十字形的四个点,把水准尺立在这四个点上,用水准仪测量读出各点水准尺的读数,若读数相等,则水泵的纵向与横向水平同时找正,如图7-26(b)所示。

(三)电动机的安装

卧式水泵与电动机大多采用联轴器传动。卧式电动机安装一般以水泵为基准轴,调整电动机轴,使其联轴器和已安装好的水泵联轴器平行同心,且保持一定的间隙,从而达

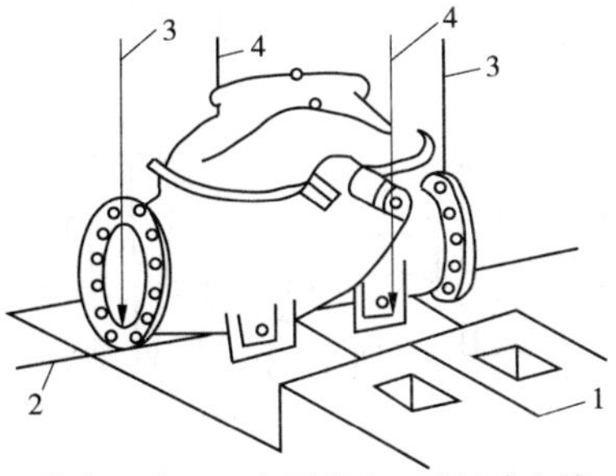

1、2—基础上的纵横中心线；3—水泵进出口法兰中心线；4—泵轴中心线

图 7-24 找正中心线

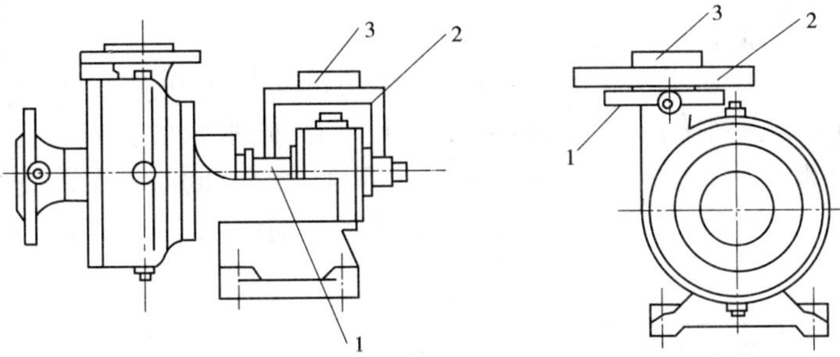

1—泵轴；2—支撑；3—水平仪

(a)纵向水平找正

1—出口法兰；2—水平尺；3—水平仪

(b)横向水平找正

图 7-25 单吸离心泵水平找正

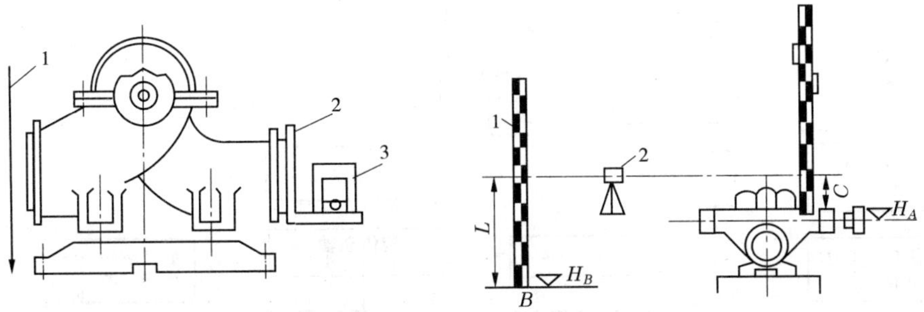

1—垂线；2—专用角尺；3—方框水平仪

(a)用吊锤线或方框水平仪找正水平

1—水准尺；2—水准仪

(b)用水准仪找正标高

图 7-26 双吸离心泵水平找正

到两轴同轴的要求。

为了调整两轴位置以达到同轴的要求，要确定两轴在空间的相对位置。测量两轴相对位置的量具主要有直尺、塞尺和千分表等。用直尺和塞尺测量两轴的相对位置，如图 7-27 所示。测量时按上、下、左、右四点分别测径向间隙和轴向间隙，用这种方法测量，受量具限制，测量精度不高。对于对中精度要求较高的联轴器，可用百分表测量两轴的相对位移。当四个点的测值不一致时，一般采用改变电动机与基础的相对位置，使径向及轴向间隙符合标准的调整措施。

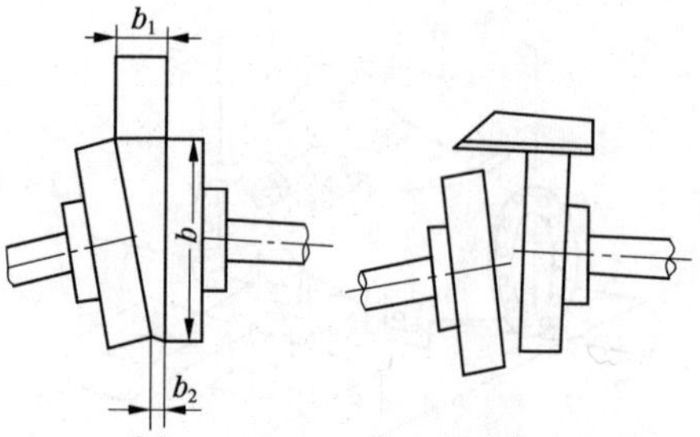

图 7-27　用塞尺和直尺测量两轴间隙

三、立式机组的安装

码 7-10　微课:立式机组安装

小型立式轴流泵安装在水泵层的水泵梁上,电动机安装在电机层的电机梁上。小型轴流泵机组的安装,一般按照自下而上、先水泵后电机、先固定部件后转动部件的规律进行。立式机组的高程、水平、同心、摆度和间隙是安装过程中的关键,必须认真掌握。小型立式轴流泵安装程序如图 7-28 所示。

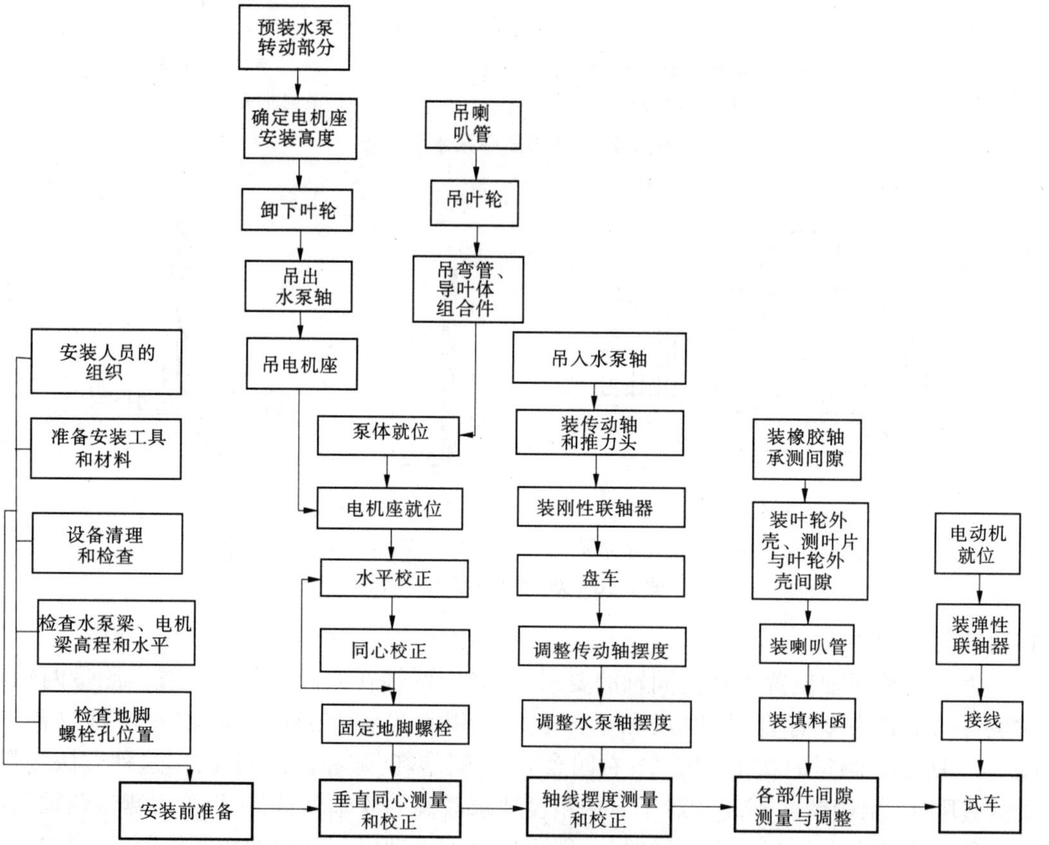

图 7-28　小型立式轴流泵安装程序

(一)弯管、导叶体组合件的安装

水泵梁定位后,将弯管、导叶体组合件吊到水泵梁上,同时把弯管口垫上止水橡皮与出水管相连,以出水弯管上的上导轴承座面为校准面,将方框水平仪放到校面上,调整垫铁,并收紧弯管与出水的连接螺丝,校正出水弯管的水平。

(二)电机座的安装

由于机组各部件有加工误差,几个部件配合组装后又产生累积误差。因此,图纸给定的电机座安装高程与部件实际情况有出入,电机座的实际安装高程常通过预装方法求得。预装时将泵轴吊入上、下导轴承孔内,试装叶轮与叶轮外壳,使叶片中心与叶轮外壳中心对准,测量出泵轴上端联轴器平面的距离,根据实测记录,计算出电机座的实际安装高程。然后拆除叶轮吊出水泵轴,按确定的电机座安装高程吊电机座。以电机座轴承座面为校准面,将方框水平仪放到校准面上,用调整垫铁的方法校正电机座的水平。

(三)同心校正

同心校正是校正电机座上的传动轴孔与水泵上、下导轴承孔的同心度。使各部件的中心点重合在一条理想的铅垂线上。同心度测量常用电气回路法,如图 7-29 所示。

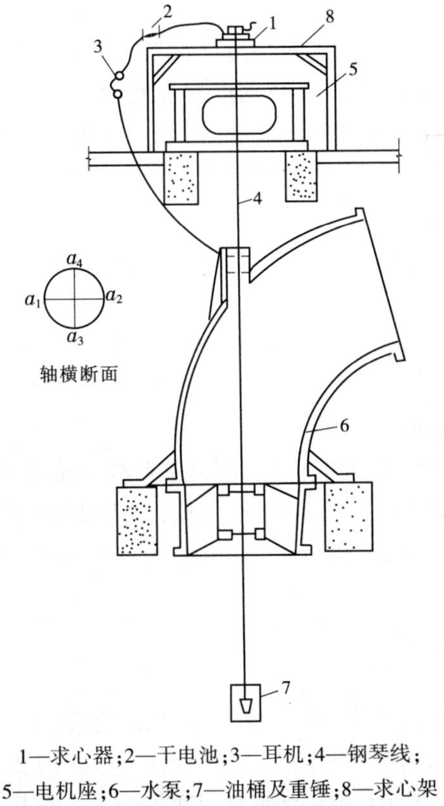

1—求心器;2—干电池;3—耳机;4—钢琴线;
5—电机座;6—水泵;7—油桶及重锤;8—求心架

图 7-29 同心度测量

在电机层楼面上放一支架,支架中间放一只求心器,其上吊一钢琴线,下挂重锤并浸入油桶中。用干电池、耳机、电线与钢琴线串联成电流通路,利用内径千分尺,接通被测量的部件与钢琴线间的回路。当内径千分尺的尖端与钢琴线接触时回路接通,耳机发出响声,内径千分尺的读数,即为部件圆周上该点与铅垂线的距离。

测量时,以水泵上导轴承座为基准,用求心器和内径千分尺找好轴承内孔和钢琴线的同心。然后以钢琴线为中心,测量电机座传动轴孔沿圆周东南西北四个测点至钢琴线的距离。

由于水泵上、下导轴承孔的同心出厂时已校正,只要把上导轴承座面调至水平,上、下导轴承孔即达到同心,故下导轴承孔同心无须测量。

(四)传动轴、泵轴摆度的测量和调整

传动轴、泵轴摆度测量和调整的目的是使机组传动轴线各部分的最大摆度值在规定的允许值范围内。轴线摆度用盘车方法测量。盘车前将泵轴、传动轴组装好,将推力头从传动轴顶套入并把两只圆螺母旋紧。

在传动轴(推力头处、刚性联轴器和下导轴承三部位)的平面上各装两只互成 90°的百分表,并将每一平面 8 等分,让机组转动部分慢速旋转,依次将各部位上每个测点的百分读数记录下来。根据测量记录数字计算全摆度和净摆度数值,全摆度是指同一测量部位上两相对点的数值之差,净摆度是指同一方位上测点全摆度相对于推力头处分摆度的差值。传动轴的支承面为推力头,推力头在推力轴承上转动。

传动轴的摆度,主要是推力头底面与传动轴线不垂直产生的,若计算出的摆度值不符合要求,需进行调整,调整方法一般是磨刮推力盘底面。

传动轴摆度调整合格后再调整水泵轴的摆度。水泵轴线是由于联轴器的法兰平面与水泵轴线不垂直产生的,调整方法常用铲削传动轴联器法兰平面来解决。

(五)各部件间隙测量与调整

机组轴线摆度调整达到要求后,装水泵上、下橡胶轴承,并用塞尺检查橡胶轴承与轴的间隙,要求四周均匀。然后装叶轮外壳,并用塞尺测量每一叶片上、中、下在东、南、西、北四个方位上与叶轮外壳之间的间隙。叶片间隙要求四周均匀。由于转动部分的轴向推力,电机梁受力后有挠度,使轴线略有下垂,故要求叶片的中心略高于叶轮外壳的中心,即叶片下部间隙略大于上部间隙。如叶片上下部间隙太大或太小,可用传动轴顶的圆螺母进行调整,如整个半圆上间隙偏大或偏小,可移动叶轮外壳半圆圈进行调节。若同一叶片在叶轮外壳四周的间隙均偏小,说明该叶片太宽,可用砂轮或锉刀修去一部分。

叶片间隙调整完毕后装喇叭管,将电动机吊到电机座上,装弹性联轴器,最后接线试运行。

四、进、出水管道的安装

码 7-11 微课:进出水管道安装

进、出水管道的安装包括管道、管道附件、阀件的安装。管道安装前应检验管道的规格和质量是否符合要求。若为法兰连接,应检查管道法兰面与管道中心线是否垂直,两端法兰面是否平行,法兰面凸台的密封沟是否正常。管道的内部防腐或衬里工作应符合有关规定。安装管道所用的管床、镇墩等土建工程应找正合格。此外,与管道连接的设备应找正合格,固定牢靠。

为了避免进水管内积存空气,进水管水平管段不应完全水平,更不得向水泵方向下降,应有向水泵方向逐渐上升的坡度($i \geq 0.005$)。偏心渐缩接管,其平面部分要装在上面,斜面部分装在下面。水泵进水口应避免与弯头直接相连,当进水管直径等于水泵进水口,应在弯头和水泵进水口之间,加装一段直管,如图 7-30 所示。

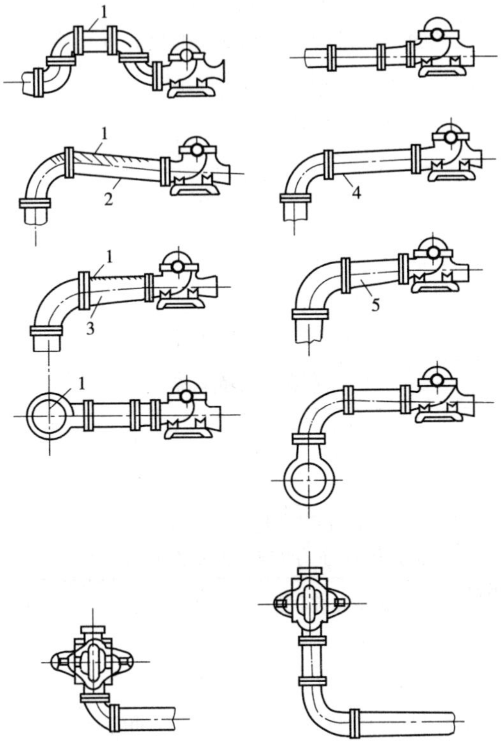

(a) 不正确安装　　(b) 正确安装

1—存气;2—向水泵下降;3—同心渐缩接管;
4—向水泵上升(1/50~1/100);5—偏心渐缩接管

图 7-30　进水管路安装图

任务四　泵站施工质量控制

一、模板施工

泵房混凝土施工中所使用的模板、支架及脚手架应按照工程结构特点、浇筑方法和施工条件进行设计。

模板可根据结构的特点,分别采用钢模、木模或其他模板。一般对于大面积部位采用定型钢模,有插筋及复杂部位采用木模。钢模宜用 Q235A 级钢;木模宜用Ⅱ、Ⅲ等木材,木材湿度为 18%~23%。模板制作应根据施工图翻样加工,并按先内后外原则安装,做到表面平整、接缝严密、不漏浆。不同材料的模板在制作、安装时各误差应严格控制在规范允许的范围内,如表 7-1 所示。

表 7-1　制作和安装模板的允许偏差

(单位:mm)

项目			允许偏差
木模制作	模板长度和宽度		±3
	相邻两板表面高差		1
	平面刨光模板局部不平(用 2 m 直尺检查)		3
钢模板制作	模板长度和宽度		±2
	模板表面局部不平(用 2 m 直尺检查)		2
	连接配件的孔限位置		±1
模板安装	轴线位置		5
	截面内部尺寸	底板、基础	+10
		墙、墩	±5
	相邻两板表面高差		2
	底模上表面标高		±5
	底层垂直	全高不大于 5 m	6
		全高大于 5 m	8
搁置装配式构件的支撑面标高			+2～-5
门槽、门坎、流道、深井筒式的泵房及其他有特殊要求的模板制作安装			按设计要求确定

注:1. 一般钢筋混凝土梁、柱的模板允许偏差应按《混凝土结构工程施工质量验收规范》(GB 50204—2015)有关规定执行。

2. 定型组合钢模板的使用,除满足本表规定外,尚应参照相应标准执行。

模板应制作简单,拆卸方便。模板及支架的拆除期限应按设计要求执行,若设计未提出要求,则对于不承重的侧面模板,应在混凝土强度达到其表面及棱角不因拆模而损伤时,方可拆除;墩、墙、柱部位的混凝土强度不低于 3.5 MPa 时方可拆除;承重模板及支架,应在混凝土达到表 7-2 的规定强度后方可拆除;流道、深井筒式的泵房及其他体形复杂的构筑物,其模板及支架的拆除应制订专门方案,拆除时间除满足强度达到 100%外,一般不宜少于 21 d。

表 7-2　拆模时所需混凝土强度

结构类型	结构跨度/m	设计标准强度的百分率/%
悬臂梁、悬臂板	≤2	70
	>2	100
梁、板、拱	≤2	50
	>2,≤8	70
	>8	100

模板施工除保证结构和构件的形状、尺寸和相对位置正确,还应具有足够的强度和稳定性。强度和稳定性验算时,应选择实际可能发生的最不利荷载组合为计算荷载。迎风面的模板及支架,应验算在风荷载作用下的抗倾稳定性,抗倾倒系数不应小于 1.15。

二、钢筋

钢筋进场须有出厂质量保证书，使用前应按规定抽样做机械性能试验，需要焊接的钢筋应做焊接工艺试验。发现性能异常的钢筋，应做化学成分检验或其他专项检验，不合格的产品不得使用。钢筋的种类、钢号、直径应符合设计规定，需要代换时，应符合有关规定。泵房建筑结构部分的钢筋应符合《混凝土结构设计规范》(2015 年版)(GB 50010—2010)的有关规定。

钢筋的翻样加工应按设计大样表进行。钢筋的品种、规格、数量，钢筋加工后的形状、尺寸、间距应符合设计要求，分批制作、分批堆放，挂牌定位。钢筋加工时的允许偏差如表 7-3 所示。

表 7-3 加工后的钢筋允许偏差 (单位:mm)

项目	允许偏差
受力钢筋顺长度方向全长净尺寸	±10
钢筋弯起点位置	±20
箍筋各部分长度	±5

钢筋的安装应按施工规范要求和施工图、施工顺序进行绑扎、安装。绑扎的顺序依次为柱、梁、板，钢筋保护层采用混凝土垫块来保证。钢筋安装位置和保护层的允许偏差如表 7-4 所示。钢筋绑扎完毕要进行全面检查、核对、清理，并由甲方和监理进行验收，办理隐蔽工程验收手续。

表 7-4 钢筋安装位置和保护层的允许偏差 (单位:mm)

<table>
<tr><th>项目</th><th>允许偏差</th><th colspan="2">项目</th><th>允许偏差</th></tr>
<tr><td>受力钢筋间距</td><td>±10</td><td colspan="2">钢筋弯起点位移</td><td>20</td></tr>
<tr><td>分布钢筋间距</td><td>±20</td><td rowspan="3">受力钢筋保护层</td><td>底板、基础、墩、厚墙</td><td>±10</td></tr>
<tr><td>箍筋间距</td><td>±20</td><td>薄墙、梁和流道</td><td>−5～+10</td></tr>
<tr><td>钢筋排距</td><td>±5</td><td>桥面板、楼板</td><td>−3～+5</td></tr>
</table>

预埋件应根据设计图纸由测量员精确定位后埋设，并保证施工期间不移位，按图复核埋件，严禁遗漏。放置后的位置应由甲方和监理进行验收，并办理隐蔽工程验收手续。

钢筋长度不够需要搭接时，接头类型的选择及焊接接头、搭接长度等应符合规范要求，焊接接头应按规定错开，同时确保钢筋轴线一致。泵房混凝土的钢筋接头宜优先采用电焊接头，柱纵筋焊接采用电渣压力焊，梁主筋焊接宜采用闪光对焊。电焊工、对焊工应对各种规格钢筋进行试焊，合格后方可上岗操作，在操作过程中严格按规定进行抽样试验，把好焊接质量关。

三、混凝土

(一)原材料的选用

1. 水泥

水泥必须有质量证明书,并应对其品种、强度等级、包装、出厂日期等进行检查。对水泥质量有怀疑或水泥出厂超过三个月,应复查试验,并按试验结果使用或处理。

水上部分混凝土,宜选用普通硅酸盐水泥或矿渣硅酸盐水泥。水位变化区或有抗冻、抗冲刷、抗磨损等要求的混凝土,应优先选用硅酸盐水泥或普通硅酸盐水泥。水下不受冲刷或厚大构件内部的混凝土,宜选用矿渣硅酸盐水泥、粉煤灰硅酸盐水泥或火山灰质硅酸盐水泥。受硫酸盐侵蚀的混凝土,应优先选用抗硫酸盐水泥;受其他侵蚀性介质影响或有特殊要求的混凝土,应按照有关规定或通过试验选用。

2. 骨料

细骨料宜采用质地坚硬、颗粒洁净、级配良好的天然砂。砂的细度模数宜为2.3~3.0。砂的含泥量不应大于3%,且不得含有黏土团粒。

粗骨料宜采用质地坚硬且粒径分配良好的碎石、卵石,其质量标准应符合相关规范要求。粗骨料最大粒径的选用应符合下列要求:

(1)不应大于结构截面最小尺寸的1/4。

(2)不应大于钢筋最小净距的3/4,对双层或多层钢筋结构,不应大于钢筋最小净距的1/2。

(3)不宜大于8 cm,对受侵蚀性介质作用的外部混凝土,不宜大于保护层厚度。

3. 用水要求

拌制和养护混凝土用水,不得含有影响水泥正常凝结与硬化的有害杂质,凡适宜饮用的水,均可使用。采用天然矿化水时,其氯离子含量不得超过200 mg/L,硫酸根离子含量不得超过2 200 mg/L,pH值不应小于4。

(二)混凝土的配制

混凝土的水灰比、配合比应通过计算和试验选定,经试验合格后方可进行正式生产,并严格按配合比进行计量上料,在混凝土施工中按相关规范要求进行抽检,认真检查混凝土组成材料的质量、用量、坍落度,按要求做好试块。配合比应满足强度、耐久性及施工要求,且经济、合理。在配制混凝土时,可以合理掺用外加剂,但其掺量和方法应通过试验确定。

(三)混凝土的养护

为保证已浇筑好的混凝土在规定龄期内达到设计要求的强度,并防止产生收缩裂缝,混凝土面层凝结后,应立即浇水养护,使混凝土面和模板经常保持湿润状态。硅酸盐水泥和普通硅酸盐水泥的养护时间不低于14 d,对于火山灰质硅酸盐水泥、矿渣硅酸盐水泥、粉煤灰硅酸盐水泥、硅酸盐大坝水泥等,养护时间不低于21 d。

(四)二期混凝土的施工要求

浇筑混凝土时应连续进行。当必须间歇时,其间歇时间应缩短,并应在前层混凝土凝结前,将次层混凝土浇筑完毕。若必须分期浇筑,在浇筑二期混凝土前,应对一期混凝土表面凿毛清理,刷洗干净。二期混凝土宜采用细石混凝土,其强度等级应等于或高于同部位一期混凝土的强度等级。对于体积较小的,可采用水泥砂浆或水泥浆压入法施工。

二期混凝土采用膨胀水泥或膨胀剂时,其品种和质量应符合有关规定,掺量和配比可通过试验确定。二期混凝土浇筑时,应注意已安装好的设备及埋件,且应振捣密实,收光整理。机、泵座二期混凝土,应保证设计标准强度达到70%以上,才能继续加荷安装。

四、特殊气候条件下的施工

(一)冬季施工

冬季施工期间,应密切注意天气预报,根据天气情况合理安排施工。

(1)骨料应在进入冷天前筛洗完毕,拌制混凝土时骨料中不得带有冰雪等冻结物及易冻的矿物质,搅拌时间应适当延长。

(2)按照冬季施工的技术要求,开出新的配合比,可优先选用硅酸盐水泥或普通硅酸盐水泥。在钢筋混凝土中,不得掺用氯盐。与镀锌钢材或与铝铁相接触部位及靠近直流电源、高压电源的部位,均不得使用硫酸钠早强剂。冷天浇筑的混凝土中,宜使用引气型减水剂,其含气量宜为4%~6%。未掺防冻剂的混凝土,其允许受冻强度不得低于10 MPa。

(3)当平均气温低于5 ℃时,应采用热水搅拌法制备混凝土。水泥不得直接加热,应先将热水与骨料混合,待温度下降到40 ℃以下时,再投放水泥。搅拌时间比普通混凝土延长1 min,并合理确定混凝土离开拌和机的温度,入仓温度不宜低于10 ℃,覆盖混凝土的温度不宜低于3 ℃。

(4)基底保护层土壤挖除后,应立即采取保温措施,尽快浇筑混凝土。尽量避开在严寒天气浇筑混凝土,无法避开时,应尽量安排在白天温度较高时进行。浇筑前清除模板、钢筋、止水片和预埋件上的冰雪和污垢,在老混凝土或基岩上浇筑混凝土,必须加热处理基面上的冰冻,经验收合格后再浇筑混凝土。

(5)当室外气温不低于-15 ℃时,对于表面系数不大于5的结构,应首先采用蓄热法或蓄热与掺外加剂并用的方法。当采用上述方法不能满足强度增长要求时,可选用蒸气加热、电流加热或暖棚保温的方法。采用蓄热法养护应做到随浇筑、随捣固、随覆盖。保温保湿材料应紧密覆盖模板或混凝土表面,迎风面宜增设挡风措施,对于细薄结构的棱角部分,应加强保护。

(6)混凝土冷却到5 ℃后,模板和保温层方可拆除。拆除时应避开寒流袭击,气温骤降时,混凝土强度必须大于允许受冻的临界强度。当混凝土与外界温差大于14 ℃时,拆模后的混凝土表面,应覆盖使其缓慢冷却。

(7)冷天施工时应做好各项观测记录:①室外气温和暖棚内气温,每天(昼夜)观测4次;②水温和骨料温度,每天观测8次;③混凝土离开拌和机温度和浇筑温度,每天观测8次;④加强混凝土内部温度的观测,用蓄热法养护时,每天观测4次;用蒸汽或电流加热时,每1 h观测1次,恒温期间每2 h观测1次。

(二)夏季施工

在日最高气温达到30 ℃以上的热天进行施工时,应从骨料,混凝土制备、运输、浇筑、养护等各方面进行温度控制。

(1)骨料应适当堆高，堆放时间应适当延长，使用时由底部取料，采用地下水喷洒骨料，采用地下水或掺冰的低温水拌制混凝土。

(2)混凝土制备时宜掺用缓凝减水剂；适当加大砂率和坍落度，控制混凝土离开拌和机的温度不超过30 ℃且符合温控设计要求。

(3)混凝土运输工具应配备隔热遮阳措施；缩短运输时间，加快混凝土入仓覆盖速度。

(4)混凝土仓面应采取遮阳措施，喷洒水雾降低周围温度；尽量安排在早、晚或夜间浇筑，浇筑完毕后及早覆盖养护。

(三)雨季施工

雨季施工前应认真组织有关人员分析雨季施工生产计划，根据雨季施工项目编制施工措施。所需材料要在施工前准备好，砂石堆料场应排水通畅，防止泥污；运输工具应采取必要的防雨、防雷击措施；混凝土浇筑仓面应设雨棚，骨料含水量应加强检测。

雨季期间及时掌握天气预报，避免在大雨、暴雨或台风过境时浇筑混凝土。无防雨棚仓面，在小雨中浇筑混凝土应通过试验调减混凝土用水量，加强仓内外的排水，但不得带走灰浆，并及时做好顶面的抹灰收光和覆盖。无防雨棚仓面，在浇筑混凝土过程中，如遇大风、暴雨时应停止浇筑，并将仓内混凝土振捣好并覆盖，雨后继续浇筑时，应清理表面软弱层，铺一层水泥砂浆后再浇筑，如间歇时间超过规定，应按施工缝处理。

任务五　泵站施工管理

泵站施工管理是以泵站工程项目为对象，以项目经理负责制为基础，以实现泵站工程项目目标为目的，对泵站工程施工按照其内在逻辑规律进行有效的计划、组织、协调和控制，对工程项目施工全过程进行管理和控制的系统管理方法体系。

一、施工进度控制

水利水电工程的规模较大，为确保工程能够按照预定的工期顺利完成，需要在项目实施过程中，做好进度计划和过程管理。施工进度管理也是合理安排资源供应、节约工程成本的重要措施之一。施工进度控制工作可以从以下几个方面入手。

(一)施工进度计划

在施工之前合理规划施工方案的具体内容和进度，将一个大项目划分成几个小项目，对每个项目的工作内容、工作程序、持续时间和衔接关系等制订出一个切实可行的、科学的进度计划，然后按计划逐步实施。其作用有如下几点：

(1)为项目实施过程中的进度控制提供依据。

(2)为项目实施过程中的劳动力和各种资源的配置提供依据。

(3)为项目实施过程中有关各方在时间上的协调配合提供依据。

(4)为在规定期限内保质、高效地完成项目提供保障。

(二)施工进度控制

施工进度控制是指在既定的工期内,编制出最优的施工进度计划,在执行该计划的施工中,按时检查施工实际进度情况,并将其与计划进度相比较,若出现偏差,分析产生的原因及对工期的影响程度,提出必要的调整措施,修改原计划,如此不断地循环,直至工程竣工验收。其总目标是建设工期。

由于水利水电工程项目的施工特点,尤其是大型和复杂的施工项目,工期较长,影响进度的因素较多,编制和控制计划时必须充分认识和考虑这些因素,才能克服其影响,使施工进度尽可能按计划进行。工程项目进度的主要影响因素有如下几点:

(1)有关单位的影响。

(2)施工条件的变化。

(3)技术失误。

(4)施工组织管理不力。

(5)意外事件的出现。

在开始施工之前需要明确建设地区的实际环境状况。如果该地区长时间暴雨或者雷雨,那么则需要延长现场实际的施工时间和进度,避免为了赶时间出现施工质量不符合标准的情况发生。

(三)施工进度控制措施

进度控制的措施包括组织措施、技术措施、合同措施、经济措施和信息管理措施等。

(1)组织措施。主要包括:①明确进度控制部门人员、具体控制任务和管理职责分工。②按项目结构、项目进展阶段、合同结构分解项目,并建立编码体系。③确定进度协调工作制度,包括协调会议举行的时间、协调会议的参加人员等。④根据多年统计资料的积累,对影响进度目标实现的干扰和风险因素进行分析,预测各种因素影响进度的概率及进度拖延的损失值等。

(2)技术措施。是指采用先进的施工工艺、方法等以加快施工进度。

(3)合同措施。分段发包,提前施工,以及合同的合同期与进度计划的协调等。

(2)经济措施。指保证资金供应的措施。

(3)信息管理措施。信息管理措施主要是通过计划进度与实际进度的动态比较,收集有关进度的信息等。智慧工地建设使信息管理更精准、更快速,对提高施工进度控制水平起到了很好的技术支撑作用。

二、施工成本控制

施工成本控制是在满足工程质量、工期等合同要求的前提下,通过计划、组织、控制和协调等活动,将工程施工过程中所发生的费用控制在预定的成本目标内,并尽可能降低成本费用的一种科学的施工项目管理活动。

(一)施工成本计划

施工成本计划是以货币形式预先编制施工项目在计划期内的生产费用与成本的总水平,按成本管理层次、有关成本项目以及项目进展逐阶段对成本计划加以分解,最后制订各级保证成本计划实施的措施方案。它是建立施工项目成本管理责任制、开展成本控制和核算的基础,是实现该项目降低施工成本的指导性文件。

施工成本计划的编制以成本预测为基础,以合同的成本目标为控制目标,根据国家政策、市场信息和企业内部资料,深入分析当前情况和未来的发展趋势,了解影响成本升降的各种有利和不利因素,研究如何克服不利因素和降低成本的具体措施,而作出的自身计划。施工成本计划的编制不是一个绝对的固定方案,而是随着合同条件、施工组织方案、建筑市场等环境和条件的变化,经过分析、比较、判断之后作出的动态调整的过程。其编制依据包括:

(1)国家和上级部门有关编制成本计划的规定。

(2)项目经理部与企业签订的承包合同、分包合同(或估价书),结构件外加工计划和合同以及企业下达的成本降低额、降低率和其他有关技术经济指标。

(3)有关人工、材料、机械台班单价,市场价格与公司内部价格等成本预测、决策的资料。

(4)施工项目的施工图预算、施工预算。

(5)施工组织设计或施工方案及拟采取的降低施工成本的措施。

(6)施工项目使用的机械设备生产能力及其利用情况。

(7)施工项目的材料消耗、物资供应、劳动工资、周转设备租赁价格及劳动效率、摊销损耗标准等计划资料。

(8)计划期内的物资消耗定额、劳动工时定额、费用定额等资料。

(9)以往同类项目成本计划的实际执行情况及有关技术经济指标完成情况的分析资料。

(10)同行业同类项目的成本、定额、技术经济指标资料及增产节约的经验和有效措施。

(11)本企业的历史先进水平和先进经验。

(12)国外同类项目的先进成本水平情况等资料以及其他相关资料。

(二)施工成本控制步骤

施工成本控制是指在实施的过程,以项目施工成本计划为依据,不断地、有序地进行统计与比较、分析与反馈的工作。具体分为以下五个步骤:

(1)比较。是指按照某种确定的方式将施工成本计划值与实际值逐项进行比较,以发现施工成本是否已超支。

(2)分析。是对比较的结果进行分析,以确定偏差的严重性及偏差产生的原因,从而采取针对性措施,减少或避免相同事故的再次发生或减少由此造成的损失。

(3)预测。根据实施情况估算整个项目完成时的施工成本,预测的目的在于为决策提供支持。

(4)纠偏。当工程项目的实际施工成本出现偏差时,根据工程的具体情况、偏差分析和预测的结果,采取适当的措施,以期达到使施工成本偏差尽可能小的目的,最终达到有效控制施工成本的目的。纠偏是施工成本控制中最具实质性的一步。

(5)检查。是指对工程的进展进行跟踪和检查,及时了解工程进展状况以及纠偏措施的执行情况和效果,为今后的工作积累经验。

(三)施工成本控制措施

施工成本的控制,应从组织、经济、技术、合同等多方面采取一系列可行的措施,精心组织施工,挖掘各方面潜力,加强成本控制,从而达到对施工过程中的各项费用实施直接有效的控制。

(1)组织措施。从施工成本管理的组织方面采取措施,领导亲自抓、员工全参与,使成本管理深入基层、落实到人。做好施工采购规划,通过生产要素的优化配置、合理使用、动态管理,有效控制实际成本;加强施工定额管理和施工任务单管理,控制活劳动和物化劳动的消耗,加强施工调度,避免因施工计划不周和盲目调度造成窝工损失、机械利用率降低、物料积压等而使施工成本增加。

(2)技术措施。技术的提高或新技术的采用,可大幅度提高劳动效率和节省材料,从而节约成本。施工过程中,通过优化施工方案来提高工效,缩短工期,进而节省大笔的机械及周转料具的租赁费及项目的管理费,有利于降低项目成本。具体措施包括:进行技术经济分析,确定最佳的施工方案;在满足功能要求的前提下,结合施工方法,进行材料使用的比选,选择改变配合比、使用添加剂等方法来达到降低材料的消耗费用的目的;结合项目的施工组织设计及自然地理条件,降低材料的库存成本和运输成本;确定最合适的施工机械、设备使用方案,先进的施工技术的应用、新材料的运用、新开发机械设备的使用等都是有效降低成本的技术途径。

三、施工质量控制

工程施工质量,就是工程在施工过程中形成的产品质量达到设计要求和施工验收规范、工程质量检验评定标准的程度。泵站工程关系的是国计民生,对于国家基础设施建设具有重要意义。工程质量管理的首要任务是确定质量方针、目标和职责,建立有效的质量体系,通过行动方案和资源配置的计划、实施、检查和监督,控制施工质量,实现预期目标。

(一)施工生产要素质量控制

(1)劳动主体。施工企业应成立以项目经理的管理目标和管理职责为中心的管理架构,配备称职管理人员,各司其职。要将加强质量意识作为现场作业培训的首要任务,促使施工技术人员树立质量意识;还应不断加强专业技术和操作技能培训,从而提高工程施工效率及施工质量。

(2)施工材料。在水利工程施工过程中,影响施工质量的因素有很多,其中会对施工质量产生直接影响的是施工材料。因此,施工企业应当严把材料关,购买时认真筛选,提高采购人员的质量意识;运输过程中应当小心谨慎,将材料的损坏量降到最少;在施工材料进入施工现场前要严格检查,对于不合格的材料要坚决摒弃,避免其流到施工过程中。通过确保施工材料的质量以提高工程施工的质量,更好地满足泵站施工需求。

(3)施工工艺。施工工艺的先进合理是直接影响工程质量、进度、造价以及安全的关键因素。施工工艺的控制主要包括:①编制施工组织设计与分项施工方案,对工程施工中容易发生质量事故的原因,防治、控制措施等做出详细的说明,选定的施工工艺和施工顺序应能确保工序质量;②针对隐蔽工程、重要部位、关键工序和难度较大的项目等,设置质量控制点;③建立“三检”制度,通过自检、互检、交接检,尽量减少质量失误。

(4)施工设备。施工设备的控制主要做好两个方面:①机械选择与储备。应根据工程项目特点、工程量、施工技术要求等,合理配置技术性能与工作质量良好、工作效率高、适合工程特点和要求的机械设备,并考虑机械的可靠性、维修难易程度、能源消耗以及安全、灵活等方面对施工质量的影响与保证条件,同时做好足够的机械储备,以防机械发生故障影响工程进度。②有计划地保养与维护。对进入施工现场的施工机械设备进行定期维修,在规章制度前提下,加强机械设备管理,做到人机固定,定期保养和及时修理;建立强制性技术保养和检查制度,没达到完好度的设备严禁使用。

(5)施工环境。施工环境主要包括工程技术环境、工程管理环境和劳动环境等。

(二)施工质量控制途径

施工质量控制,要运用全过程质量管理的思想和动态控制的原理,主要可以将其分为三个阶段:

(1)事前质量预控。利用前馈信息实施控制,重点放在事前的质量计划与决策上,即在生产活动开始以前根据对影响系统行为的扰动因素做种种预测,并制订控制方案。

(2)事中质量控制。指质量活动主体的自我控制和他人监控的控制方式。自我控制是第一位的,指作业者在作业过程中对自己质量活动行为的约束和技术能力的发挥,以完成预定质量目标的作业任务;他人监控是指作业者的质量活动和结果,接受来自企业内部管理者和来自企业外部有关方面的检查、检验。

(3)事后质量控制。对质量活动结果进行评价、认定,对后序质量偏差进行纠偏,对不合格产品进行整改和处理,以使不合格的工序或产品不流入后道工序、不流入市场。

四、施工安全管理

党的二十大报告指出,要"把维护国家安全贯穿党和国家工作各方面全过程",坚持安全第一、预防为主,增强风险意识、忧患意识,树牢底线思维,要"推进安全生产风险专项整治,加强重点行业、重点领域安全监管",充分体现了"坚持人民至上"的崇高理念。泵站工程施工现场情况多变,又是多工种的立体交叉作业,劳动条件差,安全事故发生率高,安全责任重于泰山。做好施工现场的安全管理,保护好员工的安全和健康、保护设备和物资不受损坏,不仅是管理的首要职责,也是调动职工积极性的必要条件。

(一)施工安全管理的特点

(1)统一性。安全和生产是辩证的统一,生产中越注意安全,就越能促进生产。

(2)预防性。安全施工要做到防患于未然,贯彻安全第一,预防为主的方针。

(3)长期性。安全施工要贯彻施工过程的始终,做好安全教育和施工安全措施。

(4)群众性。安全施工与施工现场的每一位员工息息相关,人人重视、重视人人,安全施工才能得到保障。

(5)科学性。要利用先进科学技术,不断加强和改进施工安全措施。

(二)施工安全管理措施

1. 建立安全生产制度

安全生产制度必须符合国家和地区的有关政策、法规、条例和规程,并结合泵站施工项目特点,建立健全的安全管理体系,制定严格的安全监督制度。根据管理人员的职位逐层明确安全管理责任，做到责任到人，使安全管理人员明确个人职责，抓好安全管理工作。通过这些措施来约束项目安全管理人员，使安全管理工作完善、到位。

2. 贯彻安全技术管理

结合工程实际，在编制施工组织设计时，编制切实可行的安全技术措施，并要求全体人员认真贯彻执行。执行中发现问题，应及时采取妥善的安全防护措施。汇总执行过程中的安全技术资料，分析总结工作经验，以利于以后工程的借鉴。

3. 做好安全教育与培训

对新进员工要进行岗前安全纪律教育，特种作业人员要进行专业安全技术培训，考核合格方能上岗。定期组织全体工作人员学习国家、地方和企业的安全生产责任制、安全技术规程、安全操作规程和劳动保护条例，以全面的安全知识武装施工人员的头脑，普遍提高员工的安全意识，让全体员工牢固树立“安全第一”的思想，为安全管理工作的顺利开展保驾护航。

4. 定期组织安全检查

安全员要承担起安全生产监督监察的责任，经常查看现场，及时排除施工中的不安全因素，纠正违章作业，监督安全技术措施的执行，不断改善劳动条件，防止工伤事故的发生。

5. 落实安全生产考核指标

将安全生产指标作为一项重要考核指标列入承包合同中，督促双方共同重视安全生产。

五、智慧工地管理

智慧工地是以新发展理念为指导，按照“需求牵引、应用至上、数字赋能、提升能力”要求，借助于物联网、移动互联网、BIM、GIS 等技术，基于 BIM 技术对建筑工程进行精确设计和施工模拟，建立互联协同、智能生产、科学管理的施工项目信息化生态圈，并将在虚拟现实环境下的数据与采集到的工程信息进行对比分析，提供趋势预测及专家处理预案，实现工程施工可视化智能管理，逐步实现建筑业的绿色建造和生态建造。它将 3S、VR/AR、AI 等技术植入到建筑、施工机械、人员穿戴设备、场地关口等各类物体中，实现普遍互联，并与互联网集成，从而实现建筑工程人的因素与施工现场物的因素完美结合，以提高交互的明确性、效率、灵活性和响应速度，提升工地建设的安全质量和管理水平，践行生态、绿色、环保的理念。

（一）智慧工地体系架构组成

智慧工地将施工方、监理方、供应商、用户、项目管理方等诸多环节有机集成在了一起，体系架构包括基础设施层、数据采集层、数据存储层、数据服务层、数据应用层、信息安全体系和标准规范体系等部分。

（1）基础设施层。包括本地硬件设备设施、基础软件及辅助施工设备。本地硬件设备设施包括存储和计算资源、服务器、互联网、物联网、视频监控设备、传感设备、条码扫描设备等；基础软件包括操作系统、数据库软件、网络协议等；辅助施工设备包括闸机设备、塔吊设备、除尘除霾设备等。

(2)数据采集层。包括视频监控接口、环境监测接口(传感器)、扫描设备接口、GIS、GPS、闸机接口、API 接口、BIM 引擎、数据适配器、录入界面等,为智慧工地提供数据来源支持。

(3)数据存储层。包括非结构化数据存储和结构化数据存储,非结构化数据通过 Spark、Storm、流处理等计算处理后存储在 MongoDB、HBase、Hive 等数据库中,结构化数据抽取到 ODS 库中,经过转换、清洗、加工等处理后,加载到数据仓库中。

(4)数据服务层。包括数据应用服务、集成服务和安全认证服务,通过数据交换平台、企业服务总线为工程建设各方参与者提供数据查询、数据分析、数据挖掘、三维展示、数据共享、统一搜索、统一标准、身份认证、安全预警、消息集成等服务。

(5)数据应用层。面向项目施工方、监理方、项目管理公司提供移动办公平台,面向项目监理方、项目管理公司、用户提供工程监管平台,面向各类用户提供大数据分析应用平台和智能展示平台等应用。

(6)信息安全体系。包括配置管理、权限管理、运维管理、安全管理、接口管理、监控管理、任务管理、消息管理等,是项目安全运行的基础保障。

(7)标准规范体系。包括数据标准、管理标准、技术标准等,是工程项目有效运转的管理保障。

(二)智慧工地系统管理平台

泵站工程建设过程中,一般根据工程大小,分不同标段进行施工作业。各标段的施工单位不尽相同,施工单位采用独自管理的方式,信息管理平台、视频会议、视频监控、劳务系统都不同,需要开放接口,将统计数据汇集到项目部智慧工地系统管理平台(见图 7-31),进行全面的掌控、分析和预警,通过信息的整合可以查看各地块的现场情况,以便对人员、设备、物料等进行合理调配,高效精准做好工程施工进度控制、施工成本控制、施工质量控制和施工安全管理。

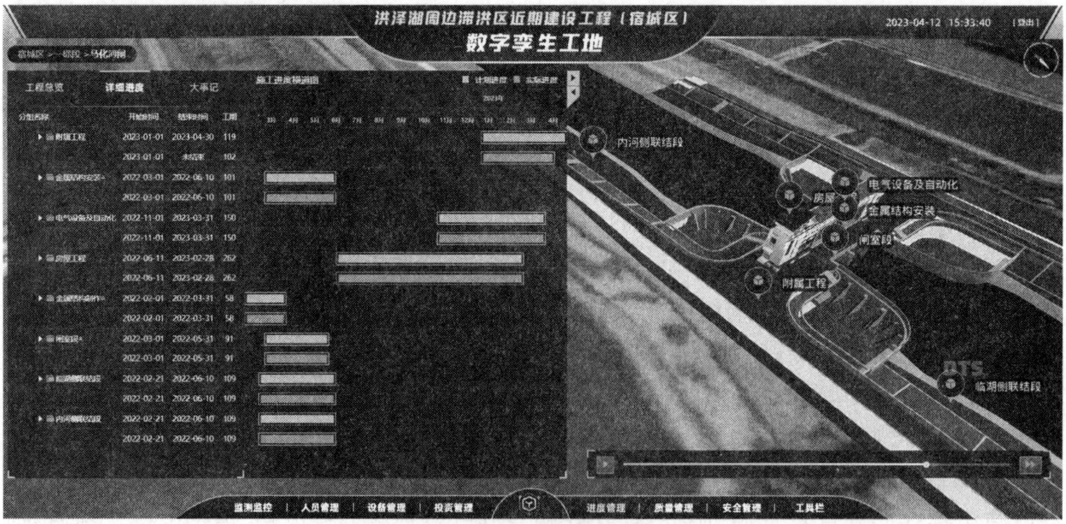

图 7-31　智慧工地管理平台

(1)移动应用平台。对应施工项目管理内容,一般应具备进度计划、周报、物料、造价、劳务、施工机具、质量检查、施工日报、监理日报、任务管理、安全教育、安全检查、危险源管理、往来件、会议管理、规章制度等信息的填报、拍照、扫描、审核、查询和浏览等功能,为各级用户提供及时、实时的项目数据的采集、处理、分析、提示、预警手段。为保证功能的实现,一般要求手持终端应具备拍照、扫描等基本功能;考虑到手持终端的操作系统不同,应开发面向 IOS 和 Android 的移动管理平台 APP;同时应力求系统轻量、业务逻辑清晰、操作便捷、界面美观、风格统一,用户体验感好。

(2)工程管理平台。基于统一数据源提供施工图、BIM 模型、计划进度、质量管理、安全管理、物料管理、会议管理等功能,并集成劳务考勤、施工机具、环境信息(温度、湿度等)、施工情况(塔吊作业、吊钩信息、现场视频等)等信息,提供信息维护、查询等功能,支持与移动应用平台的无缝信息交互。平台建设应尽量采用轻型的 B/S 架构,提供数据服务接口,支持基于中间件、Web Service 等方式的数据交换与集成,系统功能应覆盖到工程建设各个环节和业务流程,实现人员、资金、物资、设备、工艺、环境等相关要素的收集、整合、共享与管理,支持与办公系统、施工单位 ERP 系统、人事系统、财务系统等集成与协同。

(3)集成展示平台。BIM 模型与计划进度、质量管理、安全管理、物料、劳务、施工机具、环境信息(温度、湿度等)、施工情况(塔吊作业、吊钩信息、现场视频等)进行集成,将基于 BIM 的进度、质量、安全等信息与实际采集到的数据进行分析对比,综合决策,合理调配人员、设备、物料等资源。平台建设同样应尽量采用 B/S 架构,具备丰富的数据加载插件和统计分析组件,与工程管理平台、移动办公平台共享一套数据库,具有较高的数据实时性和计算能力,应建立面向展示内容的资源目录体系。

(4)大数据应用平台。基于 Hadoop/HDFS 架构,通过 Spark、Storm、MapReduce 等技术实现对非结构化数据的处理,并将数据存储到数据库中,实现对数据的计算处理。同时对数据仓库中的结构化和非结构化数据进行深度加工,提供大数据检索、大数据分析(实时分析、离线分析)、大数据挖掘、数据共享与交换等功能。大数据平台的建设,应重点考虑数据采集和计算处理能力,特别是针对环境、流媒体等的实时计算能力,着力解决 BIM 模型、施工图纸、传感器数据、GIS/GPS 数据、工程文档等非结构化数据的解析、处理及存储,以及为满足用户、项目公司的监管、分析及挖掘需求的汇总计算性能。

(5)信息系统集成。基于施工信息展示和综合集成需要,开展集成展示平台与劳务闸机、环境监测、塔吊系统、现场视频监控、施工机具等系统集成;开展工程管理平台与移动办公平台的无缝集成,实现消息提示、统一代办、统一流程、统一服务等功能;开展项目部管理平台与各地块管理平台的集成,实现模型、进度、计划、质量、安全、管控、物料、人员等信息的统一整合。信息系统集成应统一规划和设计,在网络硬件集成的同时,着重考虑集成内容、逻辑流程、相关信息系统及数据结构,建议采用第三方中间件的方式进行集成,减少两两集成的复杂度和数据冗余度,提升集成的稳定性和可靠性。

能力训练

7-1　泵房施工的基本流程是怎样的?

7-2　如何进行施工控制网的布设?

7-3　设备基础混凝土浇筑时应注意什么?

7-4　泵房上部结构施工时,梁、板的混凝土浇筑应按什么样的顺序进行?

7-5　混凝土预制构件的吊装应按什么步骤进行?在吊装过程中应注意什么?

7-6　冬季和夏季施工应符合哪些规定?

7-7　泵站机组安装的工具有哪些?各有什么作用?

7-8　卧式和立式机组安装的流程各是什么样的?有何不同?

7-9　如何控制泵房的施工质量?

码 7-12　题库训练

项目八 泵站运行与维护

【学习目标】 通过学习机组设备的日常操作步骤、设备故障现象及产生原因、泵站工程的日常维护内容和方法,能够对一般设备故障进行识别和排除、掌握泵站建筑物及设备的日常维护保养方法、监控泵站的运行数据和安全指标。

【学习任务】 了解机组的运行管理内容和一般故障原因,能够排查日常设备运行故障。掌握泵站设备和建筑物的运行管理内容,能进行泵站工程的机组与建筑物的日常维护。了解泵站经济运行方法和技术指标,能初步确定泵站的经济运行方案。

码 8-1 思政导引

任务一 机组的运行与维护

泵站工程的兴建,是为农田灌排和城乡供水等创造一个良好的条件,而管好、用好泵站工程,充分发挥其经济效益,更好地为农业和国民经济各部门服务,还需要加强科学管理。

泵站工程的管理包括组织管理、技术管理、经济管理等。泵站管理的主要内容和任务是根据泵站技术规范和国家的有关规定,制定泵站的运行、维护、检修、安全等技术规程和规章制度;搞好泵站的机电设备、工程设施、供水、排水等管理工作;完善管理机构;建立健全岗位责任制,制定考核、评比和奖惩制度,提高管理队伍的业务素质,认真总结经验,开展技术改造、技术革新和科学试验,应用和推广新技术;按照泵站技术经济指标的要求,考核泵站管理工作等。

一、机组的运行

机组试运行后,并经工程验收委员会验收合格,交付管理单位。管理单位接管后,应组织管理人员熟悉安装单位移交的文件、图纸、安装记录、技术资料,学习操作规程,然后进行分工,按专业对设备进行全面检查,对电气做模拟试验。

在泵站的水工建筑物和主要机电设备安装、试验、验收完成之后,正式投入运行之前,都必须按照《泵站设备安装及验收规范》(SL 317—2015)的要求进行机组的试运行。一切正常后方可投入运行、管理、维护工作。

泵站试运行验收可分为预试运行和试运行验收两个阶段。预试运行应在有关的各项分部工程全部通过验收后，由项目经理申请，总监理工程师确认，项目法人同意并将预试运行方案(含试运行组织机构)报竣工验收主持单位或其委托单位审查批准后即可进行。预试运行应由项目法人主持，项目法人、设计单位、土建施工单位、安装单位、监理单位、设备生产单位、质量监督单位以及管理单位等参加。在预试运行中发生的问题全部处理完毕后，应提出预试运行报告，并报请竣工验收主持单位或其委托单位批准后再进行试运行验收。如果泵站不具备预试运行的条件，经主管部门同意后也可不经过预试运行，直接进行试运行验收。

泵站试运行验收应由竣工验收主持单位或其委托单位主持。泵站试运行验收委员会成员应由竣工验收主持单位或其委托单位任命，由项目法人、设计、施工监理、质量监督、运行管理等有关单位组成。泵站试运行验收应具备以下条件：

(1)泵站土建工程已基本完成。必须动用的部分水工建筑物和输水管道已通过分部工程验收，进、出水池水位及来水量均满足试运行要求。

(2)主机组及辅助设备已安装完毕。有关工作闸门、检修闸门等断流装置及启闭机设备也已安装完成，并已通过分部工程验收，能满足泵站试运行要求。

(3)泵站供电确有保证。供电线路、变电所等均已验收合格，试运行用电计划已落实。

(4)泵站消防系统已通过检查验收。消防设备已齐备、到位。

(5)试运行方案及各种安全操作条例已经验收委员会批准，泵站试运行值班人员已配齐，岗位责任明确。

(6)尚未完成的其他工程已采取必要安全隔离措施，并能保证试运行与其他工程安全施工互不干扰。暂不运行的压力管道等已进行了必要处理。

(7)泵站试运行的测量、监视、控制和保护等设备已安装调试合格。通信系统能满足机组启动运行要求。

(一)试运行的目的和内容

1. 试运行的目的

(1)参照设计、施工、安装及验收等有关规程、规范及其技术文件的规定，结合泵站的具体情况，对整个泵站的土建工程、机电设备及金属结构的安装进行全面系统的质量检查和鉴定，以作为评定工程质量的依据。

(2)通过试运行，安装工程质量符合规程、规范要求，便可进行全面交接验收工作，施工、安装单位将泵站移交给生产管理单位正式投入运行。

2. 运行条件

(1)对新安装或长期停用的水泵，在投入供排水作业前，一般应进行试运行，以便全面检查泵站土建工程和机电设备运行，可从中发现遗漏的工作或工程和机电设备存在的缺陷，以便及早处理，避免发生事故，保证建筑物和机电设备及结构能安全可靠地投入运行。

(2)通过试运行以考核主辅机械协联动作的正确性，掌握机电设备的技术性能，制定一些运行中必要的技术数据，得到一些设备的特性曲线，为泵站正式投入运行做技术准备。

(3)在一些大中型泵站或有条件的泵站,还可结合试运行进行一些现场测试,以便对运行进行经济分析,满足机组运行安全、低耗、高效的要求。

(4)通过试运行,确认泵站土建和金属结构的制造、安装或检修质量。

(5)运行中不能有损坏或堵塞叶片的杂物进入水泵内,不允许出现严重的气蚀和振动。

(6)轴承、轴封的温度正常,润滑用的油质、油位、油温、水质、水压、水温符合要求。水泵填料的压紧程度,以有水 30~60 滴/min 滴出为宜。

(7)进、出水管道要求严格密封,不允许有进气和漏水现象。

(8)泵房内、外各种监测仪表和阀件处于正常状态。为了保证安全生产,仪表都应定期检验或标定。

(9)水泵运行时,其断流设施的技术状态良好。当发生事故停泵时,其飞逸转速不应超过额定转速的 1.2 倍,其持续时间不得超过 2 min。

(10)多泥沙水源的泵站,在提水作业期间的含沙量一般应小于 7%,否则不仅加速水泵和管道的磨损,且影响泵站效率和提水流量,还可能引起水泵过流部件的气蚀和磨蚀。

3. 试运行的内容

机组试运行工作范围很广,包括检验、试验和监视运行,它们相互联系密切。由于水泵机组为首次启动,而又以试验为主,对运行性能均不了解,所以必须通过一系列的试验才能掌握。其内容主要有:

(1)机组充水试验。

(2)机组空载试运行。

(3)机组负载试运行。

(4)机组自动开停机试验。

试运行过程中,必须按规定进行全面详细的记录,要整理成技术资料,在试运行结束后,进行正确评估并建立档案保存。

(二)试运行的程序

为保证机组试运行的安全、可靠,并得到完善可靠的技术资料,启动调整必须逐步深入,稳步进行。

1. 试运行前的准备工作

试运行前要成立试运行小组,拟订试运行程序及注意事项,组织运行操作人员和值班人员学习操作规程、安全知识,然后由试运行人员进行全面认真的检查。

试运行现场必须进行彻底清扫,使运行现场有条不紊,并适当悬挂一些标牌、图表,为机组试运行提供良好的环境条件和协调的气氛。

1)流道部分的检查

(1)封闭进人孔和密封门。

(2)在静水压力下,检查调整检修闸门的启闭;对快速闸门,工作闸门,阀门的手动、自动做启闭试验,检查其密封性和可靠性。

(3)大型轴流泵应着重流道的密封性检查,其次是流道表面的光滑性。清除流道内模板和钢筋头,必要时可做表面铲刮处理,以求平滑。流道充水,检查进人孔、阀门、混凝土结合面和转轮外壳有无渗漏。

(4)离心泵抽真空检查真空破坏阀、水封等处的密封性。

2)水泵部分的检查

(1)检查转轮间隙,并做好记录。转轮间隙力求相等,否则易造成机组径向振动和气蚀。

(2)叶片轴处渗漏检查。

(3)全调节水泵要做叶片角度调节试验。

(4)技术供水充水试验,检查水封渗漏是否符合规定或橡胶轴承通水冷却或润滑情况。

码 8-2 微课:水泵开机前检查工作

(5)检查轴承转动油盆油位及轴承的密封性。

3)电动机部分的检查

(1)检查电动机空气间隙,用白布条或薄竹片拉扫,防止杂物掉入间隙内,造成卡阻或电动机短路。

(2)检查电动机线槽有无杂物,特别是金属导电物,防止电动机短路。

(3)检查转动部分螺母是否紧固,以防运行时受振松动,造成事故。

(4)检查制动系统手动、自动的灵活性及可靠性;复归是否符合要求;视不同机组而定顶起转子(0.003~0.005 m),机组转动部分与固定部分不相接触。

(5)检查转子上、下风扇角度,以保证电动机本身提供最大冷却风量。

(6)检查推力轴承及导轴承润滑油位是否符合规定。

(7)通冷却水,检查冷却器的密封件和示流信号器动作的可靠性。

(8)检查轴承和电动机定子温度是否均为室温,否则应予以调整;同时检查温度信号计整定位是否符合设计要求。

(9)检查核对电气接线,吹扫灰尘,对一次和二次回路做模拟操作,并整定好各项参数。

(10)检查电动机的相序。

(11)检查电动机一次设备的绝缘电阻,做好记录,并记下测量时的环境温度。

(12)同步电机检查碳刷与刷环接触的紧密性、刷环的清洁程度及碳刷在刷盒内动作的灵活性。

4)辅助设备的检查与单机试运行

(1)检查油压槽、回油箱及贮油槽油位,同时试验液位计动作的正确性。

(2)检查和调整油、气、水系统的信号元件及执行元件动作的可靠性。

(3)检查所有压力表计、真空表计、液位计、温度计等反应的正确性。

(4)逐一对辅助设备进行单机运行操作,再进行联合运行操作,检查全系统的协联关系和各自的运行特点。

2. 机组空载试运行

(1)机组的第一次启动。经上述准备和检查合格后,即可进行第一次启动。第一次启动应用手动方式进行。一般都是空载启动,这样既符合试运行程序,也符合安全要求。空载启动是检查转动部件与固定部件是否有碰摩,轴承温度是否稳定,摆度、振动是否合格,各种表计是否正常,油、气、水管路及接头、阀门等处是否渗漏,测定电动机启动特性等有关参数,对运行中发现的问题要及时处理。

(2)机组停机试验。机组运行 4~6 h 后,上述各项测试工作均已完成,即可停机。机组停机仍采用手动方式,停机时主要记录从停机开始到机组完全停止转动的时间。

(3)机组自动开、停机试验。开机前将机组的自动控制、保护、励磁回路等调试合格,并模拟操作准确,即可在操作盘上发出开机脉冲,机组即自动启动。停机也以自动方式进行。

3. 机组负载试运行

机组负载试运行的前提条件是空载试运行合格,油、气、水系统工作正常,叶片角度调节灵活(指全调节水泵),各处温升符合规定。振动、摆度在允许范围内,无异常响声和碰擦声,经试运行小组同意,即可进行带负载运行。

1)负载试运行前的检查

(1)检查上、下游渠道内及拦污栅前后有无漂浮,并应妥善处理。

(2)打开平衡闸,平衡闸门前后的静水压力。

(3)吊起进、出水侧工作闸门。

(4)关闭检修闸阀。

(5)油、气、水系统投入运行。

(6)操作试验真空破坏阀,要求动作准确,密封严密。

(7)将叶片调至开机角度。

(8)人员就位,抄表。

2)负载启动

上述工作结束即可负载启动。负载启动用手动或自动均可,由试运行小组视具体情况而定。负载启动时的检查、监视工作,仍按空载启动各项内容进行。如无抽水必要,运行 6~8 h 后,若一切运行正常,可按正常情况停机,停机前抄表一次。

4. 机组连续试运行

在条件许可的情况下,经试运行小组同意,可进行机组连续试运行。其要求是:

(1)单台机组运行应在 7 d 内累计运行 48 h 或连续运行 24 h(均含全站机组联合运行小时数)。全站机组联合运行时间宜为 6 h,且机组无故障停机次数不少于 3 次,每次无故障停机时间宜不超过 1 h。执行全站机组联合运行时间确有困难时,可由验收委员会或上级主管部门根据具体情况适当减少,但最少应不少于 2 h。

(2)连续试运行期间,开机、停机不少于 3 次。

(3)全站机组联合运行的时间不少于 6 h。

机组试运行以后,并经工程验收委员会验收合格,交付管理单位。管理单位接管后,应组织管理人员熟悉安装单位移交的文件、图纸、安装记录、技术资料,学习操作规程,然后进行分工,按专业对设备进行全面检查,对电气做模拟试验。一切正常即可投入运行、管理、维护工作。

(三)运行方式

水泵机组的运行方式是决定水系统管理方式的重要因素。而水系统的总体管理方式又反过来对水泵的运行方式给予一定的制约。在任何情况下,决定运行操作方式以及操作方法,都必须根据水泵机组的规模、使用目的、使用条件及使用的频繁程度等确定,并使水泵机组安全可靠而又经济地运行。

一般条件下,水泵运行过程中从开始启动到停机操作完毕,主水泵及辅助设备的操作都是这样进行的,但也有采用各机组单台联动操作或多台联动操作的,必要时由计量测试装置发出相应的指令进行自动开停机操作。究竟采用何种操作方式,必须从水系总体的管理方式出发,视其重要性、设施的规模、作用、管理体制等确定。运行方式有一般手动操作(单独、联动操作)和自动操作两大类。

1. 开机

对于离心泵为关阀启动。启动前,水泵和吸入管路必须充满水并排尽空气。当机组达到额定转速,压力超过额定压力后,打开闸阀,使机组投入正常运行。

对于轴流泵为开阀启动。启动前,应向填料面上的接管引注清水,润滑橡胶轴承。待动力机转速达到额定值后,停止充水,完成启动任务。

码 8-3 微课:水泵开停机

码 8-4 工程案例:钱江枢纽工程开停机操作

2. 运行

水泵运行要求如下:

(1)运行中不应有损坏或堵塞水泵的杂物进入泵内。

(2)水泵的气蚀和振动应在允许范围内。

(3)多泥沙水源泵站提水作业期间水源的含沙量不应超过7%。

(4)轴承、填料函的温度应正常。润滑和冷却用的油质、油位、油温和水质、水压、水温均应符合要求。

(5)全调节水泵的调节机构应灵活可靠。采用液压或机械调节机构还应注意观测受油器温度和漏油等现象。

(6)水泵的各种监测仪表应处于正常状态。

(7)水泵运行中应监视流量、水位、压力、真空度和运行温度、振动等技术参数。

(8)对于投运机组台数少于装机台数的泵站,每年运行期间应轮换开机。

对于季节性运行的排灌泵站,投入运行时,应做好以下工作:

(1)在机组投入正常的排灌作业前,要进行试运行,并应检查前池的淤积、管路支承、管体的完整以及各仪表和安全保护设施等情况。

(2)开启进水闸门,使前池水位达到设计水位,开启吸水管路上的闸阀(负值吸水时),或抽真空进行充水;启动补偿器或其他启动设备启动机组,当机组达到额定转速,压力超过额定压力后(指离心泵机组),逐渐开启出水管路上的闸阀,使机组投入正常运行。

(3)观察机组运行时的响声是否正常。如发现过大的振动或机械撞击声,应立即停机进行检修。

(4)经常观察前池的水位情况,清理拦污栅上堵塞的枯枝、杂草、冰屑等,并观测水流的含沙量与水泵性能参数的关系。

(5)检查水泵轴封装置的水封情况。正常运行的水泵,从轴封装置中渗漏的水量以每分钟 30~60 滴为宜。滴水过多说明填料压得过松,起不到水封的作用,空气可能由此进入叶轮(指双吸式离心泵)破坏真空,并影响水泵的流量或效率。相反,滴水过少或不滴水,说明填料压得太紧,润滑冷却条件差,填料易磨损发热变质而损坏,同时泵轴被咬紧,增大水泵的机械损失,使机组运行时的功率增加。

(6)检查轴承的温度情况。经常触摸轴承外壳是否烫手,如手不能触摸,说明轴承温度过高。这样将可能使润滑油质分解,摩擦面油膜被破坏,润滑失效,并使轴承温度更加升高,引起烧瓦或滚珠破裂,造成轴被咬死的事故。轴承的温升一般不得超过周围环境温度 35 ℃,轴承的温度最高不得超过 75 ℃。运行中应对冷却水系统的水量、水压、水质经常观察。对润滑油的油量、油质、油管是否堵塞以及油环是否转动灵活,也应经常观察。

(7)注意真空表和压力表的读数是否正常。正常情况下,开机后真空表和压力表的指针偏转一定数值后就不再移动,说明水泵运行已经稳定。如真空表读数下降,一定是吸水管路或泵盖结合面漏气。如指针摆动,很可能是前池水位过低或者吸水管进口堵塞。压力表指针如摆动很大或显著下降,很可能是转速降低或泵内吸入空气。

(8)机组运行时还应注意各辅助设备的运行情况,遇到问题应及时处理。

3. 运行中的监视与维护

机组运行过程中,值班人员应加强监视,并注意以下事项:

(1)注意机组有无不正常的响声和振动。不正常的响声和振动往往是故障发生的前兆,遇此情况,应立即停机检查排除隐患。

(2)注意轴承温度和油量的检查。水泵运行中应经常测量或查看轴承温度,并检查润滑油量是否足够。一般滑动轴承的最大容许温度为 70 ℃,滚动轴承的最大允许温度为 95 ℃。轴承内的润滑油脂要注意定期更换。轴承内的润滑油量应适中。根据经验,一般加至轴承箱的 1/2~2/3 为宜或加到油标尺所规定的位置。

(3)检查动力机的温度。定时测量动力机有关部位的温度,温度值显示不正常,应立即停机检查。

(4)注意各类仪表指示的变化。超出正常值或表针剧烈跳动和变化,都应立即查明原因。电动机电流超出额定值,属于电机过载,一般不允许长期超载运行。

(5)填料函外的压盖要松紧适度,所用的填料要符合要求。

(6)注意防止水泵过流断面发生气蚀。含泥沙的水流对水泵产生摩擦并加剧气蚀,低负荷或超负荷运行都会引起气蚀破坏,水位低于最低设计水位、流态不平稳都是产生气蚀的原因。对于轴流泵可调整叶片安装角度,使工作点转移到气蚀余量较小的区域。

(7)进水的防污和清淤。及时清除水泵进水拦污栅前的杂草等漂浮物,防止吸入水泵。使水泵效率下降,甚至击碎叶片。

(8)值班人员在机组运行中要做好记录。应定时抄记表计的读数,发现异常时应增加观测和记录的次数,以便分析和处理故障。

4. 停机

停机前先关闭出水闸门,然后关闭进水管路上的闸阀(对于离心泵而言)。对于卧式轴流泵，停机前应将通气管闸阀打开，再切断电源，并关掉压力表和真空表以及水封管路上的小闸阀，使机组停止运行。轴流泵关闭压力表后，即可停机。

北方地区冬季停机后，为了防止管路和机组内的积水结冰冻裂设备，应打开泵体下面的堵头放空积水。同时清扫现场，保持清洁。做好机组和设备的保养工作，使机组处于随时可启动的状态。

二、机组的故障处理

机组运行中可能会发生故障，但是一种故障的发生和发展往往是多种因素综合作用的结果。因此，在分析和判断一种故障时，不能孤立地、静止地就事论事，而要全面综合分析，找出发生故障的原因，及时而准确地排除故障。水泵运行中，值班人员应定时巡回检查，通过监测设备和仪表，测量水泵的流量、扬程、压力、真空度、温度等技术参数，认真填写运行记录，并定期进行分析，为泵站管理和技术经济指标的考核提供科学依据。

水泵运行发生故障时，应查明原因及时排除。泵故障及其故障原因繁多，处理方法各不相同。水泵常见的故障大体上可分为水力故障和机械故障两类。抽不出水或是水量不足、发生气蚀现象等属于水力故障；泵轴和叶片断裂、轴承损坏等属于机械故障。机组运行中常见的故障及排除方法列于表8-1、表8-2。

表8-1　离心泵、混流泵的故障原因和处理方法

故障	原因	处理方法
水泵不出水	1. 没有灌满水或空气未抽尽 2. 泵站的总扬程太高 3. 进水管路或填料函漏气严重 4. 水泵的旋转方向不对 5. 水泵的转速太低 6. 底阀锈住，进水口或叶轮的横道被堵塞 7. 扬程太高 8. 叶轮严重损坏，密封环磨损大 9. 叶轮螺母及键脱出 10. 叶轮装反 11. 进水管道安装不正确，管道中存有气囊，影响进水	1. 继续灌水或抽气 2. 更换较低扬程的水泵 3. 堵塞漏气部位，压紧或更换填料 4. 改变旋转方向 5. 提高水泵转速 6. 修理底阀，清除杂物，进水口加做拦污栅 7. 降低水泵安装高程，或减少进水管道的阀件 8. 更换叶轮、密封环 9. 修理紧固 10. 重装叶轮 11. 改装进水管道，消除隆起部分
水泵出水量不足	1. 工作转速偏低 2. 闸阀开得太小或逆止阀有杂物堵塞 3. 进水管口淹没深度不够，泵内吸入空气	1. 加大配套动力 2. 开大闸阀或清除杂物 3. 增加淹没深度，或在水管周围水面处套一块木板

续表 8-1

故障	原因	处理方法
动力机超负荷	1. 配套动力机的功率偏小 2. 水泵转速过高 3. 泵轴弯曲,轴承磨损或损坏 4. 填料压得太紧 5. 流量太大 6. 联轴器不同心或两联轴器之间间隙太小 7. 运行操作错误:如闭阀长时间运行,产生热膨胀,使密封环摩擦引起	1. 调整配套,更换动力机 2. 降低水泵转速 3. 校正调直,修理或更换轴承 4. 旋转填料密封 5. 减小流量 6. 校正同心度或调整两联轴器之间的空隙 7. 正确执行操作顺序,遇有故障立即停机
运转时有噪声和振动	1. 水泵基础不稳定或地脚螺栓松动 2. 叶轮损坏,局部被堵塞或叶轮本身不平衡 3. 泵轴弯曲,轴承座或损坏 4. 联轴器不同心 5. 进水管口淹没深度不够,空气吸入泵内 6. 产生气蚀	1. 加固基础,旋转螺栓 2. 修理或更换叶轮,清除杂物或进行静平衡试验,加以调整 3. 校正调直,修理或更换轴承 4. 校正同心度 5. 增加淹没深度 6. 查明原因后再行处理,如降低吸程,减小流量或在水管内注入少量空气等
轴承发热	1. 润滑油量不足,漏气太多或加油过多 2. 润滑油质量不好或不清洁 3. 滑动轴承的油环可能折断或卡住不放 4. 皮带太紧,轴承受力不均 5. 轴承装配不正确或间隙不适合 6. 泵轴弯曲或联轴器不同心 7. 轴承损坏 8. 叶轮上平衡孔堵塞,轴向推力增大,由摩擦引起发热	1. 加油、修理或减油 2. 更换合格的润滑油,并用煤油或汽油清洗轴承 3. 修理或更换油环 4. 放松皮带 5. 修理或调整 6. 调直或校正同心度 7. 修理或更换 8. 清除平衡孔的堵塞物
填料函发热或漏水过多	1. 填料压得太紧或过松 2. 水封环位置不对 3. 填料磨损过多或轴套磨损 4. 填料质量太差或缠法不对,填料压盖与泵轴的配合公差过小,或因轴承损坏、运转时轴线不正造成泵轴与填料压盖摩擦而发热	1. 调整压盖的松紧度 2. 调整水封环的位置,使其正好对准水封管口 3. 更换或重新填缠填料 4. 车大填料压盖内径,或调换轴承
泵轴转不动	1. 泵轴弯曲,叶轮和密封环间隙太大或不均匀 2. 轴承损坏被金属碎片卡住 3. 转动部件与固定部件失去间隙 4. 转动部件锈死或被堵塞 5. 填料与泵轴不摩擦,发热膨胀或填料压盖上得太紧	1. 校正泵轴,更换或修理密封环 2. 调换轴承并清除碎片 3. 重新装配 4. 除锈或清除杂物 5. 泵壳内灌水,待冷却后再行启动运行或调整压盖螺丝的松紧度

表 8-2　轴流泵的故障原因和处理方法

故障	原因	处理方法
动力机超负荷	1. 扬程过高,出水管路部分堵塞或拍门未全部开启 2. 水泵转速过高 3. 橡胶轴承磨损,泵轴弯曲,叶片外缘与泵壳有摩擦 4. 水泵叶片绕有杂物 5. 叶片安装角度太大 6. 动力机选配不当,泵大机小 7. 水源含沙量太大,增加了水泵的轴功率	1. 增加动力,清理出水管路或拍门后设置平衡锤 2. 降低水泵的转速 3. 调换橡胶轴承,校正泵轴,检查叶片磨损程度,重新调整安装 4. 清除杂物,进水口加做拦污栅 5. 调整叶片安装角度 6. 重新选配动力机 7. 含沙量超过12%,则不宜抽水
运转时有噪声和振动	1. 叶片外缘与泵壳有摩擦 2. 泵轴弯曲或泵轴与传动轴不同心 3. 水泵或传动装置地脚螺栓松动 4. 部分叶片击碎或脱落 5. 水泵叶片绕有杂物 6. 水泵叶片安装角度不一 7. 水泵层大梁振动很大 8. 进水流态不稳定,产生漩涡 9. 推力轴承损坏或缺油 10. 叶轮拼紧螺母松动或联轴器销钉螺帽松动 11. 泵轴的轴颈或橡胶轴承磨损 12. 产生气蚀	1. 检查并调整转子部件的垂直度 2. 校正泵轴,调整同心度 3. 加固基础,旋紧螺栓 4. 调换叶片 5. 清除杂物,进水口加做拦污栅 6. 校正叶片安装角度使其一致 7. 检查机、泵安装位置正确后如仍振动,用顶斜撑加固大梁 8. 降低水泵安装高程,后墙、各泵间加隔板 9. 修理轴承或加油 10. 检查并拼紧所有螺帽和销钉 11. 修理轴颈或更换橡胶轴承 12. 查明原因后再处理,如改善进水条件、调节工作点
水泵不出水	1. 水泵反转 2. 转速太低或不转 3. 叶片装反 4. 叶片断裂或松动 5. 叶轮、叶片缠绕大量杂草杂物 6. 叶轮淹没深度不够	1. 改正方向 2. 提高转速,排除不转因素 3. 重新安装 4. 调整或更换叶片 5. 除去杂草杂物 6. 降低水泵安装高程
水泵出水量减少	1. 叶片外圆磨损或部分破损 2. 装置扬程超高或水管阻塞 3. 叶轮淹没深度不够 4. 水泵转速低 5. 叶片安装角度太小 6. 叶片缠绕杂草杂物 7. 进水池过小,水补给慢,水位降低较大 8. 水泵进口离池壁太近 9. 进水喇叭口被淤泥堵塞	1. 修理或更换 2. 减小装置扬程,清除堵塞物 3. 降低水泵安装高程 4. 提高转速或更换电动机 5. 调整叶片角度 6. 清除杂草杂物 7. 整改进水池 8. 机组安装要符合设计距离 9. 清理淤泥

三、机组的检修

码 8-5 微课：机组的检修

水泵机组的检修是运行管理中的一个重要环节，是安全、可靠运行的关键，必须认真对待。泵站管理单位应根据设备的使用情况和技术状态，编报年度检修计划。对运行中发生的设备缺陷，应及时处理。对易磨易损部件进行清洗检查、维护修理、更换调试等应适时进行。按照有关技术规定对主机组进行大修时，应对主水泵进行全面解体，对电动机应吊出转子，对其轴承等部件进行检修，更换或调试。水泵机组检修分为日常性检查和保养、定期检修（大修、小修）等。

（一）检修的目的和要求

为更好地提供服务，泵站中的所有设备均应具备很高的运行可靠性，保证机组经常处于良好的技术状态。因此，对泵站所有的机电设备，必须进行正常的检查、维护和修理，更新那些难以修复的易损件，修复那些可修复的零件。

1. 日常性检查和保养

水泵的日常性检查和保养工作，是预防故障发生、保证机组安全运行的重要措施。要求经常对设备进行预防性检查，做到防患于未然。主要工作内容如下：

（1）检查并处理易于松动的螺栓或螺母。

（2）油、气、水管路接头和阀门渗漏处理。

（3）电动机碳刷、滑环、绝缘等的处理。

（4）保持电动机干燥，测量电动机绝缘电阻。

（5）检修闸门有无卡阻物、锈蚀及磨损情况。

（6）闸门启闭设备维护。

（7）机组及设备本身和周围环境保洁。

2. 定期检修

定期检修是机泵管理的重要组成部分，主要是解决运行中已出现并可修复的，或者尚未出现问题而按规定必须检修的零部件。

定期检修是为避免让小缺陷变成大缺陷，小问题变成大问题，为延长机组使用寿命、提高设备完好率、节约能源创造条件。必须认真地、有计划地进行。

定期检修又分局部性检修、解体大修和扩大性大修三种。

1）局部性检修

局部性检修是指运行人员可进入直接接触的部件、传动部分、自动化元件及机组保护设备等，一般安排在运行间隙或冬季检修期有计划地进行。主要项目有：

（1）全调节水泵调节器铜套与油套的检查处理。

（2）水泵导轴承的检查。水泵导轴承有橡胶轴承和油导轴承两种。对橡胶轴承的磨损情况、漏水量、轴颈磨损等要检查、记录、处理。油导轴承大多是巴氏合金轴承、质软易磨损，密封效果不好，停机油盆进水，泥沙沉淀，运行时磨损轴承、轴颈。特别是对未喷镀或镶包不锈钢的碳钢轴颈，为了解其锈蚀、磨损情况，应定期检查处理。

油导轴承密封装置常见的有迷宫环、平板密封、空气围带等。由于橡胶件的制作质量及本身易于老化等,若是季节性泵站,停机时间长,空气围带长期处于充气膨胀状态,则损坏率高,应定期检查更换。

(3)温度计、仪表、继电保护装置等检查、检验。这些是鉴定机组能否正常运行的依据,要达到灵活、准确。

(4)上、下导轴承油槽油及透平油取样化验,根据化验结果进行处理。

(5)轴瓦间隙及瓦面检查。根据运行时温度计的温度,有目的地检查轴瓦间隙和轴面情况。

(6)制动部分检查处理。

(7)机组各部分紧固件定位销钉是否松动。

(8)油冷却器外观检查并通水试验,看有无渗漏现象。

(9)检查叶轮、叶片及叶轮外壳的气蚀情况和泥沙磨损情况,并测量记录其程度。

(10)测量叶片与叶轮外壳的间隙。

(11)集水廊道水位自控部分准确度的检查及设备维护。

总之,进行局部性检修是为安全运行创造条件,至于检修的时间间隔,可根据不同内容和运行中发现的问题而定。

2)解体大修

解体大修是一项有计划的管理工作,是解决运行中经大修方能消除的设备重大缺陷,以恢复机组的各项技术指标,机组解体大修包括解体、处理和再安装三个环节。

机组的损坏有两种:一是事故损坏,发生的概率很小。二是正常性损坏,如运行的摩擦磨损、气蚀损坏、泥沙磨损、各种干扰引起的振动、交变应力的作用和腐蚀、电气绝缘老化等。

在规定的大修周期内,如机组运行并没有出现明显的异常现象,同时又可预测在以后一定时期内仍能可靠地运行,则可适当延长大修的时间。如机组能正常运行,而硬要按规定的大修周期来拆卸机组的部件或机构,那将恶化机组的技术状况。应根据机组的工作情况及部件的损坏情况来确定检修的规模。

3)扩大性大修

当泵房由于基础不均匀沉陷等而引起机组轴线偏移、垂直同心度发生变化,甚至固定部分也因此而受影响,有严重的事故隐患;或者零部件严重磨损、损坏,导致整个机组性能及技术经济指标严重下降而必须进行整机解体,重新修复、更换、调整,并进行部分改造,必要时对水工部分进行修补。

(二)检修周期

主机组检修周期应根据机组的技术状况和零部件的磨损、腐蚀、老化程度以及运行维护条件来确定。对于常年运行的用于工业和城镇供水的机组,用于排、灌又要求调相的机组,可逆式的发电机组等,不但要合理地确定检修周期,还要装置一定数量的备用机组,以保证机组在检修期继续供水等。

《泵站技术管理规程》(GB/T 30948—2021)规定大修周期为:主水泵为 3~5 年或运

行2 500~15 000 h,主电动机3~8年或运行3 000~20 000 h;小修周期为:主水泵为1年或运行1 000 h,主电动机1~2年或运行2 000 h;并可根据情况提前或推迟。

对用于农田排灌的季节性泵站,不需要规定明确的大修周期和严格的检修分类,这类泵站有充足的时间进行检修或大修。

在确定大修周期和工作量时,应注意下列事项:

(1)如没有特殊要求,尽量避免拆卸技术性能良好的部件和机构,因在拆卸和装配过程中可能会造成损坏或不能满足安装精度要求。

(2)应尽量延长抢修周期。要根据零部件的磨损情况、类似设备的运行经验、设备运行中的性能指标等,当有充分把握保证机组正常运行时,就不安排大修;也不能片面地追求延长大修周期,而不顾某些零部件的磨损情况。大修应有计划地进行,以保证机组正常效益的发挥。

(3)尽量避免全部分解、拆卸机组的所有部件或机构,特别是那些精度、光洁度、配合要求很高的部件、机构。

四、机组故障诊断及排除

(一)设备故障诊断方法

常用的简易诊断方法主要有听诊法、触测法和观察法等。这些诊断方法需要较长时期的经验累积才能判断准确。

1. 听诊法

设备正常运转时,伴随发生的声响总是具有一定的音律和节奏。只要熟悉和掌握这些正常的音律和节奏,通过人的听觉功能就能对比出设备是否出现了重、杂、怪、乱的异常噪声,判断设备内部出现的松动、撞击、不平衡等隐患。用手锤敲打零件,听其是否发生破裂杂声,可判断有无裂纹产生。电子听诊器是一种振动加速度传感器。它将设备振动状况转换成电信号并进行放大,工人用耳机监听运行设备的振动声响,以实现对声音的定性测量。通过测量同一测点、不同时期、相同转速、相同工况下的信号,并进行对比,来判断设备是否存在故障。当耳机出现清脆尖细的噪声时,说明振动频率较高,一般是尺寸相对较小的、强度相对较高的零件发生局部缺陷或微小裂纹。当耳机传出浑浊低沉的噪声时,说明振动频率较低,一般是尺寸相对较大的、强度相对较低的零件发生较大的裂纹或缺陷。当耳机传出的噪声比平时增强时,说明故障正在发展,声音越大,故障越严重。当耳机传出的噪声是杂乱无规律地间歇出现时,说明有零件或部件发生了松动。

听诊还可以用螺丝刀(或金属棒)尖部对准所要诊断的部位,用手握住螺丝刀,放耳细听。这样做可以滤掉一些杂音。

2. 触测法

用人手的触觉可以监测设备的温度、振动及间隙的变化情况。人手上的神经纤维对温度比较敏感,可以比较准确地分辨出80 ℃以内的温度。当机件温度在0 ℃左右时,手感冰凉,若触摸时间较长会产生刺骨痛感。10 ℃左右时,手感较凉,但一般能忍受。20 ℃左右时,手感稍凉,随着接触时间延长,手感渐温。30 ℃左右时,手感微温,有舒适感。

40 ℃左右时,手感较热,有微烫感觉。50 ℃左右时,手感较烫,若用掌心按的时间较长,会有汗感。60 ℃左右时,手感很烫,但一般可忍受10 s的时间。70 ℃左右时,手感烫得灼痛,一般只能忍受3 s的时间,并且手的触摸处会很快变红。触摸时,应试触后再细触,以估计机件的温升情况。用手晃动机件可以感觉出0.1~0.3 mm的间隙大小。用手触摸机件可以感觉振动的强弱变化和是否产生冲击,以及溜板的爬行情况。用配有表面热电偶探头的温度计测量滚动轴承、滑动轴承、主轴箱、电动机等机件的表面温度,则具有判断热异常位置迅速、数据准确、触测过程方便的特点。

3. 观察法

人的视觉可以观察设备上的机件有无松动、裂纹及其他损伤等;可以检查润滑是否正常,有无干摩擦和跑、冒、滴、漏现象;可以查看油箱沉积物中金属磨粒的多少、大小及特点,以判断相关零件的磨损情况;可以监测设备运动是否正常,有无异常现象发生;可以观看设备上安装的各种反映设备工作状态的仪表,了解数据的变化情况;可以通过测量工具和直接观察表面状况,检测产品质量,判断设备工作状况。把观察的各种信息进行综合分析,就能对设备是否存在故障、故障部位、故障的程度及故障的原因做出判断。通过仪器,观察从设备润滑油中收集到的磨损颗粒,实现磨损状态监测的简易方法是磁塞法。它的原理是将带有磁性的塞头插入润滑油中,收集磨损产生出来的铁质磨粒,借助读数显微镜或者直接用人眼观察磨粒的大小、数量和形状特点,判断机械零件表面的磨损程度。用磁塞法可以观察出机械零件磨损后期出现的磨粒尺寸较大的情况。观察时,若发现小颗磨粒且数量较少,说明设备运转正常;若发现大颗磨粒,就要引起重视,严密注意设备运转状态;若多次连续发现大颗粒,便是即将出现故障的前兆,应立即停机检查,查找故障,进行排除。

机组设备出现故障后,应查找原因,及时处理。原因查找的方法有:

(1)横向比较法。同一泵型横向进行比较,分析故障原因。

(2)纵向比较法。同一台水泵根据以前运行记录和运行情况,查找故障原因。

(3)循因追溯法。根据故障可能产生的原因,一一排除,最终查找出故障原因。

(二)故障排除案例分析

【案例1】 水泵转子窜轴故障。

故障现象:某泵站装机8台26HB-30水泵,配套电动机JS138-10型、180 kW,直联传动。多台机组同时运行时,4#机组因水泵轴承损坏停机检修。换上新轴承后,空载运行正常,负载运行时,发现水泵消耗功率增大,电动机过载。

诊断分析:

(1)横向比较:多台机组仍正常在运行,可排除扬程、流量、流态、电动机、传动装置等设计、安装共性问题,判断故障应在4#机组的水泵本身。

(2)纵向比较:4#机组因水泵轴承损坏停机检修前,运行正常,可排除该机组安装调整的问题,应当属于部件方面的故障。

(3)检查:手动盘车,阻力不大,无异常摩擦声音,说明泵轴、轴承等转动部件正常,水泵静态未发现问题。

(4)再次空载运行,无异常现象。充水后负载运行,仔细辨听,水泵有轻微的摩擦声。查看机组直联部位,发现泵轴有轻微的窜动。停机后发现联轴器间隙恢复正常。可判断故障是水泵转子窜轴,产生摩擦而导致负载增加。

(5)分析:进水侧所装的滚动轴承,依靠叶轮端轴承盖内企口紧压它的外圈,来抵消叶轮受排出水作用而产生的指向进水方向的轴向力,防止水泵转子向进水侧窜动。

发生窜轴现象,可能是该轴承损坏、轴承体配合不当或磨损,使轴承"走外圈"所造成。拆开轴承体检查发现,无"走外圈"痕迹。但故障就出在这只轴承上,该轴承是新换上的,经仔细检查,发现装配轴承时,将轴承外圈装反了,导致推拨式滚柱连内圈和泵轴向叶轮端做轴向自由运动。空载运行,轴承仅承受径向力,负载运行,随着轴向力的增加,转子向进水侧移动,酿成故障。

【案例2】 杂物阻水。

故障现象:某泵站安装4台机组,20SH-28型水泵,配套电动机Y315M-6,110 kW。多台机组运行时,4#机组流量由正常逐渐变小,负载电流略上升。

诊断分析:

(1)横向比较:其他机组正常运行,可排除水位变化过大、吸程降低问题,但应考虑到4#机组是最边进水。

(2)纵向比较:故障前一直运行正常,可排除边上进水的流态问题,可能是进水管漏气或水泵叶轮部件出了问题。

(3)进一步分析:如果进水管漏气或叶片损坏,提水量减少,负载应减轻,负载电流只会下降不会上升。因此,初步判断可能是进水管道受阻引起。

(4)停机检查:进水管内无异物阻塞,但进水口周围有水草杂物,运行时吸附阻塞滤网,停机时脱落;再开机有好转,时间长又形成堵塞,导致流量减小,电流增加。

【案例3】 叶轮反转。

故障现象:某新建泵站安装1台20ZLB-70型水泵,配套电动机Y280M-6,55 kW。试运行时出水正常,运行良好。久停未用,待再次开机时,发现水泵转动正常,但不出水。

诊断分析:纵向分析,机组试运行时出水正常,排除了配套转速低、叶片装反或损坏、叶轮和轴的连接销脱落、叶轮不转等问题,未正式运行,也不可能水草杂物缠绕叶片。很有可能的是叶轮反转。经辨认,水泵确实反转。

经查,因为在机组停运期间,供电部门对供电线路进行了调相,造成电动机反转。

【案例4】 轴承磨损。

故障现象:淮南某泵站装机4台4ZL-30-7水泵,TDL325/58-40,1 600 kW高压电动机,已验收运行几年,2007年运行时发现振动非常大,无法运行。

原因分析:水泵发生气蚀或泵体内出现较大异常。

诊断:经细听振动声音不像气蚀,初步判断应属水泵设备内部故障所致。解体水泵后发现,水泵原来是液压全调节叶片,改成不可调节时,活塞固定采用压盖法,内有间隙。这样在运行时叶片有摆动,产生振动。随着运行台时增加,橡胶轴承磨损增大、压盖与活塞体间隙由于活塞撞击也在增大,造成机组运行振动变大。

处理:焊死叶片、垫实压盖与活塞体间隙、更换橡胶轴承。

【案例5】 机组振动。

故障现象:巢湖某泵站装机4台900ZLB-100水泵,310 kW电动机,空载运行测量电机机座水平振动值,四台均为X:0.020 mm、Y:0.105 mm(X方向为水流方向),《泵站技术管理规程》(GB/T 30948—2021)允许振动值:0.020 mm,Y方向实测值严重超标。

原因分析:机组振动是个综合指标,现4台都超标,产生振动的可能原因是:水流原因(流态、进水水位过低等)、机组安装、设备本身质量缺陷等。

诊断:观察水流情况,流态和水位都属于正常;盘车摆度在控制范围内,并且无摩擦和卡阻现象,机组安装原因也可排除;经进一步分析属于电机底座刚度问题。

处理:厂家对底座增加加强筋,刚度增大,重新安装后,振动值降至允许范围。

【案例6】 地基沉降。

故障现象:某泵站装机5台1600ZLBll-3.3立式轴流泵,TL500-24/1730同步电动机,该站运行两年后,汛前试运行发现,4台机组都有振动变大情况,3#机组不能运行。

原因分析:水流情况正常,振动都变大,说明有共性原因,经观察分析,泵站基础沉降可能是主要原因。但基础沉降与机组振动的联系要进一步诊断,尤其为什么其中一台最严重?

诊断:检测3#机组的水平值,东南+∞、西南+∞、西北-0.08 mm、东北-∞,同安装检测报告比较,判断出机组已出现水平方向扭变,由于地基与水泵电机梁是整体刚性结构,机组属于整体倾斜。进一步了解土建施工情况,泵站基础分两块底板浇筑,五台机分属两块底板上(3#机组处于大底板分割边缘),观测记录显示,两地基底板出现不均匀沉降,其中3#机组所属大底板最严重。

处理:地基沉降稳定后重新安装机组。

【案例7】 机组异常响动。

故障现象:2012年汛期安徽省凤凰颈站5#泵发生异常响动。

诊断:经拆卸发现其原因为:

(1)位于7.3 m高程的导水锥外壳西半块整体移位脱落。半块壳体上面分布共16只大螺栓全部锈蚀腐烂,丝牙全无,自行脱落,导致壳体无固定点而自行脱落。

(2)半块壳体脱落移位后,歪抵在泵轴护套上,大部分重量和其承受水流的动载相应地传导到护套和位于其下方的水导室内,改变了整体受力状况。

(3)位于2.3 m高程的水泵轴承水导室内底部固定螺栓,共有三个螺栓松动。

处理:拆除全部锈蚀腐烂的螺栓,更换导水锥机组,重新安装机组。

【案例8】 机组异常振动。

吉林省某泵站新装机6台2000HLQ-9.2型立式混流泵,配TL1700-28/2600,1 700 kW同步电动机,试运行过程中,开始启动运行正常,随着启动和运行次数增加,机组振动越来越大,其中5#机组振动最大以致不能运行。

原因分析:首先调查试运行期间的运行、安装和监理、业主资料,资料显示,最近一次试运行最低水位不能满足淹没深度,其他几次运行工况正常;运行电流、电压、功率等正常,三相基本平衡;运行振动、噪声过大,但没有测量记录,仅从安装、运行等资料上难以分析出原因。

接着采取抽样解体检测来找出故障原因。选择 $5^{\#}$机组,按照安装相反的程序逐步解体机组转动和固定部件,每拆一步都进行必要的检测,检查检测情况。

经分析,由于电机定转子气隙不均匀超标,造成电机转子切割磁场不对称,同时固定部件与转动部件安装调试不同心,从而引起机组运行振动;基础板垫铁安装不实,扛不住机组振动,使基础板水平发生破坏,从而加剧机组振动。

处理:拆除机组,重新处理电动机基础,重新安装机组。

任务二　泵站建筑物的运行与维护

一、泵站建筑物的运行管理

码 8-6　工程案例:泵站工程标准化管理

泵站建筑物管理的主要任务是:搞好工程的控制运用、配套更新,以保证工程完好,确保工程安全,延长使用寿命,充分发挥效益。工程管理的主要内容是:枢纽建筑物的管理和运用、渠道(河道)及其建筑物的管理和运用。

建筑物在长期使用过程中,经常受到自然和人为因素的影响,遭受不同程度的损坏,如不及时养护维修,就会直接影响供排水的可靠性,缩短建筑物的使用寿命;工程设施控制运用的合理与否对发挥工程的效益也有很大的影响。

(一)工程管理的一般要求

(1)泵站工程管理应有明确的法定管理范围。

(2)泵站建筑物应按设计标准运用,当不得不超标准运用时,应经过技术论证并采取可靠的安全应急措施。

(3)泵站建筑物应有防汛、防震措施。

(4)严禁在建筑物周边兴建危及泵站安全的其他工程或进行其他施工作业。

(5)应根据各泵站的特点合理确定工程观测的项目。

(6)泵站工程的观测设施和仪表应有专人负责检查和保养。

(7)对工程观测资料应进行整理分析。

(8)严寒地区的泵站建筑物应根据当地的具体情况,采取有效的防冻和防冰措施。

(9)泵站工程除做好正常维护外,应根据运用情况进行必要的岁修和大修。

(二)泵站枢纽的管理

泵站管理人员要熟悉土建施工详图,了解土建施工、机电设备安装、泵房及其他建筑物结构、各种预埋件等,以利于今后的管理工作。

泵站工程竣工时,要严格执行验收交接手续,把所有勘测设计和施工资料接收下来,归档保管。然后根据这些原始资料,水工建筑物的具体情况和现行有关规程、规范,制定工程管理制度和方法。

泵站枢纽一般由进水建筑物、出水建筑物和泵房三部分组成。

1. 进水建筑物

进水建筑物与引渠相连接,它把来水均匀地扩散,使水流平顺而均匀地进入水泵或水泵的吸水管路。前池的池底一般在最低水位以下 1~2 m,由反滤段及护底段组成,两侧与护坡相连接。池内常布置拦污栅,以防止水草杂物进入泵内。池旁装有水尺,供观测水位用。对进水建筑物的管理要注意以下几点:

(1)靠近防洪堤建设的泵站防洪排涝期间应加强对进水池的巡视检查。如发现管涌、流沙或水流对堤岸和护砌物的冲刷,应采取保护措施。

(2)应定期观测进水池底板,侧面挡土墙和护坡的稳定。如发现危及安全的变化,应采取确保建筑物稳定和堤防安全的工程措施。检查护底工程的反滤排水是否畅通,有无流土、管涌现象。如有要及时降低上游水位,查明原因,进行修复,以免淘空泵房底板下基础,引起重大事故。检查护坡工程有无冲刷损坏现象,发现问题,应及时修复,以免发生塌坡。

(3)当泵站进水池内泥沙淤积影响水流流态、增大水流阻力时,应及时进行清淤。

(4)严寒地区的泵站在冬季运行应防止进、出水池结冰。

(5)进、出水池周边宜设置防止地面杂物、来往人员和牲畜落入池内的防护栅墙。

(6)泵站运行期间严禁非工作人员在进、出水池内活动,严禁在池内游泳,以免发生危险。

(7)不准在池内捕鱼、炸鱼,不准扒石或抛投杂物。

(8)泵站运行时,要及时清除拦污栅前的水草杂物,否则,一方面会增加水流过拦污栅的水头损失,降低进水池的效率;另一方面又会使进水池内的流速分布不均匀,影响水泵的性能,降低水泵运行的效率。

(9)每年供排水结束后,应清除池底淤泥、杂物,保持进水池处于清洁完好状态。

2. 出水建筑物

出水建筑物与泵房或管道相连接。它由墙身、护底、渐变段等几部分组成。池壁装有水尺,用以观测水位。

(1)对墙身和底板分开砌筑的出水池,往往由于不均匀沉陷出现裂缝,造成漏水,如漏水严重,可能引起地下水位过高,危及泵房的稳定。因此,要经常注意观察有无裂缝,一经发现要及时修补。

(2)当出水池与泵房合建时,靠近泵房一侧往往因回填土过厚,引起不均匀沉陷,致使出水池底板产生裂缝,两侧墙身断裂。因此,要经常注意观察,如有裂缝,要将其凿开,用水泥砂浆填塞,必要时进行灌浆处理。

(3)当用拍门断流时,要加强拍门的检查与维护,对转轴处要经常加润滑油,否则造成拍门不能全部打开或不能顺利关闭,给泵站运行造成事故。

(4)出水池墙身禁止堆放重物,池底禁止撞击。

(5)出水池内禁止洗衣、游泳和抛投杂物。

3. 泵房

泵房由电机层、水泵层、进水层及四周壁墙等组成。泵站正常运行每一工作班组,应对泵房主要结构部位进行一次巡查,并做好巡查记录;当超设计标准运行或发生突然停机事故恢复运行时应增加巡查次数。对泵房的管理要求如下:

(1)及时修理漏雨屋顶。

(2)泵房内应保持清洁。防止灰尘进入机器。室外排水要畅通,以免雨水进入泵房,影响机组的安全运行。

(3)要经常检查泵房的墙身、中墩、板、梁、柱以及相互之间的连接处,如有裂缝应查明原因,及时处理。若泵站的进、出水流道和水下建筑物产生裂缝和渗漏也应及时进行处理。

(4)做好地基沉陷观测工作。若产生不均匀沉陷或稳定受到破坏应及时采取补救措施;否则,会破坏机组的同心,危及机组的安全运行。

(5)应注意观测旋转机械或水力引起的结构振动,严禁在共振状态下运行。

(6)应防止过大的冲击荷载直接作用于泵房建筑物。

(7)大型轴流泵和混流泵的进、出水流道过流壁面应光滑平整。新建泵站投入运行前应全面清理施工杂物。投入运行后应定期清除附着壁面的水生物和沉积物。

(8)应根据设计布置的观测点对泵房不同部位的沉降和位移进行观测。观测时间和周期应在建成放水前后 3 日内各 1 次,7 日后 1 次,1 年后每年 1 次,若超设计标准运用必须增加观测次数。

(三)涵闸的管理

泵站枢纽及供排水区涵闸(如进水闸、泄水闸、节制闸及各种分水涵闸等)是供泵站引水及渠道配水使用的。为确保涵闸启闭灵活,正确控制和调配水量,必须设专人管理,并制定操作规程和养护制度。

1. 对涵闸的要求和启闭原则

(1)涵闸各部分应完整无缺,开闸时无冲刷和破坏现象。

(2)闸门应启闭灵活,且开启过程中和开启后无振动现象。

(3)闸前壅水高度应不超过设计水位,过水能力要符合设计要求,并能正确控制水流,运用自如。

(4)对于多孔闸,如用机械启闭,要做到各孔同时启闭,且开启程度相同;如用人力或移动式启闭机启闭,首先开中孔,而后逐次对称开两侧闸孔。如提升高度较大,应分组逐次提升以防对下游护坡的冲刷。关闸时逐次对称先关两侧闸孔,后关中孔。这样,可防止水流过分集中或产生偏流。

2. 启闭闸门注意事项

(1)闸门启闭前,应检查启闭机、闸门、闸门槽等有无故障。在运用前应先试启闭一次,以保证启闭时启闭灵活。

(2)开闸时如下游无水,或上下游水位差在 1 m 以上,为避免下游渠道及护坡发生冲刷,闸门应先开闸少许,待下游水位抬高后,再逐步提升到所需高度。

(3)手摇启闭机启闭时,用力要均匀,如遇故障严禁强行操作。

(4)开闸时如发现下游水流分布不均匀或闸门有扭曲、振动、音响等异常现象,应及时检查处理,以免故障扩大。

(5)关闸前应清除底槛处的碎石、淤泥等障碍物,以免闸门关闭不严。当闸门快落到底槛时,要降低下落速度,以免下落过猛,撞坏机件或闸门。

(6)关闭闸门时,要随时注意闸门的开度指示标尺,以免闸门到底仍在旋转摇臂,致使螺杆压弯,甚至顶坏工作桥。

(7)对无限位开关的直升闸门,采用绳鼓式启闭机时,要防止闸门到顶,钢丝绳被拉断,闸门坠毁的事故。

3. 涵闸的检查养护

(1)闸孔内的积淤、闸门上的污垢、闸前的漂浮物,应随时清除干净。由于水流的冲击及波浪造成的损坏部分,要及时加以修补。

(2)闸门及启闭机要经常保持整洁完好,运用灵活。无限位开关的要装限位开关或标尺。

(3)手摇螺杆式启闭机,要在螺杆上做好启闭标记,或装上简易的止动设备,以免压弯螺杆,损坏闸门。如闸门有漏水现象,应进行检查,找出原因,及时处理。

(4)闸门及启闭机的主要易损件,如螺栓、垫圈、键等,应有备件,并应及时检查,如有松动变形,要及时更换。

(5)启闭机上的指示标尺应注意检查调整,使其能正确指示闸门的实际开度。启闭机应加盖保护罩壳,以免日晒雨淋。

(6)闸门、启闭机和钢丝绳等,均须定期擦洗、加油及油漆保护,以延长其使用寿命。对长期不用的闸门,每月应试开关一次,使设备经常处于完好状态。

(7)利用闸门量水时,应定期检查水尺零点,测定闸孔开启高度是否与标尺指示相符。还应根据实测资料对水力计算公式中的系数进行修正。

(8)闸上的交通桥梁,应规定通过车辆的最大吨位。翼墙顶部及距墙后2~3倍墙高范围内禁止堆放重物或通行车辆。启闭机工作桥上应禁止堆放重物或闲人通行。

(9)经常检查闸门止水情况、上下游护底、护坡、消力池、伸缩缝、浆砌石勾缝及墙后回填土的沉陷情况。如有异常,要及时进行处理。

(10)经常检查与维护闸门的止水装置。如有损坏,除产生漏水外,还将引起闸门振动、冲蚀、锈蚀等。止水检查应与闸门检查一并进行。主要检查止水是否与止水座密切接触、止水有无磨损、老化或局部损坏;固定止水构件的螺栓有无松动、锈断等,发现问题应及时处理。

(11)橡胶止水应保证每扇闸门顶、侧、底止水的整体性。如有断裂、撕裂等应及时修补,以防整体性破坏。

(12)止水的紧固件和固定件,如螺栓、垫圈、压板及型钢等,必须进行防锈蚀处理。

(四)工程评级

管理部门每年应组织工程技术人员、管理人员对各类工程进行全面检查和评级。工程评级的范围和办法各地可根据实际情况规定。

1. 泵站建筑物安全类别评定

建筑物安全类别评定应符合下列规定：

一类建筑物：达到设计标准，结构完整，技术状态完好，无影响安全运行的缺陷，满足安全运用的要求。

二类建筑物：基本达到设计标准，结构基本完整，技术状态基本完好，建筑物虽存在一定损坏，但不影响安全运用。

三类建筑物：达不到设计标准，技术状态较差，建筑物虽存在较大损坏，但经大修或加固维修后能保证安全运用。

四类建筑物：达不到设计标准，技术状态差，建筑物存在严重损坏，经加固也不能保证安全运用以及需要报废的建筑物。

泵站建筑物安全类别的具体评定标准，可按下列规定执行：

一类建筑物：泵站建筑物各单位工程中被评定为一类的数量不低于泵站建筑物全部单位工程总数量的95%，且泵站建筑物中不得出现任何三类及以下的单位工程。

二类建筑物：泵站建筑物各单位工程中被评定为一、二类的数量不低于泵站建筑物全部单位工程总数量的80%，且泵站主体建筑物中不得出现三类及以下的单位工程。

三类建筑物：泵站建筑物各单位工程中被评定为三类及以上的数量不低于泵站建筑物全部单位工程总数量的80%，且泵站主体建筑物中不得出现四类单位工程。

四类建筑物：达不到三类建筑物标准以及泵站主体建筑物需要报废的。

泵站建筑物各单位工程的具体评级标准也可参照《泵站技术管理规程》（GB/T 30948—2021）中附录的规定。

2. 泵站机电设备安全类别评定

机电设备安全类别评定应符合下列规定：

一类设备：技术状态良好，能按设计要求投入运行，零部件完好齐全，无影响安全运行的缺陷。

二类设备：技术状态基本完好，零部件齐全，设备虽存在一定缺陷，但不影响安全运行。

三类设备：技术状态较差，设备的主要部件有损坏，存在影响运行的缺陷或事故隐患，但经对设备进行大修后能保证安全运行。

四类设备：技术状态差，设备严重损坏，存在影响安全运行的重大缺陷或事故隐患，零部件不全，经大修或更换元器件也不能保证安全运行以及需要报废或淘汰的设备。

泵站机电设备安全类别的具体评定标准可按下列规定执行：

一类设备：泵站各单位设备中被评定为一类的数量不低于泵站全部单位设备总数量的95%，且泵站机电设备中不得出现任何三类及以下的单位设备。

二类设备：泵站各单位设备中被评定为一、二类的数量不低于泵站全部单位设备总数量的80%，且泵站主机组及主变压器中不得出现三类及以下的单位设备。

三类设备：泵站各单位设备中被评定为三类及以上的数量不低于泵站全部单位设备总数量的80%，且泵站主机组及主变压器中不得出现四类单位设备。

四类设备：达不到三类设备标准以及泵站主机组及主变压器需要报废或淘汰的。

泵站各单位设备的具体评级标准也可参照《泵站技术管理规程》（GB/T 30948—2021）中附录的规定评定。

3. 泵站的安全类别评定

根据泵站建筑物和机电设备的安全类别，应对泵站的安全类别做出最后评价，并据以制订维修、加固、更新改造的措施。泵站安全类别评定应符合下列规定：

一类泵站：满足一类建筑物和一类设备的要求，运用指标能达到设计标准，无影响安全运行的缺陷。

二类泵站：满足二类建筑物或二类设备的要求，运用指标基本达到设计标准，建筑物和设备存在一定损坏，按常规维修养护即可保证安全运行。

三类泵站：满足三类建筑物或三类、四类设备的要求。运用指标达不到设计标准，建筑物或设备存在一定损坏，经对建筑物大修、加固或对主要设备进行大修、更新改造后，能保证安全运行。

四类泵站：满足四类建筑物的要求。运用指标无法达到设计标准，建筑物存在严重安全问题，可降低标准运用或报废重建。

工程评级也可按下列规定评定：

一类工程：结构完整，技术状态完好，能满足安全运用的要求。

二类工程：结构基本完整，局部有轻度缺陷，技术状态基本完好，不影响安全运用。

三类工程：有严重缺陷，技术状态不好，不能安全运用。

各类工程的具体评级标准见《泵站技术管理规程》（GB/T 30948—2021）或《泵站安全鉴定规程》（SL 316—2015）。

二、泵站建筑物的维修

（一）底板处理

1. 玻璃丝布

玻璃丝布粘补的胶粘剂为环氧基液，由于玻璃丝布在制作过程中加入浸润剂，含有油脂和石蜡，影响环氧基液与玻璃丝布的结合，必须对玻璃丝布进行除油蜡的处理，使环氧基液能浸入玻璃丝纤维内，提高粘补的效果。玻璃丝布除油蜡的方法有两种：一是将玻璃丝布放在碱水中煮沸 30 min 至 1 h，然后用清水洗涤；二是热处理，将玻璃丝布放在烘炉上加温到 190~250 ℃，后一种方法去除油蜡的效果较好。但是在玻璃丝布烘烤时，由于油蜡燃烧，玻璃丝布上会有许多灰尘，必须在烘烤后将玻璃丝布放置在浓度为 2%~3%的碱水中再煮沸约 30 min，然后取出用清水洗净，放在烘箱内烘干或晾干。

玻璃丝布在粘贴前要将缝口两边的混凝土凿毛，宽度为 0.300 m 左右。深度为 0.010~0.020 m。露出混凝土新面，并冲洗干净，再用红外线灯烘干。然后将调制好的环氧水泥浆灌满缝口，抹平凿毛部位。若缝较宽可采用环氧水泥砂浆灌缝。

粘贴时先将粘贴面上均匀刷一层环氧基液（不能有气泡产生），把预先按需要尺寸剪裁好并卷在纸筒或竹筒上的玻璃丝布贴上，再用刷子抹平，使布与混凝土面紧密结合。接着在玻璃丝布上刷环氧基液,按同样方法粘贴第二层和第三层。一般上层的玻璃丝布应比下—层宽 0.020 m 左右,这样能够压边,粘贴紧密。

2. 沥青砂浆嵌补

如裂缝较大,缝深已贯穿底板,缝长呈通缝,缝宽在 0.005 m 以上,且有渗水现象,应先灌浆,后用沥青水泥砂浆和水泥砂浆堵塞缝口。

灌浆前先将缝口凿成梯形槽,口宽 0.150 m,底宽和深度各 0.050 m,再沿缝长方向每隔 1~1.5 m 凿一个灌浆孔口,并将孔冲洗干净,下部裂缝较小时,一般用水泥净浆。灌浆所用水泥的强度等级应不低于 42.5。如缝宽较大,也可用水泥砂浆。但砂子必须过筛,以防粗粒堵塞缝口。

灌浆时用管路将浆送至灌浆孔,并将底板两端垂直缝口处用棉纱团塞紧以防漏浆。填缝口使用的沥青水泥砂浆的配比为 60 号石油沥青∶砂∶水泥=1∶4∶1。配制沥青砂浆时,先将沥青加热至 180~200 ℃,并不断地搅拌,否则锅底温度过高,容易使沥青烧焦、老化、变质;同时加火不要过猛,应使温度逐渐升高。锅内只能盛 60%~80%的沥青。脱水时容易引起泡沫外溢,沥青表面漂浮的杂物,要用铁丝网清除。

待沥青熔化后,应先徐徐倒入加热脱水后的水泥,边倒边搅拌至粉团状。再倒入加温脱水后的热砂,搅拌均匀,即成沥青砂浆。在应用时要经常用铁铲铲底和搅拌,防止结底和砂子沉积,此时火不必加得过猛。

填缝之前将梯形槽烘干,在槽内刷一层热沥青,然后将沥青水泥砂浆依次倒入槽内,立即用铁抹子或专用工具摊平压实,要逐层填补,随倒料随压紧,直至沥青水泥砂浆离缝 0.010~0.015 m,然后用水泥砂浆封口保护。

封口水泥砂浆常用强度等级应不低于 42.5 的水泥和中、细砂。其配合比为水泥∶砂=1∶1.5~1∶1.6。水灰比为 0.6。封口时将缝口梯形槽用水冲净擦干,填入拌好的水泥砂浆。边填边用铁抹子抹平压实,到顶面时用力压光,在终凝前应抹光 2~3 次,使水泥砂浆与原混凝土能紧密结合,以防止表面产生干缩裂缝。

3. 面层加厚法

由于钢筋下沉或层面布筋不够所引起的底板面层裂缝,往往条数较多、走向不定,危害较大,常采用面层加厚法处理。

面层加厚的方法是:先将底板表面凿毛,并凿出上下层接缝凹槽,通常槽宽为 0.300 m,槽深为 0.100 m,也可随底板厚度和大小改变,将凹槽冲洗干净,支立柱板、绑扎钢筋,浇筑混凝土。浇筑混凝土时,先在面层浇一层 0.020~0.030 m 厚的砂浆,砂浆的水灰比要与原混凝土相同。最后浇筑加厚层混凝土,厚度一般为 0.020 m,也可根据设计需要而定。加厚层混凝土的配比可与原混凝土相同,也可根据设计需要而定。

(二)墙身渗漏处理

1. 渗漏原因及危害

在混凝土施工过程中,由于个别地方振捣不实或漏振,混凝土模板接缝处漏浆,混凝土和易性差,不能充满模板的每个角落等,这些都将造成混凝土的蜂窝麻面,内部空洞,引起渗漏。在寒冷地区,由于温差过大,混凝土干缩开裂,也能引起渗漏。若用预制板做挡水墙面,接缝不好也能引起渗漏。

墙身发生渗漏后,轻则使泵房内过分潮湿,引起设备锈蚀;重则危及墙身安全,尤其是在寒冷地区,渗漏水露出处易结成冰,使墙身遭受冻融破坏。

2.渗漏的处理方法

(1)背水面涂抹法。用防水水泥砂浆涂抹时,先将渗漏处的混凝土表层凿去0.020~0.030 m,用钢丝刷清除软弱部分,并冲洗干净。把水泥砂浆拌匀,加入防水剂后再拌和一次,用铁抹子抹上,经压实抹平后,在表面刷一层防水水泥砂浆,并压实抹光。

用环氧水泥砂浆修补时,先将渗漏部位凿去0.005~0.010 m表层,用钢丝刷清除表面软弱部分,经冲洗干净后,用红外线灯烘干。在修补部位涂一层环氧基液,把调制好的环氧砂浆用烘热的铁抹子涂上,并压实抹光。

(2)迎水面贴补法。修补渗水墙的迎水面比修补背水面效果更好。修补泵房迎水面墙的渗漏,可在枯水位时找到渗漏缝隙,清除污垢,凿出新的混凝土层面、冲洗烘干,用玻璃丝布环氧基液进行粘贴修补。

(三)闸门漏水处理

1.漏水原因

如水封结构布置不当、形式不对,选用的水封材料性能不符合要求;施工时门槽模板检查不全,造成模板走样;闸门槽模板支撑不牢,浇筑后由于底层混凝土的侧压力大,使门槽向内位移,致使门框上口大下口小;岸墙止水面不平,与止水橡胶接触不紧密;橡胶止水因长期磨损与水封座间隙过大;橡胶止水使用时间过长,老化产生塑性变形,断裂或撕裂等,均造成闸门的漏水。

2.漏水处理

由橡胶止水的闸门,因岸墙止水面修补困难,甚至无法修补时,可用垫高、降低或位移闸门止水橡胶的方法,使之与岸墙止水面接触,达到严密不漏水的要求。修补时先将闸门放到关闭位置,在上游侧撑住闸门,使其与岸墙止水面紧密接触,再用手电筒做透光检查。凡有光线透过的漏水处,均用塞尺测出缝隙宽度,并记录在闸门上。然后松动止水橡胶的连接螺栓,垫高、降低或位移止水橡胶,使之与岸墙止水面紧密接触后将其固定。

橡胶止水磨损严重的主要原因是压缩过紧或水封表面过于粗糙。为了减少磨损,必须适当调控预压缩量,使之在设计值范围内使用。对于水封座粗糙的表面,可采用打磨,或在间隙允许条件下涂抹环氧树脂使其光滑平整。当发现因橡胶磨损造成与水封座间隙过大而漏水时,可及时调整间隙,比较简单的处理方法是加垫橡胶片。

橡胶止水必须保证每扇门顶、侧、底止水的整体性。如发现断裂、撕裂等局部破坏,应及时修补,防止引起整体破坏。

(四)涵洞漏水的处理

1.漏水原因及危害

由于设计考虑不周,填土高度过高,作用的荷载过大,引起涵洞的破裂;地基处理不好、沉陷不均匀,致使洞身断裂;施工时混凝土漏振或振捣不密实,有蜂窝孔洞;或接缝处理不好，这些都将引起漏水。

如洞身长期漏水，把堤身土壤带走，堤内部被淘空，将使堤身塌陷，甚至有倒堤的危险；漏水处的洞身裂缝将逐渐扩大，有可能引起塌洞事故。

2. 漏水的处理

直径较大（人可进入）的洞身，可采用水泥砂浆或环氧水泥涂抹的方法进行修补。

方形涵洞的顶板如断裂，可在洞内用钢柱临时支撑。

当涵洞直径小于 800 mm，人不便进入修补时，只好将堤身挖开、消除破碎的涵管，换上新管，并将连接处处理好，再对填土进行夯实。

（五）砌石工程的维修

1. 干砌石护坡的维修

（1）损坏原因。护坡与水面交界处因长期受风浪袭击，块石下面的反滤层及泥土被水吸出，将引起大面积的塌坡；北方寒冷地区，护坡与水面交界处受冻融破坏，也将造成塌坡或护坡破损；施工质量不好，土坡没有夯实，产生不均匀沉陷，致使砌石松动引起塌方；或坡顶封边没有做好，雨水进入反滤层土坡，把泥土带走，引起塌坡。

（2）维修方法。如塌坡不严重，先清除块石，以砂砾石回填土坑，重新砌筑干砌块石面层。砌筑护坡时，要注意使块石间相互挤紧，不许填塞易碎的片石、风化石，以防折断引起松动。如大面积塌方，应翻修土坡，重新砌筑。

顶部封边应选用大块石砌筑，缝口要相互错开，砌筑完成后，块石的凹槽处用黏土回填夯实。

2. 浆砌护坡护底的维修

（1）损坏原因。护坡损坏主要是由于护坡后土坡未夯实，造成土坡下沉，致使浆砌石被架空，继而断裂下沉，造成浆砌层的破坏。

护底的损坏主要是因闸门开启不当，使下游水流流速过大，冲坏浆砌石护底。

（2）维修方法。如发现勾缝脱落，护坡护底出现裂缝，要及时查明原因并进行修复。如基础出现沉陷，不宜用土回填，用砂砾石加厚垫层，再修复浆砌石护坡护底。

（六）工程变形观测

建筑物的变形观测是为了了解运用过程中的工程动态，也是确保工程安全运用的一种手段，特别是泵房和水闸观测工作更为重要。通过长期观测，不仅掌握了工程的动态，也为设计和科学研究积累了重要的资料，并为工程的管理运用提供了科学的依据。

工程观测的项目很多，如位移、沉陷、裂缝、渗漏等。管理单位要根据工程的规模、类型和重要程度等情况选定观测项目。要建立观测制度，及时观测、整理、分析观测资料，使观测工作更好地为工程的运用、管理服务，观测的方法有如下几种：

（1）一般性观测。用眼看、手摸或辅以简单的工具（如小刀、手锤）进行观测，主要用来观测建筑物的裂缝、渗漏、冲刷或悬空等变异损坏程度。

（2）用仪器测量。用水准仪、经纬仪等，对建筑物的特设标记（如沉陷、位移标记和测压等）进行观测。

(3)用专门埋设于建筑物内部的固定设施(如应变计、压力计等)直接进行观测。

1. 水平位移观测

重要建筑物必须观测水平位移,以掌握位移与水位、时间的关系,来指导工程的控制运用。

建筑物在设计和施工过程中应设立观测点。一般竣工后1~2年内每月观测一次,以后随着建筑物变形趋于稳定,观测次数可逐年减少,但每年不得少于两次。当上游水位接近设计水位及校核水位,以及建筑物发生显著变形时,应增加观测次数。

(1)视准点。为避免损坏,水准点一般离被观测的建筑物较远。为了便于观测,常在建筑物附近设置视准点,供经常性的测量使用。

视准点用一根直径60 mm的钢管,浇筑在方塔形的混凝土中,管子顶端焊有标记。埋设方塔形混凝土基坑的深度在最大冻土线以下0.500 m。回填基坑至混凝土塔顶后,对回填土进行夯实,四周用砖砌成方井,井口加盖板。标点应设置在盖板以下0.200~0.300 m。

(2)沉陷点标记采用不易锈蚀的金属材料,上部为一半球形的圆盘,中间为一正方形柱,下部为一凸出的正方形底座。在浇筑建筑物混凝土时,把它直接埋置在所需要设置的位置上,或在建筑物上预留出孔,再进行二次浇筑,混凝土表面应高出圆盘的上线。

2. 沉陷点的布置

泵房、水闸的四角以及两伸缩缝之间,各布置一个沉陷点,并在长度的中心线方向布置两个沉陷点,挡土墙、翼墙及压力池挡水墙的四角各设一个。

3. 观测记录及资料整理

(1)水准点、视准点和沉陷点设置好后,应将其编号、位置、形式、高程和安设日期等填入考证表内,并附位置图。

(2)做好观测记录。记录中应包括:上次观测日期、本次观测日期、间隔时间,观测者、记录者、计算者和校核者。

(3)建筑物的沉陷观测成果要进行分析整理,用以了解建筑物的沉陷过程和不均匀沉陷的情况,以便发现问题,及时妥善地采取处理措施。

任务三 泵站技术经济指标确定

排灌区或城市(镇)需要抽水的流量是根据工程性质、作用、作物种植情况、水文、气象、用水量等各种因素确定的。随着这些条件的逐年变化,流量也不相同。泵站所提供流量的大小取决于泵站的扬程、水泵的性能及开机台数等因素。

另外,扬程变化后水泵的流量、效率、装置效率、运行时间、耗电量及运行费用等都会发生变化。因此,制订运行方案是在满足流量的前提下,合理地确定水泵的运行方式、开机台数和顺序,以达到泵站运行能耗少、运行费用低、经济运行的目的。

一、泵站经济运行方案的确定

泵站工程建成后,每年都应该制订好排水或用水计划,而不是盲目地开机,随意运行。

这样才能使泵站充分发挥作用，在能耗较少的情况下，最大限度地发挥泵站的效用。

泵站运行时，对各台水泵还必须确定水泵的转速或叶轮直径（具有数个不同直径叶轮的离心泵）或叶片角度（对叶片角度可调的轴流泵和混流泵）。

总之，通过可能实现的多种控制手段，使泵站在满足流量要求的前提下达到节能，并能获得最大经济效益。

泵站的经济运行方式，根据不同泵站的实际情况有多种方案，但主要有：

（1）按泵站效率最高的方式运行。

（2）按水泵效率最高的方式运行。

（3）按泵站耗能最少的方式运行。

（4）按泵站运行费用最低的方式运行。

（5）按最大流量（满负荷）的方式运行。

二、泵站技术经济指标

泵站工程是为农业和国民经济各部门服务的综合性水利工程，为了提高泵站科学管理水平，发挥泵站经济效益，在《泵站技术管理规程》（GB/T 30948—2021）中规定，泵站管理单位必须按照 8 项技术经济指标进行考核，现分述如下。

（一）建筑物完好率

建筑物完好率是指泵站管理单位所辖工程中，完好的建筑物数与建筑物总数比的百分数。其计算公式为

$$K_{jz}=\frac{N_{wj}}{N_j}\times 100\% \tag{8-1}$$

式中 K_{jz}——建筑物完好率，即完好的建筑物数与建筑物总数比值；

N_{wj}——完好的建筑物数；

N_j——建筑物总数。

（二）设备完好率

$$K_{sb}=\frac{N_{ws}}{N_s}\times 100\% \tag{8-2}$$

式中 K_{sb}——设备完好率，即泵站机组完好台套数与总台套数比值；

N_{ws}——机组完好台套数；

N_s——机组总台套数。

（三）能源单耗

能源单耗是指水泵每提水 1 000 t、扬高 1 m 所消耗的能量，其计算公式为

$$e=\frac{\sum E_t}{3.6\rho\sum Q_t H_{bst} t} \tag{8-3}$$

式中　e——能源单耗,kW·h/(kt·m)(电)或 kg/(kt·m)(燃油);

ρ——水的密度,kg/m^3;

E_t——泵站各机组运行某一时段消耗的总能量,kW·h(电能)或 kg(燃油量);

H_{bst}——相应运行时段的泵站净扬程,m;

Q_t——泵站各机组在某一时段运行的平均水流量,m^3/s;

t——运行时间,h。

(四)泵站效率

泵站效率是指泵站的输出功率与动力机的输入功率之比的百分数,其计算公式为

$$\eta_{st} = \frac{\rho g Q_z H_{bs}}{1\,000 \sum P_t} \times 100\% \tag{8-4}$$

式中　Q_z——泵站流量,m^3/s;

H_{bs}——泵站净扬程,m;

P_t——泵站各电机的输入功率,kW;

其余符号意义同前。

经技术改造的泵站,其能源单耗与泵站效率,应按《泵站技术改造规程》(SL 254—2000)规定的指标考核。

(五)供排水成本

供排水成本包括能源费、工资、管理费、维修费、固定资产折旧费、大修理费等。供排水成本一般有下列几种计算方法:一种是按单位面积计算,一种是按单位水量计算,还有一种是按单位重量单位高度计算,计算公式分别为

(1)按单位面积计算:

$$U = \frac{f\sum E + \sum C}{\sum A} \quad (元/hm^2) \tag{8-5}$$

(2)按单位水量计算:

$$U = \frac{f\sum E + \sum C}{\sum V} \quad (元/m^3) \tag{8-6}$$

(3)按单位重量单位高度计算:

$$U = \frac{1\,000(f\sum E + \sum C)}{\sum VH_{bz}} \quad [元/(kg \cdot m)] \tag{8-7}$$

式中　U——供排水成本;

f——电单价,元/(kW·h),或燃油单价,元/kg;

$\sum E$——供排水作业消耗的总电量,kW·h 或燃油量,kg;

$\sum C$——除能源费外,其他五项成本的费用总和,元;

$\sum A$——供排水的实际受益面积，hm^2；

$\sum V$——供排水期间的总提水量，m^3；

$\sum H_{bz}$——供排水期间的泵站平均泵站扬程，m。

从式(8-5)~式(8-7)可看出，$\sum A$、$\sum V$、$\sum H_{bz}$值越小，$f\sum E + \sum C$值越大，供排水成本就越高。降低供排水成本，主要是做好泵站的机电设备、工程设施、供水、排水、财务等管理工作。

(六)供排水量

$$V = \sum Q_{zi} t_i \tag{8-8}$$

式中 V——供排水量，m^3；

Q_{zi}——泵站第 i 时段的平均流量，m^3/s；

t_i——泵站第 i 时段的历时，s。

(七)安全运行率

安全运行率是机组安全运行台时数与包括机组停机在内的总台时数比的百分数，它是检查泵站设备和工程安全运行的主要指标，即

$$K_A = \frac{t_a}{t_a + t_s} \tag{8-9}$$

式中 K_A——安全运行率(%)；

t_a——主机组安全运行台时数，h；

t_s——因设备和工程事故，主机组停机台时数，h。

安全运行率是检查泵站设备和工程安全运行的主要指标。

(八)财务收支平衡率

财务收支平衡率是泵站年度财务收入与运行支出费用的比值。泵站财政收入包括国家、地方财政补贴，水费综合收入等；运行支出费包括电费、油费、工程及设备维修保养费、大修费、职工工资及福利费等。

财务收支平衡率按下式计算：

$$K_{cw} = \frac{M_j}{M_c} \tag{8-10}$$

式中 K_{cw}——财务收支平衡率；

M_j——资金总流入量，万元；

M_c——资金总流出量，万元。

泵站技术经济考核表见表8-3。

表8-3　泵站技术经济指标考核表(______年)

序号	考核项目		单位	指标	实际
1	建筑物完好率		%		
2	设备完好率		%		
3	泵站效率		%		
4	能源单耗	电力泵站	kW·h/(kt·m)		
		内燃机泵站	kg/(kt·m)		
5	供排水量	灌溉或城镇供水量	m^3		
		排水量	m^3		
6	供排水成本	按单位重量单位高度计算	元/(kg·m)		
		按单位水量计算	元/m^3		
		按单位面积计算	元/hm^2		
7	安全运行率		%		
8	财务收支平衡率		%		
基本情况	装机台套与功率/(台套/kW)：		最高泵站扬程/m：		
	实际灌排面积/hm^2：		最低泵站扬程/m：		
	水泵型号：		平均泵站扬程/m：		
	实际运行台时：		同时运行的水泵(台)数：		

(泵站管理单位盖章)

________年____月____日填报

三、泵站工程管理考核

为加强水利工程管理，科学评价工程管理水平，保障工程安全，充分发挥工程效益，水利部制定了《水利工程管理考核办法》，各省也结合本省实际制定了相应办法。如安徽省制定了《安徽省水利工程管理考核办法》。按工程类别，分别执行《河道工程管理考核标准》《水库工程管理考核标准》《水闸工程管理考核标准》《灌区管理考核标准》和《泵站工程管理考核标准》。经考核验收达到水利工程管理省级管理水平的，根据考核得分分别确定为省一、二、三级水利工程管理单位。

水利工程管理考核实行1 000分制。考核结果为920~1 000分的(含920分)(其中各类考核得分均不低于该类总分的85%)，确定为省一级水利工程管理单位；考核结果为850~920分的(含850分)(其中各类考核得分均不低于该类总分的80%)，确定为省二级水利工程管理单位；考核结果为780~850分的(含780分)(其中各类考核得分均不低于该类总分的75%)，确定为省三级水利工程管理单位。经考核验收确定为省三级以上水利工程管理单位的，由省水利厅颁发标牌和证书，并分别给予30万元(省一级水利工程管理单位)、20万元(省二级水利工程管理单位)和10万元(省三级水利工程管理单位)奖励，奖励经费主要用于工程维修养护、管理条件改善和管理人员培训。

安徽省《泵站工程管理考核标准》参见表8-4。

表 8-4 安徽省泵站工程管理考核标准

类别	项目	考核内容	标准分	赋分原则
一、组织管理（150分）	1. 组织管理	领导班子成员团结，有开拓进取精神，重实绩、懂业务、善经营、熟悉排灌工程技术；关心职工生活，作风正派、秉公办事，不以权谋私	15	领导班子成员不团结，没有开拓进取精神扣5分，不熟悉排灌工程技术扣5分；关心职工生活不够扣2分，不能秉公办事扣3分
	2. 管理体制与运行机制	水管单位性质已明确，管理体制已理顺，管理权限明确；管理机构设置和人员编制有批文；岗位设置合理，建立竞争机制，实行竞聘上岗；建立合理、有效的分配激励机制；实行管养分离，合理安置分流人员。	50	水管单位性质未明确，管理体制没有理顺，管理权限不明确扣5分；管理机构设置和人员编制没有批文扣25分；岗位设置不合理和没有建立竞争机制扣10分；未建立合理、有效的分配激励机制扣5分；没有实行管养分离和合理安置分流人员扣5分
	3. 职工管理	建立健全并不断完善各项管理规章制度，包括岗位责任制度、目标管理责任制度、考勤制度、设备检修保养登记制度、事故处理报告制度等，并能按制度落实执行；有职工培训计划并按计划实施，技术工人经培训后方能上岗，特殊岗位要持证上岗；职工年培训率达到35%以上	35	制度不全的每缺少一项扣3分，制度没有上墙的扣5分，制度执行不力的扣5分，没有职工年培训计划扣5分，职工年培训率低于35%的，每少5个百分点扣3分；职工出勤率低于95%的，每少5个百分点扣1分
	4. 档案管理	有档案室或档案柜，有熟悉档案管理业务的专职或兼职人员；有严格的存、借阅制度；有防火、避光、防潮、防蛀等保护措施；人事档案、技术档案、财务档案齐全	20	没有档案室或档案柜扣5分；无专职或兼职人员管理扣5分；制度不全扣5分；没有相关的保护措施扣5分；档案不全或不按时归档扣5分；档案分类不清、排列无序、借阅不方便的扣5分
	5. 精神文明	管理范围内，庭园整洁、环境优美，绿化程度高；厂房和管理用房配置合理，辅助设施齐全，管理有序；职工思想稳定，遵纪守法，无违反《治安管理处罚法》《民法典》行为发生	30	厂房生产区规划布局不合理，环境没有绿化、美化，道路不平整、有积水，管理无序扣10分；办公、生活区环境卫生条件差，垃圾随便堆放，杂草丛生的扣10分。有违反《治安管理处罚法》《民法典》的每项扣5分

续表 8-4

类别	项目	考核内容	标准分	赋分原则
二、工程管理(300分)	1. 设备维修	有设备维修制度、计划、维修的详细记录和验收记录,并且要有检修人、记录人和责任人签字;有维修场地;有维修机械、设备或维修工具;设备检修后要进行试运行,并有试运行记录	50	无设备维修制度和维修计划各扣10分;没有完整的维修记录和验收记录各扣10分;无维修场地扣10分;无维修机械、设备或工具扣10分;设备检修后没有进行试运行及试运行记录各扣10分
	2. 设备完好率	电机、水泵、变压器、开关柜、启闭装置等主要设备的完好情况和年度内能投入正常运行的设备数量	80	设备完好率 $B_1=N/N_0\times100\%$。N—设备完好数量,N_0—设备总数。$N/N_0\geq50\%$时,B_1 按 $N/N_0\times80\%$ 计算;$N/N_0<50\%$时,$B_1=0$,不得分
	3. 汛前检查	汛前检查责任人、巡查制度是否制定落实;机组责任人和防洪设施管理责任人是否落实;主管部门是否进行了汛前检查;电气设备、防洪设施是否进行安全检测	40	汛前检查责任人、巡查制度没有制定、落实各扣5分;机组责任人和防洪设施管理责任人没有落实扣10分;主管部门没有进行汛前检查扣5分;电气设备、防洪设施没有进行安全检测的各扣10分
	4. 设备工作环境	方向标志:开关、阀门有开启方向箭头;文字标志:主机组、控制保护屏、开关柜等主要设备有编号;颜色标志:设备、母线相序,油、气、水管路等设备油漆颜色符合规定;设备表面无油污、积尘,主机组有罩套;厂房、墙体无裂缝,内外墙面整洁,屋面防水好,不渗漏,门窗防护网完好;门窗干净明亮无破损,五金铁件无锈蚀;厂房内整洁、卫生、畅通、无杂物堆放,各种操作用具摆放整齐有序,工具柜内整洁	80	方向标志、文字标志、颜色标志中每缺少一项或不符合规定的扣10分;设备表面有油污、积尘,主机组无罩套的扣10分;厂房内不整洁卫生、杂物乱堆放扣10分,各种操作工具摆放无序、工具柜内不整洁扣5分;厂房墙体有裂缝,屋面有渗漏现象扣10分;墙面不清洁,地面有积水现象扣5分;门窗不干净、无防护网、玻璃有破损、五金铁件锈蚀扣10分
	5. 枢纽工程保护	进、出水池无损坏,砌石护坡平整无塌陷,水下泵室工程完好,防洪闸、检修闸启闭灵活,拦污栅完好,进、出水池无杂草、杂物;保护范围内的干、支渠通畅;无违章建筑、无取土、无埋坟和垦殖现象	50	进、出水池损坏严重,砌石护坡不平整,有塌陷扣15分;水下泵室工程不完好、防洪闸和检修闸启闭不灵活、拦污栅有破损,每项扣5分;进、出水池有杂草,杂物扣10分;干、支渠保护范围内有违章建筑、取土、埋坟和垦殖现象扣15分

续表 8-4

类别	项目	考核内容	标准分	赋分原则
三、安全与生产管理（250分）	1. 运行制度	有运行岗位制度、交接班制度、巡查制度等并能严格按照制度执行；有运行记录	40	制度不全的扣 10 分；制度没有上墙扣 10 分；有制度没能严格按照执行的扣 20 分；无运行记录扣 20 分；运行（电流，电压，进、出水位，开机时间，记录人签字等）记录每缺少一项扣 4 分
	2. 现场观测检测	运行现场挂有电气模拟图，电机、水泵有主要运行参数；开关柜上电流、电压、功率因素表齐全，运行灵敏，指示正确，温度表、压力表、真空表能正常使用；进、出水池有高程标志和水位尺；能定时观测并做好记录。	50	运行现场没有电气模拟图，电机、水泵没有主要运行参数，每缺一项扣 5 分；开关柜上电流、电压、功率因素表每缺一项或不准确扣 5 分；温度表、压力表、真空表缺少一项或失灵的每项扣 5 分；进、出水池水位尺缺少或不能定时观测的每项扣 5 分；未能及时检测并记录有关仪表参数扣 5 分
	3. 能源单耗	每千吨米水量实际耗费电量	30	能源单耗分值 $C_3=5/e\times30$。以现场检测资料为准。e—能源单耗，单位：kW·h/(kt·m)
	4. 供排水管理	能按照供排水指令正常进行供水、排水，能充分利用湖泊、河网、涵闸等联合调度，不影响农田排灌及其他供排水；供排水指令及每次供排水时间，水量记录完整，资料保存齐全	30	未能按照供排水指令正常进行供水、排水，每次扣 5 分；未能充分利用湖泊、河网、涵闸等联合调试，影响农田排灌质量及渠道有弃水，每发生一次扣 5 分；资料保存不齐全扣 5 分；因排灌不及时使排灌区受灾扣 30 分
	5. 安全管理	有安全生产责任制，有专职或兼职安全人员；有运行安全操作规程；安全设施和标志齐全，电气设备周围有安全警戒线；有检测绝缘仪器、开关柜处绝缘垫等；有消防池、灭火器等消防设施；并能定期进行安全检查，考核年度内未发生责任事故	80	安全生产责任制不健全扣 10 分；无专职或兼职安全人员扣 5 分；无操作规程扣 10 分；安全设施和标志不全扣 10 分；电气设备周围没有安全警戒线扣 5 分；无检测绝缘仪器、开关柜处绝缘垫各扣 5 分；无消防池、灭火器等消防设施的扣 10 分；没有定期进行检查的扣 20 分；考核年度内每发生一次 10 000 元以上的责任事故扣 20 分，直至标准分扣完；发生重伤以上责任事故的取消考核资格
	6. 科技推广与运用	积极引进、推广使用新技术、新工艺；改善管理手段，增加管理的科技含量；积极应用自动化管理、系统运行可靠、利用率高	20	没有引进、推广使用新技术、新工艺改善管理手段，未增加管理的科技含量扣 10 分；没有应用自动化管理、系统运行不可靠、利用率不高扣 10 分

续表 8-4

类别	项目	考核内容	标准分	赋分原则
四、经营管理(300分)	1.财务管理	严格执行财务会计制度,开支合理,手续齐全,账务清楚,每年进行财务分析和成本核算;无违反财经纪律的现象	50	无财务会计制度扣10分;每年未进行财务分析和成本核算的扣10分;账务手续不全、账目混乱的扣10分;开支不合理扣10分;有严重违反财经纪律现象的为零分
	2.“两费”落实与水费收取	公益性事业单位的维修养护、运行管理等费用来源渠道畅通,并能按时足额到位;农业灌溉用水和经营性供水按有关规定收取水费,收取率达到95%以上	80	公益性事业单位资金来源渠道不畅通扣10分;经费不能足额到位,每低10%扣5分,低于50%不得分;农业灌溉用水和经营性供水水费收取率低于95%的,每低5%扣10分,低于50%不得分
	3.工资、福利及社会保障	职工工资按有关规定能及时兑现;福利待遇不低于当地平均水平;能按规定办理职工养老保险、医疗保险等社会保障	50	职工工资不能及时兑现扣10分;工资不能按标准发放的,每降低10%扣5分,低于50%不得分;福利待遇低于当地平均水平的扣5分;没有按规定办理职工养老、失业、医疗等各种社会保险的每缺一项扣5分
	4.物资管理	有物资采购、供应计划,有物资管理制度;有专用物资存放仓库,并有专职或兼职人员管理;物资存放有序,劳保用品、易损备件贮备齐全	20	无物资采购、供应计划扣5分,没有物资管理制度扣5分;无专用物资存放仓库及专职或兼职人员管理项扣5分;物资存放无序,劳保用品、易损备件贮备不齐全的扣5分
	5.年折旧费提取率	固定资产的构成和价值,按费率提取固定资产折旧费	20	折旧费提取率分值按 $D_4=P_d/P_{do}\times10$ 计算。P_d、P_{do}—年度实际提取与应提取的折旧费
	6.综合经营利润率	充分利用管理单位自身的资源和优势,因地制宜开展综合经营,经营效果好	30	没有利用管理单位自身资源和优势开展综合经营的扣20分;开展综合经营,但效果不好,出现亏损的扣10分
	7.收支平衡率	年排灌水费收入、综合经营收入、上级拨款和其他收入,与管理单位的年度总支出之比	50	分值按 $D_6=P/P_o\times30$ 计算。P—管理单位的年总收入,包括各类水费收入、综合经营、上级拨款及其他收入;P_o—管理单位的年总支出。$P/P_o>1$ 取 $P/P_o=1$

注:1. 本标准分4类23项。每个单项扣分后最低得分为0分。

2. 在考核中,如出现合理缺项,该项得分为:合理缺项得分 = [合理缺项所在类得分/(该类总标准分 - 合理缺项标准分)] ×合理缺项标准分。合理缺项依据该工程的设计文件确定,或由考核专家组商定。

任务四 泵站节能技术运用

根据对能源单耗与泵站效率的研究分析,泵站节能的关键在于提高动力机,水泵,传动设备,管道和进、出水池五个方面的效率。

一、提高动力机效率

(1)电动机。当接近满载时效率最高,负载越小,效率越低,因此要求泵机应合理配套,避免“大马拉小车”。若为异步电动机,可采用变极、变转差率和变频等手段实现变速调节。若为同步电动机,则可改变励磁电流调整其功率因数,使动力机的负载达到配套要求。

(2)柴油机。动力机为柴油机,当存在“大马拉小车”时,应根据柴油机的特性曲线进行变速调节,使柴油机在其允许工作范围内耗油率最低的区域内正常运行。当存在“小马拉大车”时,应在水泵工作允许条件下,适当降低水泵转速,使水泵性能适应柴油机的动力要求。

主要从以下几方面考虑:①合理选型配套,动力机功率与水泵轴功率相配套;②控制动力机温度,采取良好的通风降温措施,使动力机在规定温度下运行;③加强维护保养和检查,使动力机始终处于良好的工作状态。

二、提高水泵效率

水泵是泵站内主要设备,提高水泵效率的途径可从以下几方面进行:

(1)设计时选用效率高、高效率区宽、耗能少的泵型。

(2)提高加工制造精度。叶轮流槽、盘面等过流表面光滑,可以减少水力损失,有利于提高水泵效率。

(3)保证机组组装和安装质量。若水泵组装粗糙和安装精度不符合要求,水泵运行时会加速磨损,产生振动,使水泵效率降低。

(4)加强技术改造和设备更新。对于能耗大、效率低的泵站,可采取改变水泵转速、车削叶轮外径、轴流式水泵调节叶片安装角度等措施来降低能耗。对于经调节和改造后仍不能满足实际要求的,应考虑更换性能好、效率高、能耗低的水泵,进行设备更新。

(5)合理选择机组。水泵的效率与流量、扬程有关,只有在水泵设计工况下,才能保证水泵的效率最高。偏离设计工作点,其效率就会下降。所以,对于扬程、流量随时有变化的泵站,最好采用大小水泵搭配工作,满足多数工作点在水泵高效区内运行。

(6)合理确定水泵安装高程。安装过高,会发生气蚀现象,使流量、扬程、效率大幅度下降。

(7)加强维护管理。使水泵保持最佳技术状态。水泵运行一定时间后,不可避免地会产生机件磨损,增大泵内损失,降低水泵效率。所以,及时进行维护保养,更换已损坏零部件是保证水泵高效、正常工作的必要措施。

三、提高传动效率

传动效率与传动方式有关,直接传动效率最高。因此,当动力机的转速满足水泵运行工况要求时,应选择直接传动。当水泵与动力机转速不配套时,可采用变速调节,除采用皮带传动方式外,根据实际情况,还可采用齿轮变速箱、塔形皮带轮等传动方式。机组在运行时,应保持传动设备的安装质量,首先应保持泵轴和动力机轴的同心度安装标准,对于皮带传动设备,应避免皮带打滑并保持皮带轮包角值,以提高传动效率。

四、提高管道效率

(1)采用经济管径。管道通过一定的流量,可以采用不同的管径。管径越大,水头损失越小,管道效率就越高,但加大管径将使工程造价提高。所以,在管道节能和增加管径两个方面应进行技术经济比较,选择投资少、耗能低的最优方案。在管径小于经济管径的条件下,加大管径也是提高管道效率的重要措施。

(2)改善管道布置,减少不必要的管道附件。尽量缩短管道长度,管道长度与管道损失成正比,管道越短,损失越小,管道效率就越高。管道中附件越多、形状越复杂,管道水头损失越大,效率就越低。所以,尽量缩短管道长度、减少管道附件,不仅可减少工程投资,而且可以减少能耗,提高管道效率。

(3)提高管道的严密性。当管道安装质量较差,接口漏水时,处于负压状态时将会吸入空气,减小过流断面,引起管道效率下降,故提高管道的严密性,也可提高管道的效率。

上述措施可提高管道效率,减少能耗,但在具体应用时应注意,若水泵运行工作点长期处于额定工作点左侧,采取减少管道损失措施之后,不仅可以提高管道效率,而且可使水泵效率提高,轴功率接近水泵额定工作点的轴功率,负荷系数增大,电机效率也可提高,泵站可以获得良好的节能效果。相反,水泵运行工作点长期处于水泵额定工作点右侧,仅采取减少管道损失的措施,则会使水泵运行工作点偏离额定工作点更远,其水泵效率下降会使电动机超载,有可能产生气蚀,造成泵站总效率下降。对于此种情况,要考虑采取调速、车削叶轮直径等措施,达到节能的目的。

五、提高进、出水池效率

计算进、出水池效率的公式如下:

$$\eta_{池} = \frac{H_{净}}{H_{净} + \Delta h} \times 100\% \tag{8-11}$$

式中 $H_{净}$——泵站净扬程,m;

Δh——进、出水池的水头损失,m。

由式(8-11)可知,提高进、出水池的效率,必须减小进、出水池的水头损失。这就要求水泵机组在运行时,应保持进、出水池中的水流均匀,水位平稳。若因设计、施工、管理工作的不完善影响水泵正常工作,降低泵站进、出水池效率,应根据实际情况,加以改进。此外,泥沙、水草等杂物进入水泵,将会影响水泵正常工作,甚至会发生事故。所以,增设沉沙、拦污等设备,改善水质,保持水流正常流态都可提高进、出水池的效率。

任务五 泵站工程智慧运维

"智慧水利"的总体建设目标是:依托现代化技术手段,全面建成水利信息基础感知体系,健全保障支撑环境,推动水利综合业务精细化管理,提升科学化决策调度管理水平,最终形成"更透彻的感知、更全面的互联互通、更科学的决策、更高效智能的管理"的智慧水利管理体系,推动"智慧城市"的发展。泵站工程智慧运维是在智慧水利建设目标指导下,将物联网与自动化设备有机结合,利用智能装备、智能传感器、通信技术、大数据采集分析、视频监控、自动控制等软硬件技术,进行泵站视频监视、状态检测、工程安全监测以及主设备状态监测,实时掌握泵站各类信息及数据,实现智能控制设备运行、泵站水情与工情分析、水利机械与机电设备状态监测,用于泵站运行、维护以及泵站信息管理系统维护,确保泵站高效、可靠、节能、安全地运行。具体表现在:

(1)更全面灵活的水利行业内物与物、物与人、人与人之间的互联互通和相互感知能力。

(2)更高效安全的水利信息处理和资源整合能力。

(3)更科学的水利监测、预警、分析、预测和决策能力。

(4)更高水平的水利设施远距离控制和智能化执行能力。

(5)更协调的水利业务跨部门、多层级、异地点合作能力。

一、泵站工程智慧运维系统架构

1. 感知层

多由智能感知的传感器、采集器等模块构成,获取电机电流、电压、用电量等参数,及蓄水池水位、水质等数据。

2. 传输层

传输层即数据通信层,使用移动运营商的2G/3G/4G、Wi-Fi、以太网等无线网络来传输,不受泵房网络环境限制,节省线缆部署和土建施工成本。

3. 应用层

应用层由管理云平台、应用服务器或监控大屏组成,是系统的"大脑"。实现数据的存储、计算、分析与监测控制等功能,及时对前端返回的数据进行处理,实时监测泵站的运行信息,根据电流、电压等参数判断基本的运行状态,并进行远程启停等操作。

二、计算机监控系统

泵站计算机监控系统能够实现对泵站主机组、辅机、变配电设备的数据采集、处理、储存、监视报警、控制和调节、系统自我诊断等功能,并且还可以合理优化运行视频监视系统以及泵站。实际功能主要体现在以下几个方面。

1. 数据采集工作

采集主机组、主变压器、直流系统等各种电压、电流、功率等数据,其中还包括主机组的温度、叶片的角度以及供水母管的压力、集水井等一些非电量数据。另外,还可以采集到主机组断路器的合分状态、手车的开关状态等。

2. 数据处理工作

对模拟量进行数字滤波、合理性检查、工程量单位变换、越限报警等处理,对开关量进行防抖动、硬件及软件滤波、合理性检查、变位报警等处理,并且计算和统计出开机台数、效率、抽水量等。

3. 数据存储

在一定时间期限内对电量、非电量、开关量等进行储存,比如储存主机组、辅机、变配电、闸门等设备发出的各种控制以及调节命令信息,可以查看各种数据、故障以及事故信息,同时,还能够储存参数信息和系统诊断信息。

4. 监视和报警

监视主机组、辅机、变配电、闸门等设备的运行参数和运行情况,一旦发现故障现象和运行参数有限或者参数发生变化,自动进行报警和显示相关信息。如,系统能够自主监视主机组的开停机过程、变配电系统的送停电过程、辅机设备的启停过程以及闸门的升降情况,当过程受到阻碍的时候,会自动发出报警信息,分析受阻碍原因。

5. 有效控制和调节

可以采用现地控制、站控级远程控制、调度级远程控制三种形式对主机组、辅机、变配电设备以及阀门等进行控制,能够准确实现对主机组开关顺序的衔接以及事故停机顺序的控制,进而调整辅机设备、主变压器和闸门等。

6. 人机接口

人机接口自身具备监控画面显示、参数设置、输入操作控制命令、历史数据查询、打印表格和系统维护等功能。对于不同职责的运行人员而言,专门设定了不同的操作权限,其中,监视操作画面主要包括电气主接线图、变配电系统运行监控图、单机运行监控图和全站温度监视图等。

三、状态监测系统

泵站工程状态监测需要在现有信息采集设施基础上,针对采集站点种类、空间密度、时间频度、数据精度等方面进行全面的提升,为泵站工程智慧运维提供基本支撑。同时全面建设闸泵等工程的远程控制系统,提高工程调度执行的效率,实现工程智能化、精细化调度。

(一)主要监测内容

(1)水文监测体系。包括降雨信息监测、水位信息监测、潮位信息监测、流量信息监测、蒸发监测、土壤墒情监测、地下水监测等。

(2)水环境监测体系。主要包括水质信息监测、水土保持监测、排污口监测等。

(3)工程运行监控体系。主要包括水库、闸门、泵站远程测控,大坝、堤防、海塘安全监测,取水口监测,视频监控系统等。

(4)设备运行监控体系。监测泵站主机组和变配电设备的故障情况,主要包含电气故障和非电气故障两种。电气故障一般是由微机保护装置来实现监测和保护的。经常遇到的非电气故障包含以下几种:①主机组:主机组的绝缘过于老化,电机振动频率大,温度过高,速度快等。②主变压器:主变压器内部绝缘遭到破坏,油温过高等。③辅机、控制系统;主水泵的油润滑轴承经常进水或者缺油,冷却水中断、供气供液压力不足等。对于非电气故障,有的可以通过泵站计算机监控系统进行检测,比如温度、压力等问题,有的故障当前还不能够直接确定和定位。

(二)主要系统功能

(1)报警。根据相关泵站机组性能指标的评价标准、评价性能和运行情况,设定各种报警限定值,实现自动判断机组运行状态,当参数值或者参数变化量受到限制的时候,及时发出报警信息和报警信号,方便运行人员第一时间掌握机组的异常情况,避免现象扩散。

(2)数据储存。具有完善的数据储存功能,能够准确记录机组的启动、停机和运行情况,对这些数据进行分析,形成报告,便于监测机组性能变化情况。

四、泵站智慧管理平台

泵站智慧管理平台由泵站信息管理局域网和信息管理系统两者构成,是泵站运行管理和日常管理的工作平台。一方面,它和计算机监控系统、微机保护系统、主设备状态监测系统、视频监视系统以及工程安全监测系统相互连接到一起,进而获取泵站运行的各种监测系统运行数据,对其分析和统计;另一方面,还根据泵站的标准化管理要求,通过水利专网或者互联网和上级调度运行管理系统以及电力调度系统相互连接到一起,接受上级管理,便于维护,从而优化泵站。武定门数字泵站智慧管理平台主界面见图 8-1。

图 8-1　武定门数字泵站智慧管理平台主界面

五、信息化环境建设

(一)基础运行环境建设

云数据中心是泵站工程运行管理综合业务信息汇集、存储与管理、交换和服务的中心。数据中心通过有序汇集基础感知信息,形成有用和可用的信息资源,通过提供各类信息服务,深化信息资源的开发利用,实现信息共享、改进工作模式、降低业务成本和提高工作效率的目的。中心建设:①需配套功能完备、设施先进、符合国家有关标准及规范的现代化中心机房和服务器等软硬件设施,保障数据库及应用系统的稳定运行。②需依托水利行业数据库标准,同时结合区域水利业务特征,构建水利综合业务数据库,实现业务数据的统一存储和管理。③需以水利综合数据库为依托,构建水利综合信息服务总线,实现多层次、多方面水利信息的深度交换、汇聚和挖掘,形成水利行业信息枢纽,为智慧化应用提供统一、高效、标准化的数据交换和服务发布平台。

(二)信息化保障环境建设

(1)标准体系。泵站工程建设与管理需要统一的技术标准体系,从而实现信息系统的开放性和可扩展性,以保障泵站工程信息化的可持续发展。为了实现资源共享,避免重复建设,减少重复开发,需要在信息采集、汇集、交换、存储、处理和服务等环节采用或制定相关技术标准。

(2)安全保障体系。建立水利信息安全保障体系以确保和促进“智慧水利”的健康持续发展,信息安全保障主要包括安全基础设施、安全管理和服务等。

(3)组织管理。泵站智慧建设与管理需要严密的组织领导、周密的计划安排。要建立统一的信息化管理体制及其组织体系,加强各级部门协调,合理配置资源,形成信息化建设的合力,把“智慧泵站”建设推向与国民经济发展相适应的高度。

(4)政策、资金、人员。要保证“智慧泵站”的健康推进,实现规划目标,完成建设任务,必须建立健全相关政策,保障资金投入,重视人才培养。

能力训练

码 8-7　题库训练

8-1　水泵在启动前的检查内容有哪些?

8-2　水泵在运行中的维护有哪些?

8-3　水泵装置的吸水池或出水池的液面压力或高度变化时,对水泵有何影响?

8-4　水泵常见故障的原因有哪些?

8-5　水泵启动时抽不出水的原因有哪些?

8-6　试分析水泵不上水的原因及其处理方法。

8-7　在运行中的水泵,当其电机电流急剧增大或接近于零时,试分析其原因并说明应采取的措施。

8-8　泵站工程管理的内容有哪些?

8-9　泵站工程养护措施有哪些?

8-10　泵站工程的经营管理有哪几个经济技术指标?各指标的含义是什么?如何考核?

8-11　泵站工程管理考核指标有哪些?

8-12　水泵运行效率与泵站运行效率有何区别?提高泵站效率应从哪几个方面着手?

8-13　泵站节能的途径有哪些?

项目九　泵站工程实例

任务一　泵站基本资料

码 9-1　思政导引

夹马口灌区泉杜二级站位于运城市西部的临猗县峨嵋岭台垣上，受益范围为临猗县耽子、北辛、卓里、闫家庄、北景、三管、临晋、猗氏、嵋阳9个乡镇和万荣县皇甫乡共10个乡镇，83个行政村，设计灌溉面积40.6万亩（临猗县35.64万亩，万荣县4.96万亩），灌区东西长30 km、南北宽15 km。灌区总体地形是北高南低，地面高程为417.0~550.0 m。该区主要为黄土台垣，土壤以褐土类为主。当地气候温和，光照充足，土地肥沃，适宜农作物生长，再加上当地昼夜温差大，尤其适宜优质苹果的种植，发展农业生产极为有利，是山西省粮、棉和水果生产基地。

一、气象条件

本区属干旱、半干旱大陆性季风气候，全年受季风活动影响，从每年10月至翌年5月，受西伯利亚干冷气流控制，盛行西北风，最大风速达17 m/s，气候特点为多风少雨。汛期为6~9月，以7月、8月为主，特点是降水集中，且多暴雨和雷阵雨，多年平均降水量约500 mm，汛期降水量占全年60%以上，降水量年、季变化很大。年平均气温为13 ℃，最高气温达42 ℃，无霜期210 d，多年平均蒸发量在2 000 mm左右，最大冻土深50 cm。年日照时数为2 350 h，热量丰富，光照充足。灾害天气以干旱为主，且出现频繁，持续时期长。

二、工程地质及水文地质

泉杜二级站位于临猗县泉杜村西北约1.0 km处，由引水渠、进水池、厂房、压力管路、出水池等组成，线路全长5 815 m。引水口位于一级干渠桩号23+300处，出水池位于峨嵋台垣上小嶷山附近的柳村村东。

（一）泉杜二级站厂房工程地质

厂房位于站址的西部，东西长103 m、南北宽15.5 m。场地室外整平标高408.7 m，基础埋深高程400.10 m，前池基础标高401.1 m。场地在地貌上属黄土台垣前缘斜坡区南部与涑水河冲积平原交界地带。该区初步设计勘察为Ⅳ级自重湿陷性黄土，技术设计时进行了补充勘察，勘察时厂区已开挖至室外整平标高。

据探孔资料,厂房地基土为第四系上更新统冲积物,岩性均为粉土。根据物理力学性质将地基土分为三层:

(1)粉土(Q_3^{al})。浅黄色,稍湿,稍密状态,干强度低,韧性低,摇震反应中等。质地均一,结构疏松,孔隙发育,局部含少量钙质结核,高压缩性。层厚2.00~2.30 m。天然含水量ω为9.1%,孔隙比e为1.093,湿重度γ为14.1 kN/m³,干重度γ_d为12.9 kN/m³,液限W_L为25.6%,塑限W_P为17.7%,压缩系数α为0.390 MPa^{-1},压缩模量为6.81 MPa。

(2)粉土(Q_3^{al})。浅红色,中等压缩土,层厚5.2~5.8 m,天然含水量ω为11.7%,孔隙比e为0.949,湿重度γ为15.5 kN/m³,干重度γ_d为13.9 kN/m³,液限W_L为26.3%,塑限W_P为19.0%,压缩系数α为0.299 MPa^{-1},压缩模量为6.82 MPa,内摩擦角φ为29.6°,内聚力C为32.7 kPa。

(3)粉土(Q_3^{al})。浅黄色,中等压缩土。最大揭露层厚7.20 m。天然含水量ω为10.6%,孔隙比e为0.853,湿重度γ为16.1 kN/m³,干重度γ_d为14.5 kN/m³,液限W_L为25.6%,塑限W_P为17.7%,压缩系数α为0.162 MPa^{-1},压缩模量为12.35 MPa。

根据土工试验成果及《湿陷性黄土地区建筑规范》(GB 50025—2004),该场地为自重湿陷性黄土场地,地基湿陷等级为Ⅰ级(轻微)。建议采用换填垫层法对地基进行处理,地基土承载力特征值:①粉土$f_{ak}=110$ kPa,②粉土$f_{ak}=130$ kPa。

(二)管坡工程地质

管坡地势北高南低,地面高程413.7~550.4 m,管坡桩号0+000~1+200段位于台垣前缘斜坡区,地势缓倾,相对高差较大;桩号1+200~5+700段位于黄土台垣区,地势平坦开阔。地层岩性为粉土,据其成因和地质时代分为6段:①桩号0+000~0+200段,为全新统冲积物(Q_4^{al}),为Ⅳ级(很严重)自重湿陷性黄土,承载力为90 kPa,开挖边坡为1:0.5;②桩号0+200~0+600为上更新统坡积物(Q_3^{al}),为Ⅱ级(中等)自重湿陷性黄土,承载力为110 kPa,开挖边坡为1:0.4;③桩号0+600~0+700为中更新统冲积物(Q_2^{al}),不具湿陷性,承载力为140 kPa,开挖边坡为1:0.3;④桩号0+700~1+200段为上更新统坡积物(Q_3^{al}),为Ⅱ级(中等)自重湿陷性黄土,承载力为110 kPa,开挖边坡为1:0.4;⑤1+200~3+200为上更新统冲积物(Q_3^{al}),为Ⅲ级自重湿陷性黄土,承载力为120 kPa,开挖边坡为1:0.4;⑥3+200~5+600为上更新统冲积物(Q_3^{al}),为Ⅲ级(严重)自重湿陷性黄土,承载力为120 kPa,开挖边坡为1:0.4。管坡地基采取夯实加固和防止水流入渗等措施,沿线无地下水影响。

三、工程等级划分及地震设防标准

泉杜二级站设计灌溉面积为40.6万亩,装机容量为36 750 kW,根据《泵站设计标准》(GB 50265—2022)中第2.1.2条、2.1.3条的规定,泵站工程等别为Ⅰ等,工程规模为大(1)型,主要建筑物为1级,次要建筑物为3级,临时建筑物为4级。

查《中国地震动参数区划图》(GB 18306—2015)附录C之表C4与附录G,得本区地震动峰值加速度(g)为 0.15g,相对应地震基本烈度为Ⅶ度,地震动反应谱特征值为 0.40 s。因此,本站枢纽工程均按Ⅶ度设防。

任务二 泵站设计

一、水泵选型

码 9-2 附图:泵站布置、设计图实例

泉杜二级站位于临猗县临晋镇泉杜村西北约 1.0 km 处的黄土台垣前缘斜坡区南部与涑水河冲积平原交界地带,出水池位于柳村村东小嶷山附近的 553.0 m 高程。该站地形扬程 145.695 m,设计灌溉面积 40.6 万亩,设计提水流量 12.0 m^3/s,压力管道为三根ϕ1 800 预应力混凝土管和 PCCP 管,单根长 5 369 m。

泉杜二级站地形扬程 145.695 m,压力管路长 5 369 m,设计流量 12.0 m^3/s。考虑到泵站大小流量匹配和便于运行管理,确定选用 6 台 SLOW800-78×2 型泵(备用 1 台),配 Y1000-8 型电机,1 台 600DS-76×2 型泵,配 Y800-6 电机。

(一)主机泵工作点复核

该站地形扬程 145.695 m,设计扬程 155.4 m,设计提水流量 12.0 m^3/s,出水总管采用三根ϕ1 800 PCCP 管和预应力混凝土管,选用 2 台 SLOW800-78×2 型泵并联、2 台 SLOW800-78×2 型泵与 1 台 600DS-76×2 型泵并联。

1. 水泵及进、出水管道

SLOW800-78×2 型和 600DS-76×2 型水泵为双进水口,水泵进、出口,吸水管和出水支管、总管的直径、长度见表 9-1。

表 9-1 水泵及管路的直径与长度

水泵型号	$D_{吸}$/mm	$L_{吸}$/m	$D_{泵进口}$/mm	$D_{泵出口}$/mm	$D_{出支}$/mm	$L_{出支}$/m	$D_{并}$/mm	$L_{并}$/m	运行方式
SLOW800-78×2	1 000	8.4	2×700	800	1 200	23.7	1 800	5 369	并联
600DS-76×2	700	8.4	2×600	700	800	22	1 800	5 369	大小泵并联

2. 水泵工作点复核计算

根据水泵特性曲线和运行方式,计算水泵在设计工况下的工作点,工作点参数详见表 9-2。

从表 9-2 知,SLOW800-78×2 型泵 2 台并联时,$Q_{并}$ = 4.55 m^3/s,$H_{设}$ = 155.6 m,$N_{轴}$ = 4 069 kW,$\eta_{泵}$ = 85.9%;600DS-76×2 型泵 1 台与 SLOW800-78×2 型泵 1 台并联时,$Q_{并}$ = 3.61 m^3/s,$H_{设}$ = 153.3 m,$N_{轴}$ = 2 160 kW,$\eta_{泵}$ = 86.4%。本站总设计流量为 12.71 m^3/s(备用 1 台),复核结果与初设基本相同,说明水泵在高效区工作。

表 9-2　泉杜二级站水泵工作点参数

水泵型号	设计扬程/m	水泵额定工况							备注
		H/m	Q/(m^3/s)	η/%	气蚀余量/m	n/(r/min)	$D_{叶}$/mm	$N_{轴}$/kW	
SLOW800-78×2	145.695	156	2.3	86	10	750		4 089	并联
SLOW800-78×2 600DS-76×2	145.695	156	2.3	86	10	750		4 089	并联
		155	1.3	85	10	1 000		2 120	
水泵型号	设计扬程/m	水泵设计工况							备注
		$Q_{并}$/(m^3/s)	$H_{设}$/m	$\eta_{泵}$/%	$N_{轴}$/kW	$\eta_{管}$/%			
SLOW800-78×2	145.695	4.55	155.6	85.9	4 069	93.63			并联
SLOW800-78×2 600DS-76×2	145.695	1.24	153.3	86.4	2 160	95.04			并联
		1.3	155	85	10	1 000			

(二)机组装置效率复核

机组装置效率是泵站一项主要技术经济指标,按下式计算:

$$\eta_{装} = \eta_{池}\,\eta_{泵}\,\eta_{管}\,\eta_{动}\,\eta_{传} \tag{9-1}$$

式中　$\eta_{装}$——机组装置效率(%);

$\eta_{池}$——进、出水池效率(%);

$\eta_{泵}$——水泵效率(%);

$\eta_{管}$——管路效率(%);

$\eta_{动}$——动力机效率(%);

$\eta_{传}$——传动效率(%)。

当水泵工作点确定后,水泵效率、管路效率和电机效率均有相应的数值。但由于理论计算与实际效率有一定的误差,因此需进行修正。

1. 水泵效率的修正

水泵效率的修正主要考虑下面两种因素:①水泵实际制造工艺与理论设计的误差。水泵效率允许误差为±2.5%,按最不利情况考虑,水泵效率将下降2.5%。②含沙水流对水泵效率的影响。据夹马口引黄管理局在干渠多年实测含沙量资料,到泉杜二级站水中含沙量为2~3 kg/m^3。若含沙量按3 kg/m^3考虑,则水泵效率将下降0.5%。

2. 管路效率修正

管路效率的修正主要考虑管道加工工艺及含沙水流对管内壁的磨损作用。卷制钢管时,若焊缝不平,接茬不整等,势必加大管路局部损失;水中挟带泥沙时,不仅水管内壁与水体之间的摩擦阻力增大,而且在含沙水流的长期作用下,管道内壁的糙率会变大。综合上述,管路效率将下降0.5%左右。

3. 机组装置效率的计算

泵站配套电机参数如表 9-3 所示。电机负荷在 80%以上时,电机效率按设计效率计,进、出水池效率按 98%计;电机与水泵采用联轴器连接,传动效率按 99%计,则机组装置效率详见表 9-4。

表 9-3 泉杜站配套电机参数

水泵型号	配套电机					
	型号	V/ kV	N/ kW	n/ (r/min)	η/ %	β
SLOW800-78×2	Y1000-8	10	5 600	750	96. 9	0. 885
600DS-76×2	Y800-8	10	3 150	994	96. 4	0. 901

表 9-4 泉杜站机组装置效率 (%)

水泵型号	水泵设计效率	修正后水泵效率	管路设计效率	修正后管路效率	电机效率	进、出水池效率	传动效率	装置效率
SLOW800-78×2	85. 9	83. 4	93. 63	93. 13	96. 9	98	99	73. 02
600DS-76×2	86. 4	83. 9	95. 04	94. 54	96. 4	98	99	74. 18

由表 9-4 可知,SLOW800-78×2 型水泵装置效率为 73. 02%,600DS-76×2 型水泵装置效率为 74. 18%,均满足《泵站设计标准》(GB 50265—2022)中第 9. 1. 11 条和第 9. 1. 12 条规定,抽取多泥沙水流时,其装置效率的要求。

二、泵站各部位高程确定

(一)进、出水池水位

根据泉杜二级站设计流量、引水渠及二级干渠首端的断面尺寸、纵坡、渠底高程等,按明渠均匀流公式计算进水池及出水池的设计水位。可按该站的最小流量求得进、出水池的最低水位。据 GB 50265—2022 规定,从渠道取水时,进水池最低水位取渠道通过单泵流量时的水位。同时考虑到与一级站机组流量的匹配,确定该站最低水位流量为 3. 0 m^3/s。进、出水池水位见表 9-5。

表 9-5 泉杜二级站进、出水池水位

设计流量/ (m^3/s)	最小流量/ (m^3/s)	引水渠末端底高程/ m	进水池设计水位/ m	进水池最低水位/ m	二干渠渠首底高程/ m	出水池设计水位/ m	出水池最低水位/ m
12. 0	3. 0	404. 968	407. 295	406. 248	551. 0	552. 99	551. 94

(二)水泵安装高程确定

水泵安装高程 $\nabla_{安}$ 按下式计算:

$$\nabla_{安} = \nabla_{min} + H_{安} \tag{9-2}$$

式中 ∇_{min}——进水池最低水位,m;

$H_{安}$——水泵允许安装高度,m。

$$H_{sa} = H_{吸} + \frac{v^2}{2g} + h_{吸损} \tag{9-3}$$

公式修正

$$H'_{sa} = H_{sa} - (10.33 - \frac{p_a}{\rho g}) - (\frac{p_e}{\rho g} - 0.24)$$

式中　H_{sa}——水泵允许吸上真空高度,m;

$h_{吸损}$——吸水管全部水头损失,m;

$\frac{v^2}{2g}$——吸水管流速水头,m。

据式(9-3)计算的允许吸上真空高度,考虑到黄河水含沙量较大,为防止含沙水流对水泵性能的影响形成气蚀,并使水泵运行稳定可靠,尽量使水泵安装成负吸程,即水泵叶轮应全部淹没。泉杜二级站水泵安装高程见表9-6。

表9-6　水泵安装高程　(单位:m)

水泵型号	允许吸上真空高度	计算安装高度 $H_{安}$	进水池最低水位	水泵安装高程
SLOW800-78×2	10	-1.848	406.248	404.40
600DS-76×2	10	-1.568	406.248	404.68

最终取安装高程为440.40 m。

(三)走道板高程确定

该站进、出水侧阀门均为闸阀,安装在走道板前,则走道板高程应满足进、出水管穿墙高程和管道,闸阀安装、检修和操作的要求。

(四)其他各部位高程确定

(1)机墩顶面高程:为水泵安装高程减去泵轴至底座的垂直距离。

(2)泵房底板高程应比机墩顶面低100 cm。

(3)厂区高程应比走道板、检修间高程低20 cm。

各部高程见表9-7。

表9-7　泉杜二级站各部高程　(单位:m)

水泵型号	泵轴高程	吸水管轴线高程	出水管轴线高程	走道板高程	机墩顶高程	泵房底板高程	厂区高程	干室深度	检修间高程
SLOW800-78×2	404.4	403.5	403.58	408.9	403.00	402.00	408.7	6.9	408.9
600DS-76×2	404.68	403.98	403.58	408.9	403.18	402.00	408.7	6.9	408.9

(五)牛腿柱顶面高程确定

(1)吊钩高度。确定牛腿柱顶面高程,需先确定吊车的吊钩高度。当吊车从检修间

的汽车上吊运设备时，所需吊钩高度 H_1 为

$$H_1 = h_1 + h_2 + h_3 + (0.2 \sim 1.0) \tag{9-4}$$

式中 h_1——汽车马槽高度，取 1.5 m；

h_2——吊运设备的最大高度，水泵为 2.46 m，电机为 3.2 m；

h_3——吊绳长度，水泵为 0.85×2.46 m，电机为 1.2×3.2 m；

0.2～1.0——富裕高度，起吊物的尺寸越大，富裕高度越大，在此取 0.7。

则 H_1 = 9.24 m。

(2)吊钩高程。∇_1 = 检修间高程 + H_1 = 418.14 m。

(3)吊车轨道顶面高程。计算式为

$$\nabla_2 = \nabla_1 + h_4 \tag{9-5}$$

式中 h_4——吊钩极限高度，为 512 mm，取 0.6 m。

则 $\nabla_2 = \nabla_1 + h_4$ = 418.74 m。

(4)牛腿柱顶面高程。计算式为

$$\nabla_3 = \nabla_2 - h_5 - h_6 \tag{9-6}$$

式中 h_5——吊车轨道高度，为 140 mm；

h_6——吊车梁高度，为 120 cm。

则 $\nabla_3 = \nabla_2 - h_5 - h_6$ = 417.40 m。牛腿柱顶面距走道板高度为 8.5 m。

(六)泵房梁底面高程确定

$$\nabla_4 = \nabla_2 + h_7 + 0.2 \tag{9-7}$$

式中 ∇_2——吊车轨道顶面高程，418.74 m；

h_7——吊车总高度，2.76 m。

则 ∇_4 = 418.74+2.76+0.2 = 421.7(m)。泵房大梁底面高程距走道板间净高为 12.8 mm，总高度为 1.8+12.8 = 14.6(m)。

三、泵房内设备布置及尺寸确定

(一)主泵房设备布置及尺寸确定

(1)主泵房共布置机组 7 台，其中 SLOW800－78×2 型泵 6 台，600DS－76×2 型泵 1 台，为使泵房内美观、整齐，并减小泵房跨度，7 台机组采用一列式布置，6 台 SLOW800－78×2 型泵居左，1 台 600DS－76×2 型泵居右，大机组机墩尺寸为 7.52 m×3.25 m×1.4 m(长×宽×高(水泵))，小机组机墩尺寸为 6.3 m×3.0 m×1.4 m(长×宽×高(水泵))。大机墩间距为 2.48 m，大机墩与小机墩间距为 3.168 m。机组间距均为 10 m。大电机轴长 3.8 m，小电机轴长 3.385 m，则电机整体吊装到检修间再抽芯检修。

(2)泵房长度确定。根据泵房内设备布置，干室总长为 74.50 m，两侧机墩边缘距墙为 3.90 m 和 3.26 m，检修间长 8.0 m，考虑到建筑模数，厂房开间 5.0 m，共 16 间，总长 82.5 m。

(3)泵房跨度确定。泵房跨度按 SLOW800－78×2 型泵的管路布置要求而定。水泵吸水侧有偏心渐变管、闸阀、伸缩节，水泵、出水侧有同心渐扩管、伸缩节、闸阀、缓闭止回阀及进、出水侧的走道板等，并满足运行管理的要求，确定泵房跨度为 15.5 m。

(4)交通通道设计。为便于运行管理和闸阀操作,在泵房进、出水侧和配电间侧设两层走道板,走道板宽 2.0 m,下层走道板高程为 405.9 m,走道板与泵房底板间设铁梯,共布铁梯 8 个,以便上下。上层走道板高程为 408.9 m,两走道板间设楼梯。为充分利用空间,排水井泵、稀油站及供水、供油管路均布置在配电间和检修间底层和进水侧的走道板下。

(5)排水及集水井设计。为排除泵房底板上的积水,在泵房底板上设排水沟。支沟平行于进、出水管路,布置在水泵两侧,宽 20 cm、深 15 cm;排水干沟垂直于管路布置,尺寸为 30 cm×20 cm,将水汇集到集水井,排水沟底坡为 1/300,集水井尺寸为 300 cm×200 cm×150 cm(长×宽×深),为现浇 C20 钢筋混凝土结构,池壁、底板厚为 20 cm,池顶为 15 cm 厚钢筋混凝土预制板。

(二)副泵房设备布置及尺寸确定

该站副泵房在主泵房左侧,跨度与主泵房相同,即 15.5 m,长度方向共 5 间,开间 4.0 m。立面布置在走道板以上共三层(中间为夹层),一层层高 5.0 m。一层地面高程为 408.9 m,布置中央控制室、低压配电室、值班室、工具间、值休室;二层层高为 2.5 m,二层地面高程为 413.9 m,为电缆夹层;三层层高为 5.3 m,地面高程为 416.4 m,布置高压配电间、电容器间、资料室。

四、泵房设计

(一)厂房立面设计

为了使该站泵房设计与社会发展相协调,能体现新时期的艺术风格,并满足通风、采光、机组及吊车布置等使用功能的要求,又体现以人为本、和谐社会优美的人为工作环境,并遵循“经济、美观、实用”的设计理念,在初设的基础上,对该站主、副泵房立面设计进行了多方案比较,提出了多种泵房立面效果图,并充分听取多方面意见后,对此方案进行了咨询和修改,选定目前的设计方案。该泵房设计给人以庄严、宏伟、韵律和谐的感觉,且与周围景观融为一体,受到甲方和有关领导的好评。厂房总长 103.5 m、宽 16.0 m、高 14.6 m。其中主泵房长 82.75 m、副泵房长 20.75 m。在主泵房中间设一道 5 cm 宽的沉降缝。主、副泵房均为砖混结构。

(二)厂房结构设计

根据厂内设备布置和尺寸确定,厂房共 22 间,总长 103.5 m、宽 16.0 m、高 14.6 m,配电间分为三层(中间为夹层),建筑面积 3 068 m^2。主厂房机坑侧墙为现浇 C30 钢筋混凝土结构,基础为 0.9 m 厚现浇 C30 钢筋混凝土筏片,下部为 1.0 m 厚 3∶7灰土和 10 cm 厚 C10 混凝土垫层,上部为砖混结构,屋顶为网架结构。

(三)围墙及屋面设计

厂房围墙在走道板以下为 60 cm 厚现浇 C30 钢筋混凝土墙,墙高 6.9 m 。其上为 37 cm 厚的 M7.5 水泥砂浆砌砖,砖墙内面为水泥砂浆打底扫毛,涂白色涂料,外侧墙面为水泥砂浆抹面刷外墙涂料,在厂房前、后墙上均留上、下两排窗,下排窗台距走道板 1.0 m 高。两排窗尺寸均为 2.4 m×3.0 m(宽×高),上排为电动卷闸窗,下排为铝合金推拉窗,前后墙共开 82 个窗,上排窗台距下排窗上沿为 4.5 m,在检修间前后墙上各留一卷闸门,尺寸为 4. 1 m×4. 5 m(宽×高)。在左侧山墙±0. 000 和+7. 5 m 处留一玻璃门,尺寸为 1. 5 m×3. 0 m,以便设备进出。厂房屋顶为钢网架结构。

五、附属系统选型

为了使厂内主机性能安全、稳定、高效、可靠地运行,泵站的附属系统主要有:真空系统、技术供水系统、消防设备、排水设备、供油系统、通风系统、起重设备、管路闸阀和伸缩节、防止水锤的微阻缓闭止回阀等设施。

(一)真空系统

该站水泵均为离心泵,启动时需抽真空充水,而水泵安装均为负吸程,则该站不需抽真空系统。

(二)技术供水系统

离心泵填料水封和稀油站冷却用水均需水质好、水温低的水源,由于该站抽引的黄河水含沙量大,污物多,容易堵塞供水管,引起轴承磨损严重,则本站在出水管路右侧高程 840 m 处建一供水池,池内配有水位自动控制系统。其容积依据供水量来确定,据 GB 50265—2022 规定,供水量应满足全站所有水泵运行 2~4 h 的需水量。参考有关资料,每台泵的填料水封用水量为 0. 2~0. 5 m^3/h,稀油站用水量为 30 m^3/h,确定供水池容积为 100 m^3。供水池结构形式选用给水排水标准图集《小型钢筋混凝土蓄水池》,内径为 6. 4 m、高 3. 5 m,利用生活区水井供水,供水管选用 ϕ150 的给水 PE 管,供水量为 35 m^3/h,3 h 左右可注满水池。

(三)消防设备

为了保证运行人员和厂房设备的安全,主泵房的耐火等级不应低于二级。对厂房及变配电控制室分别采用不同的防火措施,以防止和减少火灾的危害。根据《建筑设计防火规范》(2018 年版)(GB 50016—2014)及本工程实际情况,拟设 1 支消防水枪,水枪最小流量为 2. 5 L/s。消防枪水管直径选用 120 mm 的钢管,消火枪口径为 50 mm,水枪的喷嘴直径为 16 mm,麻质帆布水带长 20 m,根据公式:

$$H_{xh} = h_d + H_q = A_z L_d q_{xh}^2 + \frac{q_{xh}^2}{B} \tag{9-8}$$

式中 H_{xh}——消火栓栓口处所需水压,mH_2O;

A_z——水带的比阻,查表取 0. 015;

h_d——消防水龙带的水头损失,m;

H_q——水枪喷嘴造成一定长度的充实水柱所需的水压,m;

q_{xh}——消火栓射流流量,取 2. 5 L/s;

L_d——水龙带长度,m;

B——水流特性系数,查表取 0. 793。

计算后,消火栓口所需的水压为 15. 1 m 水柱,为了满足消防水压要求,消防水由技术供水池供给。为了灵活方便,厂房内除设一个消火栓外,需配备简单的移动式灭火器。经计算,选用干粉灭火器 MFZ8 型 5 个,配电间、中控室配干粉灭火器 MFZ8 型 10 个。

(四)排水设备

厂内水泵均为卧式离心泵,排水主要考虑检修排水和主水泵填料水封漏水、主水泵叶轮外壳缝漏水、管件阀门的漏水。该泵站为农业灌溉供水,每年运行期为5~6个月,可在非运行期进行设备检修,其排水与其他排水不同时,则运行期排水主要考虑主水泵填料水封漏水和管件、阀门的漏水。漏水由排水沟排走。由于该站为负吸程,进水池水位较高,不能自流排除。先将漏水汇集到集水井,再用水泵抽排,经计算集水井容积为7.8 m^3。集水井安装2台排水泵(备用1台),由于抽引黄河水,水中含沙量大,选用型号为WQX25×15-3的泵,电机功率为3 kW,将水排入前池,排水泵运行是由集水井内的水位自动控制器控制,当水位达到402.638 m时,排水泵开始工作,达到最低水位401.538 m时,水泵停止工作。

(五)供油系统

泉杜二级站选用离心泵,机组容量较大,水泵轴承润滑冷却和电机润滑冷却需要稀油循环润滑系统来完成。根据水泵和电机厂商提供的设备需油量,7台机组需选择1台稀油润滑站,型号为XYZ-250,公称流量为250 L/min,压力为0.2~0.4 MPa,主油箱容积7.5 m^3,冷却面积24 m^2,冷却水耗量12~22.5 m^3/h,停电供油时间4~5 min。该稀油站设有2台油泵(正常运行1台,备用1台),电机功率5.5 kW。稀油站布置在厂房检修间底层,工作时利用油泵将油箱内的油液吸出,经双筒油滤器、冷却器和压力管道送到7台机组的各润滑部位,回油进油箱回油管,经回油磁过滤器进入油箱内。油站最高压力为0.6 MPa,最低工作压力为0.1 MPa。

(六)通风系统

1.主厂房通风

该泵站采用自然通风,需验算自然通风是否满足运行要求。

(1)泵房热源散热量:

$$Q = 1.1 \times 860 \frac{1 - \eta_{机}}{\eta_{机}} \sum N \tag{9-9}$$

式中　Q——泵房内散热量,kcal/h;

$\eta_{机}$——电动机效率,取96.9%;

$\sum N$——电动机最大输出功率之和,kW,$\sum N = 5\,600 \times 5 + 3\,150 = 31\,150$(kW)。

经计算:$Q = 942\,730$ kcal/h。

(2)通风所需的空气量:

$$G = \frac{Q}{c(t_{内} - t_{外})} \tag{9-10}$$

式中　G——通风量,kg/h;

Q——散热量,kcal/h;

c——空气比热,kcal/(kg·℃),取0.24 kcal/(kg·℃);

$t_{内} - t_{外}$——泵房内外温差,一般采用3~5 ℃,此处取5 ℃。

经计算:$G = 785\,608$ kg/h。

(3)所需排风口面积:

$$F_{进排} = \frac{G}{3\ 600\sqrt{\frac{2g\gamma_{内}\ \Delta p}{\xi}}} \quad (m^2) \tag{9-11}$$

式中 $\gamma_{内}$——空气密度,kg/m³;

Δp——泵房内外温差产生的热压,kg/m²,$\Delta p = h_{风}(t_{内} - t_{外})$;

$h_{风}$——厂房下部进风口和上部排风口中心线之间距离,m;

$t_{内}$、$t_{外}$——泵房内外空气容量,kg/m³;

ξ——进、排风窗口局部阻力系数。

根据式(9-11)计算所需进、排风面积均小于该站厂房的实际进、排风面积,则自然通风满足要求。考虑到该泵站厂房位于深坑内,厂内干室又较深,通风条件较差,再加上电机容量较大,当泵房温度不超过 35 ℃,则泵站厂房以自然通风为主,当温度太高时,可全部打开厂房前后墙上部的卷闸窗,调节温度。

2. 副厂房通风

对于副厂房中的中央控制室,采用空调机调节温度,其他房间采用自然通风。

3. 采光

厂房白天采光利用围墙中的窗户采光,其窗地面积比为 0.51,满足要求,夜间机组运行时,利用安装在厂房侧墙上的 7 盏 400 W 卤钨灯照明。

(七)起重设备

为了安装、检修设备,泵房内应设起重设备,额定起重量由最重吊运部件和吊具的总重量及现行起重机系列确定,该站大水泵重 36 t,大电机重 26.9 t,选用吊钩桥式起重机,40/8(L=14 m)t,额定起重量为 40 t,跨度为 14 m,地面操作。起重机的工作制采用轻级、慢速。制动器及电气设备的工作制应采用中级,起重机轨道两端均设阻进器。轨道型号为 TG43,总长 80.14 m。

(八)管路闸阀和伸缩节

该泵站为负吸程,为便于厂内设备检修、安装和水泵的正常运行,在水泵的进、出水管路上均安装闸阀和伸缩节。进水侧闸阀型号为 Z973X-6.00,伸缩节型号为 SSQ-Ⅱb-0.6-HTdcr,直径为 1 000 mm 和 700 mm,出水侧闸阀型号为 Z973X-25,伸缩节型号为 SSQ-Ⅱb-2.5-HTdcr,直径为 1 200 mm 和 800 mm。

(九)微阻缓闭止回阀

为防止泵站突然停电时,水锤压力对水泵机组、管道造成的不利影响,在厂房内各水泵的出水支管安装微阻缓闭止回阀,型号为 HDH48X-25Q,直径为 1 200 mm 和 800 mm,该阀是一种具有一定泄水能力的安全阀,停电后阀板先速关后缓闭,可防止破坏性水锤。若管中形成降压或升压水锤波时,可利用旁通管将管中一部分高压水泄走,达到减弱增压,保护管道、机组安全的目的。

六、进水部分设计

本站进水部分由节制分水闸、引水渠、进水闸、前池和进水池五部分组成。

(一)节制分水闸

为控制流量和水位,便于泵站按计划用水,在夹马口一级干渠桩号23+305处设节制分水闸,并考虑该站事故停机后安全退水,节制闸设计流量为18.36 m^3/s,分水闸设计流量为12 m^3/s,闸孔宽度按宽顶堰淹没出流公式计算:

$$Q = \sigma \varepsilon m B \sqrt{2g} H_0^{\frac{3}{2}} \tag{9-12}$$

式中 Q——过闸流量,m^3/s;

σ——淹没系数;

ε——侧收缩系数,一般为0.85~0.95;

m——流量系数,取0.35;

B——闸孔宽度,m;

H_0——包括行近流速水头在内的堰顶水头,m;

g——重力加速度,m/s^2。

经计算,节制闸选用2孔3.0 m×3.0 m闸门,分水闸为2孔2.5 m×3.0 m闸门。

该闸为整体开敞式钢筋混凝土结构,节制闸过闸流量为18.36 m^3/s,根据水力计算,该闸为2孔,单宽3.0 m,中宽墩1.0 m,闸室总宽7.0 m。闸室长3.5 m、深3.4 m,底板高程405.54 m,底板厚0.6 m,下部为现浇C15垫层,厚0.1 m。边墩迎水面和背水面均为垂直,厚1.0 m。上部为闸柱,尺寸为50 cm×40 cm(长×宽),启闭机梁厚0.25 m,启闭机平台宽2.5 m,均为现浇C20钢筋混凝土。闸室上游段长10 m,分水侧为圆弧连接段,半径为5.912 m,另一侧为矩形,底板厚0.3 m,侧墙宽0.3 m,底宽1.15 m,深3.4 m,上、下游渐变段长10.0 m和8.0 m,均为现浇C20混凝土结构。闸门为弧形平板铸铁闸门,启闭机为手电两用,型号为LQC-12T,闸后设1.5 m宽的交通桥,桥板为预制钢筋混凝土板,厚0.2 m。上下启闭机平台采用钢爬梯。

分水闸与渠道成75°夹角,分水流量为12 m^3/s,闸室底板与节制闸齐平,为2孔,单宽2.5 m,中墩宽1.0 m,闸室宽6.0 m,闸室长7.45 m,深3.4 m,闸室结构同节制闸,闸前设2.5 m宽工作桥和清污机,工作桥要便于运输清除垃圾,桥板为预制C20钢筋混凝土,出口渐变段长6.0 m,闸门尺寸为2.5×3.0 m,启闭机同节制闸。

为便于管理和维护,在节制闸和分水闸启闭机梁上修建启闭机室,宽2.26 m,高3.0 m。节制闸闸室长8.24 m,分水闸闸室长7.24 m,前后墙和侧墙为M5.0水泥砂浆砌砖,厚0.24 m。在墙体四周设6根现浇C20钢筋混凝土柱,柱子生根于闸墩钢筋混凝土,在墙体上部设24 cm×60 cm圈梁一道,圈梁和挑檐、屋顶现浇为一体,屋顶上面为6 cm厚水泥砂浆炉渣和1:2水泥砂浆找平层,并按1%坡向两侧,上面铺设SBS防水层,并在屋顶四周做红色琉璃瓦屋面。在启闭机前后墙上各设2个1.5 m×1.5 m铝合金推拉窗,在侧墙上设1.0 m×2.0 m(宽×高)防盗门一处。外墙面为黄色乳胶涂料,内墙面为仿瓷涂料。

(二)引水渠

引水渠长266 m,设计流量为12 m^3/s,纵坡为1/3 000,渠道断面为弧底梯形渠,弧底半径为2.0 m,夹角为45°,渠深3.0 m,设计水深2.33 m,超高为0.67 m,口宽7.66 m,采用现浇C20混凝土和复合土工膜(300 g/m^2)防渗,混凝土厚0.1 m。渠道每3.0 m设一横向伸缩缝,在圆弧与斜坡连接处设两道纵向伸缩缝,缝宽 2 cm。缝下部为聚氯乙烯胶泥,上部为 1:1:4沥青水泥砂浆填塞。为便于管理和交通,右侧设 5.0 m 宽的渠堤道路,左侧堤宽 3.0 m。

引水渠上布置拱桥 1 座,位于引水渠桩号 0+263 处,此处渠道挖深 9.0 m,采用双曲拱桥,设计荷载"汽-20",校核荷载"挂-100",桥面宽 9.0 m,净宽 8.4 m。其结构由拱座、主拱圈和拱上建筑等组成。桥台基础采用强夯,上部为 M7.5 水泥砂浆砌石,长 10 m,宽 5.0 m,高 2.5 m,拱座为现浇 C20 混凝土,主拱跨度为 15 m,矢高 2.5 m,拱肋为预制 C25 钢筋混凝土,尺寸为 25 cm×28 cm(宽×高),拱肋间采用现浇 C25 钢筋混凝土拉杆和横隔板连接,拉杆尺寸为 16 cm×16 cm(宽×高),横隔板尺寸为 16 cm×70 cm(宽×高),拱肋两端伸入拱座 0.3 m,共布中肋 4 根,边肋 2 根。拱肋上部为预制 C25 钢筋混凝土拱波和现浇 C25 混凝土波形拱波,厚 6 cm 和 8 cm,为使结构均匀受力,上部为夯填土,填土上部为 0.1 m 厚 C20 混凝土和 0.08 m 厚细石混凝土铺装层,两侧侧墙为 M7.5 水泥砂浆砌石,砌石上面为现浇 C20 混凝土栏杆底座,栏杆为草白玉栏杆,高 1.1 m。渠道上部与拱座间采用 8 cm 厚预制 C15 混凝土板护砌。

(三)进水闸

该闸为正向进水,过闸流量为 12 m^3/s,按宽顶堰公式计算其过水断面,经计算,过水净宽 6.0 m,进水闸为 3 孔,单孔宽 2 m。进水闸与上游渠道采用渐变段连接,渐变段长 6.0 m ,采用现浇 C20 混凝土结构,底板和侧墙厚 0.3 m,上、下游底板和侧墙均设 60 cm 深的齿墙。

进水闸为整体开敞式钢筋混凝土结构,进水闸共 3 孔,单孔宽 2.0 m,中墩宽 1.0 m,闸室总宽 8.0 m,闸室长 4.5 m,深 3.0 m,底板厚 0.6 m,上、下游设齿墙,下部为 10 cm 厚 C15 混凝土垫层。边墩厚 1.0 m,为现浇 C20 钢筋混凝土结构。闸柱位于中墩和边墩上,高 4.0 m,断面尺寸为 50 cm×40 cm(长×宽),启闭机平台宽 2.0 m,板厚 0.25 m,均为现浇 C20 钢筋混凝土,并在平台四周设 0.8 m 高的钢管栏杆。闸门为平板铸铁,启闭机为手电两用,型号为 LQC-10T,共三套。工作闸门后为 1.5 m 宽的交通桥,桥板厚 0.2 m,为预制 C20 钢筋混凝土板,在下游侧设 0.8 m 高栏杆。闸室基础挖至设计高程时,对基础进行强夯,影响深度 4.0 m。上下启闭采用钢爬梯。

(四)前池和进水池设计

前池为开敞式正向进水,进口宽 8 m,出口宽 68.5 m,长 32.5 m,深 3.936~7.3 m,底板纵坡为 1/9.96,进水池长 8.8 m,宽 68.5 m,深 7.3 m。为缩小前池扩散角和减少前池泥沙淤积,并使水流平稳,防止漩涡,将前池和进水池分隔成三个流道,隔墙顶宽 0.5 m,底宽 1.5 m,基础宽 3.5 m,侧墙为悬臂式挡土墙结构,顶宽 0.5 m,迎水面垂直,背水面为斜坡,均为现浇 C20 钢筋混凝土结构,池底为现浇 C20 混凝土和涤纶长丝复合土工膜(300 g/m^2)防渗,混凝土厚 0.5 m,为防止基础产生不均匀沉陷,在底板与中墩、边墩基础连接处,设纵向伸缩缝,前池和进水池底板连接处设横向伸缩缝,底板共设纵向伸缩缝 7 条,横向伸缩缝 3 条,缝宽 2 cm,缝内夹 651 橡皮止水带,并用聚氯乙烯胶泥和 1:1:4沥青水泥砂浆填塞。进水池胸墙顶宽 0.5 m,底宽 1.23 m,基础宽 3.23 m,为现浇 C20 钢筋混凝土结构。在前池和进水池四周设白玉栏杆,高 1.1 m,立柱间距 1.52 m,并在侧墙顶部设栏杆柱预留孔,尺寸为 22 cm×22 cm×20 cm(长×宽×高),立柱、扶手、栏板安装时,用 M10 水泥砂浆填密实。

进水池底板高程 401.6 m,顶高程为 408.9 m,设计水深 5.695 m,最小水深 4.648 m,大泵吸水管轴线高程 403.50 m,喇叭口与池底距离为 1.9 m,淹没深度为 2.748 m,小泵吸水管轴线高程 403.98 m,进水池中箱、边箱秒换水系数均大于 30,满足相关规范要求。

七、出水部分设计

(一)管路布置及管道工程

泵站的管路布置由地形、地质、厂内布置及出水池位置来确定,该站选用 7 台机组,六大一小,均为双吸管,大泵吸水支管为ϕ 1 000 mm,出水支管为ϕ 1 200 mm,小泵吸水支管为ϕ 700 mm,出水支管为ϕ 800 mm,六台大泵布置在左侧,四台大泵采用 Y 型,并联成二根ϕ 1 800 mm 出水管,剩余二台大泵和一台小泵并联成一根ϕ 1 800 mm 管道,共布ϕ 1 800 出水管三根。水泵出水管轴线高程为 403.58 m,厂区地坪为 408.7 m,厂房外墙距管坡脚 42.5 m,此段管子全部埋于地下。管子起坡后 0+377.6~0+840 段,长 462.4 m,纵坡为 1∶9.5。桩号 0+840~1+134,长 294 m,原设计纵坡为 1∶25、1∶5、1∶29.8,采用地下埋管。由于该段地形复杂,管坡起伏较大,为便于施工和今后进行管理,将该段设计为填方段,此段纵坡为 1∶12.16。桩号 0+377.6~1+134 段,长 756.4 m。由于管坡较陡,采用明铺管道,管轴线间距为 3.3 m,管壁间净距为 1.24 m,管床为 M7.5 水泥砂浆砌砖,内铺碎石而成的连续管床,包角为 120°,管坡两侧设 1.2 m 宽人行道和 0.5 m×0.5 m 的排水沟,管坡共宽 14.0 m,中间及两侧边坡用预制 C15 混凝土板铺砌,两侧护砌高 4.0 m,在起坡和管坡转折处各设一连续式钢筋混凝土镇墩,镇墩长 4.0 m,宽 16.0 m,高 3.8 m,在两镇墩的上游侧设伸缩节和ϕ 600 mm 人孔,起坡前各弯管和叉管处均设钢筋混凝土镇墩。两侧人行道用 14 cm×35 cm×6 cm 和 100 cm×30 cm×6 cm 的预制块砌筑,排水沟用现浇 C15 混凝土浇筑,并与厂区排水沟相接,将水排入前池。桩号 1+134~5+741.8 段,长 4 608 m 采用地埋管,管中心距 3.3 m,净距 1.24 m,管沟宽 9.6 m,边坡为 1∶0.5,深 3.0~4.0 m,管基开挖后强夯,影响深度 4.0 m,便可敷设管道,管顶覆土在 1.0 m 以上。在管路转弯处设现浇 C20 钢筋混凝土镇墩,根据水锤计算分析,管路沿线布设进排气阀 6 座,分水阀 2 座,为防止停电时出水池水倒流,出水方式采用虹吸式出流,并在上部设通气孔断流。

(二)管道设计

该站吸水管和出水支管均采用钢管,起坡后出水总管采用 PCCP 管和预应力混凝土管。管径根据经济流速确定,进水管设计流速应为 1.5~2.0 m/s,出水管流速应为 2~3 m/s,并考虑到压力管道较长,管道流速尽量取小值,以提高管道效率,经计算:SLOW800-78×2 型泵,吸水管为ϕ 1 000 mm,出水支管为ϕ 1 200 mm。600DS-76×2 型泵,吸水管为ϕ 700 mm,出水支管为ϕ 800 mm。管壁厚度确定:进水管在正常运行时管内处于负压状态,则管壁厚度$\delta \geqslant D/130$(D 为进水管内径),以满足管道稳定要求。对于出水钢管,在正常运行和事故状态,管道中压力增高,管壁厚度必须满足应力计算要求:

$$\delta = \frac{\gamma_{水} H_D D_0}{2[\sigma]\varphi} \tag{9-13}$$

式中 δ——钢管壁厚,mm;

$\gamma_{水}$——水的密度,kg/m^3;

H_D——管道中心处压力水头(静水头加水锤压力),m,取 1.5H;

D_0——管道内径,mm;

σ——钢的允许应力,钢板取 1 700 kg/cm^2;

φ——焊缝系数,取 0.9。

根据上述两种计算取大值,同时考虑锈蚀和泥沙磨损,对计算值加厚 2 mm,管道直径及壁厚见表 9-8。

表 9-8 泉杜站进出水管直径、壁厚 (单位:mm)

水泵型号	吸水管		出水支管		总水总管	
	管径	壁厚	直径	壁厚	直径	壁厚
SLOW800-78×2	1 000	10	1 200	14	1 800	18
600DS-76×2	700	8	800	10	1 800	18

起坡后的出水总管采用 PCCP 管和预应力钢筋混凝土管,其工作压力大于 0.7 MPa 的采用承插式 PCCP 管,工作压力为 1.6 MPa、1.5 MPa、1.1 MPa、0.9 MPa、0.74 MPa,其承插管的接头采用双橡皮止水圈,工作压力不大于 0.6 MPa 的采用预应力钢筋混凝土管,工作压力为 0.6 MPa、0.55 MPa、0.4 MPa、0.28 MPa,承插管的接头采用橡皮止水圈。

(三)管道水力计算

管道水力计算式为

$$h_{损} = 10.28n^2 \frac{l}{d^{5.33}}Q^2 \tag{9-14}$$

式中 $h_{损}$——沿程损失,m;

l——管线长度,m;

n——管道糙率,取 0.013 5;

Q——过水流量,m^3/s;

d——管道直径,m。

经计算,输水管道的水力计算成果见表 9-9。

表 9-9 输水管道的水力计算成果

流量/(m^3/s)	直径/mm	流速/(m^3/s)	千米损失/(m/km)	损失水头/m	备注
4.5	1 800	1.768	1.768	9.32	管长 5 369 m,n=0.013 5,千米损失含局部损失,局部损失按沿程 5%计

(四)管道压力计算

泉杜二级站地形扬程 145.695 m,管路长 5 369 m,泵站在输水运行中由于闸阀启闭或水泵的启动与突然停机,造成管路中水流速度的突然变化,引起管路的压力急剧变化,此现象称为泵站工程的水锤现象。水锤现象的发生是影响工程长期安全运行的重要因素。

根据水锤分析与计算结果:

(1)缓闭止回阀防护在该系统中,阀门快关 8 s,关闭 65°,慢关 60 s,有效地保护了机组,水泵最大倒转转速为-747 r/min,小于水泵额定转速为 750 r/min,且倒转时间小于 1 min,泵出口最大压力为 199.25 m,小于水泵正常运行时出口压力的 1.3 倍,符合要求。

(2)整个压力管路系统起伏较小,无明显驼峰存在,基本上无负压区域,设计中,以一定距离在桩号 0+840、1+438.6、2+290.4、3+100、3+635.8、4+597.8 的变坡处,共布置了 6 座进排气阀,能满足管路进排气要求。

由上述分析计算可知:为保证在事故情况下水泵和管路的安全,在水泵出水支管上均安装消声微阻缓闭止回阀,并在止回阀前后设 ϕ 400 旁通管,共同作为防护措施。

根据水锤计算和管道的工作压力确定各段压力及长度,见表 9-10。

表 9-10 输水管道压力分段及数量

分段桩号	工作压力/MPa	长度/m	管材	数量	
				m	节
0+381~0+490	1.6	110	钢筒混凝土管	110×3	22×3
0+490~0+840	1.6	350	钢筒混凝土管	340×3	68×3
0+840~1+074	1.1	234	钢筒混凝土管	225×3	45×3
1+074~1+438.6	0.9	364.6	钢筒混凝土管	360×3	72×3
1+438.6~2+290.4	0.74	851.8	钢筒混凝土管	845×3	169×3
2+290.4~2+879.4	0.6	607	预应力混凝土管	605×3	121×3
2+897.4~3+635.8	0.55	738.4	预应力混凝土管	720×3	144×3
3+635.8~4+597.8	0.4	962	预应力混凝土管	955×3	191×3
4+597.8~5+741.8	0.28	1 144	预应力混凝土管	1 130×3	226×3

(五)管道材料及接头

输水管道采用承插式 PCCP 管和预应力钢筋混凝土管。根据管道布置要求,管路中需安装三通、弯头、排气阀等设备,这些设备与 PCCP 管和预应力混凝土管连接时均采用钢制管件。

PCCP 管接头采用圆形断面双橡胶圈密封,预应力混凝土管采用圆形断面单橡胶圈密封,胶圈采用国家定型产品。胶圈截面直径为 20 mm 和 32 mm,允许误差±0.6 mm,其质量和标准尺寸应符合国家有关规定。

预应力混凝土管、PCCP 管与钢制件的连接,采用钢制短管,短管用钢板卷焊而成,内径 1 800 mm，壁厚 18 mm 和 16 mm。短管一端为平口，另一端为承口和插口，承口和插口从管道生产厂商购买。短管的平口段与钢制件连接时采用焊接。

（六）管道配件

（1）弯头。根据纵断设计成果，管线偏转角度小于 2°时，可利用接头的允许借转角铺设自然拐弯道，对于大于 2°者，采用钢制弯管，沿管线共布设弯头 3×6 个，其中合成角 3×4 个，竖直角 3×2 个，钢管弯管两端为平口，以便和直弯管连接，转弯半径为 3.6 m，在平面转弯处设钢筋混凝土镇墩，在竖向转角处设钢筋混凝土镇墩。各弯管位置见表 9-11。

表 9-11　管路弯管统计结果

序号	桩号	角度	备注
1	0+840	10.85°	水平右转 10.2°，垂直下弯 3.72°
2	0+994.0	9.02°	垂直上弯 9.02°
3	1+074.0	16.64°	水平左转 13.8°，垂直下弯 9°
4	2+290.4	5.74°	水平左转 5.74°，垂直下弯 0.13°
5	3+635.8	22.02°	水平右转 22°，垂直下弯 0.7°
6	5+741.8	43.6°	垂直上弯 43.6°

（2）三通管。根据扩建灌区的渠系布置，在压力管路桩号 3+282.5 和 5+229.3 处各留一ϕ 500 分水口，三通由 10 mm 厚钢板焊接而成。

（七）管线进排气阀井

根据纵断面设计成果，压力管路共布进排气阀 6 处，分别位于桩号 0+840、1+438.6、2+290.4、3+100、3+635.8、4+597.8。由于输水管路为三根，且管间距较大，每根管线设一圆形阀井，内径为 2.8 m，井壁为 M7.5 水泥砂浆砌砖，厚 0.24 m，内外壁采用 1∶2水泥砂浆抹面，厚 2 cm。阀井基础为 1.0 m 厚 2∶8灰土，井底为厚 0.2 m 现浇 C20 混凝土，井筒上部为预制 C20 钢筋混凝土盖板，厚 0.2 m，盖板上设ϕ 700 进人孔，进人孔井盖为钢纤维混凝土井盖，井筒高出地面 0.3 m。进排气阀为全压高速排气阀，型号为 GWP-200，工作压力为 1.6 MPa、1.2 MPa、0.8 MPa、0.4 MPa，蝶阀型号为 D341X-16，直径为ϕ 200，工作压力同排气阀。

（八）分水口

在输水管路 512 m 和 540 m 高程（桩号 3+282.5、5+229.3）分别留一分水口，灌溉一支渠和二支渠，在压力管道两侧各留一分水口，分水管直径均为ϕ 500 和ϕ 300 钢管，伸缩蝶阀型号为 DS344X-10（ϕ 500、ϕ 300），出水池为正向出水，为现浇 C20 钢筋混凝土结构，底板高程为 511.683 m（二支渠 542.55 m），出水池深 2.3 m 和 1.5 m，池长 5.5 m 和 3.4 m，宽 2.6 m 和 2.0 m，胸墙和侧墙顶宽为 0.4 m 和 0.2 m，底宽 0.9 m 和 0.6 m，出水池与渠道采用现浇 C20 混凝土渐变段相连，渐变段长 3.0 m 和 2.0 m。为便于管理，在各分水口建一 54.4 m^2 的管理房，管理房基础为 0.3 m 厚 2∶8灰土，地板为现浇 C20 混凝土，厚

10 cm,墙体为 M7.5 水泥砂浆砌砖,厚 24 cm,屋顶为预制楼板、保温层和防水层,厚 12 cm,并按 1.5%坡向两侧。

(九)出水部分设计

1. 虹吸式出水管

管道出水断流方式,本着经济合理、运行安全可靠的原则,采用虹吸式出流方式。

虹吸式出水流道由上升段、驼峰段、下降段三部分组成。上升段、驼峰段、下降段断面均为圆形,内径为ϕ 1 800。上升段与水平夹角为 45°,驼峰段转弯角度为 95°,下降段与水平段夹角为 50°,驼峰段底部高程高出出水池设计水位 0.56 m。虹吸式出水流道的驼峰段顶部真空值根据以下公式计算:

$$H_{顶} = \nabla_{顶} - \nabla_{min} + \frac{v_{顶}^2 - v_{出}^2}{2g} + h_{损} \tag{9-15}$$

式中 $H_{顶}$——驼峰顶部实际的真空值,m;

$\nabla_{顶}$——驼峰顶部高程,m;

∇_{min}——出水池最低水位,m;

$v_{顶}$——驼峰顶平均流速,m/s;

$v_{出}$——出口流速,m/s;

$h_{损}$——驼峰至出口的累计水头损失,m。

经计算:$H_{顶}$ = 3.50 m。

驼峰顶最大允许真空值按下式计算:

$$H_{允} = \frac{P_a}{\gamma} - \frac{P_{cr}}{\gamma} - a \tag{9-16}$$

式中 $H_{允}$——最大允许真空值,m;

P_a——当地海拔大气压力,m;

P_{cr}——临界汽化压力,m;

γ——水的容重,取 1 000 kg/m^3;

a——考虑水流的紊动和波浪的安全值,m。

经计算:$H_{允}$ = 8.72 m。

虹吸式出水流道驼峰顶部真空值为 3.50 m,小于最大允许真空值 8.72 m,满足要求。虹吸式出水流道的进气口面积,根据已成工程经验,选用ϕ 200 钢制通气孔。

2. 出水池

出水池为正向出水,设计水位为 552.99 m,底板高程为 550.0 m,池长 12 m,宽 11.8 m,深 4.0 m,胸墙及侧墙为重力式钢筋混凝土结构,顶宽 0.8 m,底宽 2.0 m,高 4.0 m,底板厚 0.8 m,均为现浇 C20 钢筋混凝土结构。其基础处理为先清除表层腐殖土,对其强夯,影响深度 4.0 m,做 3∶7灰土,厚 0.5 m,灰土上部为 C10 混凝土垫层,厚 0.1 m,出水池与渠道采用渐变段相连,渐变段长 6.5 m,底板高程为 551.0 m ,为现浇 C20 混凝土结构,底板厚 0.5 m,侧墙厚 0.3 m,虹吸管上升段与压力管末端采用 45°弯管相连,并在转弯处设连续式现浇 C20 钢筋混凝土镇墩。

参考文献

[1] 吴宏平,陶家俊,刘春晖.水泵与水泵站[M].3 版.郑州:黄河水利出版社,2016.
[2] 万亮婷,袁俊森.水泵与水泵站[M].2 版.郑州:黄河水利出版社,2008.
[3] 余金凤,张永伟.水泵与水泵站[M].郑州:黄河水利出版社,2009.
[4] 马艳丽,陶家俊,王建军.水泵与电气设备[M].郑州:黄河水利出版社,2013.
[5] 刘家春,杨鹏志,刘军号,等.水泵运行原理与泵站管理[M].北京:中国水利水电出版社,2009.
[6] 中华人民共和国水利部. 泵站设计标准:GB 50265—2022[S].北京:中国计划出版社,2022.
[7] 中华人民共和国水利部. 泵站技术管理规程:GB/T 30948—2021[S].北京:中国标准出版社,2021.
[8] 中华人民共和国水利部. 泵站安全鉴定规程:SL 316—2015[S].北京:中国水利水电出版社,2015.
[9] 中华人民共和国水利部. 水利泵站施工及验收规范:GB/T 51033—2014[S].北京:中国计划出版社,2014.
[10] 中华人民共和国水利部. 泵站设备安装及验收规范:SL 317—2015[S].北京:中国水利水电出版社,2015.
[11] 中华人民共和国水利部. 水闸与泵站工程地质勘察规范:SL 704—2015[S].北京:中国水利水电出版社,2015.

参考文献

[1] [illegible]
[2] [illegible]
[3] [illegible]
[4] [illegible]
[5] [illegible]
[6] [illegible]
[7] [illegible]
[8] [illegible]
[9] [illegible]
[10] [illegible]
[11] [illegible]